SPATIAL STUDIES

# 空间设计要素图典

[日]日本建筑学会 编
汪 虹 译

中国建筑工业出版社

**著作权合同登记图字：01-2007-4912号**

**图书在版编目（CIP）数据**

空间设计要素图典 = SPATIAL STUDIES / 日本建筑学会编；汪虹译. —北京：中国建筑工业出版社，2023.2

ISBN 978-7-112-27791-9

Ⅰ. ①空…　Ⅱ. ①日… ②汪…　Ⅲ. ①空间规划—图集　Ⅳ. ① TU984.11-64

中国版本图书馆CIP数据核字（2022）第154206号



责任编辑：费海玲　焦　阳　刘文昕
责任校对：李美娜
封面制作：逸品书装

**空间设计要素图典**
SPATIAL STUDIES
［日］日本建筑学会　编
汪　虹　译
*
中国建筑工业出版社出版、发行（北京海淀三里河路9号）
各地新华书店、建筑书店经销
北京建筑工业印刷厂制版
北京中科印刷有限公司印刷
*
开本：880毫米×1230毫米　1/32　印张：$8\frac{3}{4}$　字数：303千字
2023年4月第一版　2023年4月第一次印刷
定价：**52.00**元
ISBN 978-7-112-27791-9
（39551）

# 前 言

这本词典是1996年日本建筑学会空间研究委员会编辑出版的《建筑·城市规划的空间学词典》的修订版。

空间研究委员会自1985年成立以来，在召开以建筑和城市的“空间”为对象的，讨论其相关研究观点、方法、成果的研究会的同时，相继推出了以下著作：1987年出版的《建筑·城市规划的调查分析方法》，1992年出版的《建筑·城市规划的空间学》与《建筑·城市规划的模型分析方法》，2002年出版的《建筑·城市规划的空间规划学》（以上均由井上书院出版）。

由于这个领域的研究，是从各种观点出发并导入了相关领域的多种研究手法，所以对词语的理解也因人而异，也由此导致讨论上出现分歧。明确词语就是明确研究方法，词语的扩展反映研究领域的体系和特征。基于上述背景我们编辑了《建筑·城市规划的空间学词典》。

修订版所收集的词条横跨多个领域。各章节以及内容的归纳方法上亦有不连贯之处，但这也正反映了该领域的广阔性以及今后发展的可能性，恳请读者理解。

另外，本委员会在1998年出版了《空间体验——世界的建筑和城市设计》、2000年出版了《空间布置——世界的建筑和城市设计》、2003年发行了《空间元素——世界的建筑和城市设计》等三本系列书籍（以上均由井上书院出版），解说了空间的魅力，请读者参考。我们希望本书成为读者理解、讨论建筑和城市空间时的得力助手。

在本书的编辑过程中，得到了除本委员会成员之外诸多专家提供的宝贵稿件。再次对尽心尽力编辑的诸位委员、执笔的诸位专家以及提供照片的诸位同行表示诚挚的感谢。

空间研究委员会主编　西出和彦

2005年4月

## 本书的特征和构成

本书是1996年11月出版发行的《建筑·城市规划的空间学词典》（井上书院）的全面修订版。

1985年，日本建筑学会建筑规划委员会设立的空间研究委员会，围绕建筑和城市空间的议题举行了多达33次的研究会和座谈会，研究了固有的空间意义和特质，并对为进行上述研究所采用的调查以及分析方法进行了讨论。在就这些深入研讨的活动中，有关专家指出在有关空间词汇（词语）的使用方面，存在因人而异的含糊不清之处。

根据上述情况，本书的前身从“基于人类意识的空间”和“基于设计角度的空间”这两个观点出发，整理并编纂了与空间讨论及研究相关的词语。

出版8年以来，本委员会召开了多达57次的研究会和座谈会，关于空间的研究也扩展至对研究对象以及研究方法的讨论，研究成果也以各种形式积累起来。本委员会2002年编撰的《建筑·城市规划的空间规划学》（井上书院）便是其一。该书对空间研究——作为日本建筑学会建筑规划研究部门的研究领域——进行了基础定位，由于该领域的研究有了长足的发展，从近年的空间研究中列出“空间的把握”“空间的移动”“空间的构成”“空间的解释”这四个支柱，围绕每个支柱列出三四个相关研究文献，对上述文献内容以深入浅出的方式进行了介绍。由此可见，围绕空间的词语也在进一步扩展和增加。

在此背景下，经过出版小组多次讨论，我们决定出版发行全面修订版，这个修订版包括近年关于空间方面的常用词语、流行语以及已成为研究用语的词语。

在本书的编辑中，以编辑委员会为中心，在前书挑选出的200个有关空间讨论及空间研究方面重要词语的基础上，增加了大量为深化研究和讨论所必需的新词语，总计246个，并将这些词语归纳为26个项目。前书对除调查方法、分析方法、相关领域以外的23个项目进行了分类，大体分为三大部分，亦即将有关人类把握及理解空间的基本概念作为“人类的概念”，将与人类空间设计直接相关的项目作为“操作的概念”，将有关空间本身的性质作为“空间的概念”进行归纳。本书的编辑也基本遵循了上述方针，但考虑到从词语内容上难以明确地纳入上述概念，故本次规避了三大分类的概念，而是将各项按现在的概念顺序排列，在各项中归纳了3～16个词语进行了解说。

本书的特征是，在解说各词语时以一个一页为原则，每页以大约1/3的篇幅引用与词语相关的空间、研究的实例，尽可能多附以图表和照片来简明阐述对词语的理解。另外本书末尾附有参考文献和引用文献，广泛适用于建筑和城市规划专业的学生以及对空间研究感兴趣的初学者。

在这次修订中，本书的开本和版面设计也焕然一新，采用双色印刷，改善了视觉效果。

关于各词语的解说内容，尽管编辑委员也努力使文体风格统一，但由于时间上的制约，原则上完全托付给了相关执笔人。因此，某些词语在解说的内容方面产生了一些差异及重复。一方面是由于空间词语的多样性及深刻性所致，另一方面是由于编者自身能力尚待提高，恳请读者谅解。

最后，在对各位执笔人深表谢意的同时，如果本书能加深空间的研究，促进空间研究的发展，编者将深感荣幸。

空间研究委员会出版工作小组主编　积田 洋

2005年4月

# 执笔者一览

## 编委


| | |
|---|---|
| 积田　洋 | 东京电机大学工学部建筑学科教授 |
| 金子友美 | 昭和女子大学生活科学部生活环境学科讲师 |
| 大佛俊泰 | 东京工业大学大学院信息理工学研究科信息环境学专攻教授 |
| 佐野奈绪子 | 东京大学院工学系研究科建筑学专攻助手 |
| 林田和人 | 早稻田大学理工学综合研究中心客座讲师 |
| 广野胜利 | 株式会社E・Falcon |


## 执笔者


| | |
|---|---|
| 赤木彻也 | 工学院大学工学部建筑学科副教授 |
| 位寄和久 | 熊本大学大学院自然科学研究科环境共生科学专攻人类环境工学讲座教授 |
| 上野　淳 | 东京都立大学大学院工学研究科建筑学专攻教授 |
| 大野隆造 | 东京工业大学大学院综合理工学研究科教授 |
| 大佛俊泰 | 同前 |
| 金子友美 | 同前 |
| 镰田元弘 | 千叶工业大学工学部建筑都市环境学科教授 |
| 北浦　香 | 帝冢山大学居住空间设计学科教授 |
| 木多道宏 | 大阪大学大学院工学研究科地球综合工学专攻副教授 |
| 乡田桃代 | 东京电机大学工学部建筑学科副教授 |
| 小浦久子 | 大阪大学大学院工学研究科地球综合工学专攻副教授 |
| 小林美纪 | KOBA DESIGN |
| 佐野友纪 | 早稻田大学人类科学学术院副教授 |
| 佐野奈绪子 | 同前 |
| 志水英树 | 驹泽女子大学人文学部空间造型学科教授 |
| 铃木信宏 | 东京理科大学工学部建筑学科教授 |
| 濑尾文彰 | 大同工业大学工学部建筑学科教授 |
| 添田昌志 | 东京工业大学大学院综合理工学研究科人类环境系统专攻助手 |
| 高木清江 | 爱知产业大学造型学部建筑学科讲师 |
| 高桥鹰志 | 早稻田大学人类科学部特任教授，日本大学研究所教授 |
| 高柳英明 | 千叶大学工学部设计工学科建筑系助手 |
| 田中一成 | 大阪工业大学工学部都市设计工学科副教授 |
| 田中奈美 | 神户艺术工科大学设计学部环境与建筑设计学科副教授 |
| 谷村秀彦 | 北九州市立大学大学院社会系统研究科教授 |
| 恒松良纯 | 秋田工业高等专门学校环境都市工学科助手 |

| | |
|---|---|
| 积田　洋 | 同前 |
| 土肥博至 | 神户艺术工科大学大学院艺术工学研究科教授 |
| 那须　圣 | 札幌市立高等职业学校室内设计学科讲师 |
| 西出和彦 | 东京大学院工学系研究科建筑学专攻 教授 |
| 桥本都子 | 千叶工业大学工学部研究科教授 |
| 林田和人 | 同前 |
| 日色真帆 | 爱知淑德大学现代社会学部现代社会学科教授 |
| 广野胜利 | 同前 |
| 福井　通 | 神奈川大学工学部建筑学科助手 |
| 船越　彻 | 东京电机大学名誉教授，（株式会社）Alcom股份公司董事长 |
| 松本直司 | 名古屋工业大学大学院工学研究科社会工学专攻教授 |
| 宫本文人 | 东京工业大学教育环境创造研究中心副教授 |
| 安原治机 | 工学院大学工学部建筑都市设计学科教授 |
| 柳田　武 | 日本大学理工学部建筑学科讲师 |
| 横田隆司 | 大阪大学大学院工学研究科地球综合工学专攻副教授 |
| 横山胜树 | 女子美术大学艺术学部设计学科教授 |
| 吉田亚子(ako) | 筑波技术短期大学名誉教授，(株式会社)吉田研究室代表 |
| 若山　滋 | 名古屋工业大学大学院工学研究科建筑学系教授 |

（主编和干事以外按日语发音顺序）

## 2004年度・空间研究委员会

### 委员

主编　西出和彦
干事　乡田桃代
干事　桥本都子
大佛俊泰
金子友美
北川启介
佐野友纪
恒松良纯
积田　洋
那须　圣
桥本雅好
日色真帆
樋村恭一
松本直司
横田隆司

### 出版工作组

主编　积田　洋
干事　金子友美
大佛俊泰
佐野奈绪子
铃木信弘
土肥博至
林田和人
广野胜利
福井　通
安原治机
柳田　武
山家京子
横山胜树

### 研讨会工作组

主编　日色真帆
干事　乡田桃代
赤木彻也
大野隆造
小林美纪
佐野友纪
添田昌志
高柳英明
西出和彦
桥本都子
林田和人
宫本文人
横山隆司

（主编和干事以外按日语发音顺序）

# 目 录

## 1 知觉



## 2 感觉



## 3 意识



## 4 印象・记忆



## 5 空间的语义



## 6 空间认知・评价

## 7 空间行为



## 8 空间的单位·维·比率



## 9 空间记述与表现



## 10 空间图式



## 11 空间要素



## 12 空间表现手法

## 13 内部空间



## 14 外部空间



## 15 中间区域



## 16 地缘空间



## 17 风景・景观



## 18 文化与空间

## 19 非日常的空间



## 20 社区



## 21 城镇建设



## 22 通用设计



## 23 环境共生



## 24 调查方法



## 25 分析方法

## 26 相关领域

以建筑·城市设计为目的之

# 空间设计要素图典

1 知觉 / 2 感觉 / 3 意识
4 印象·记忆
5 空间的语义
6 空间认知·评价 / 7 空间行为
8 空间的单位·维·比率
9 空间记述与表现 / 10 空间图式
11 空间要素 / 12 空间表现手法
13 内部空间 / 14 外部空间 / 15 中间区域
16 地缘空间 / 17 风景·景观
18 文化与空间 / 19 非日常的空间
20 社区 / 21 城镇建设
22 通用设计 / 23 环境共生
24 调查方法 / 25 分析方法
26 相关领域

# 知觉

perception

指对呈现于眼前的事物或事件以及状况的认知及认知的过程。是以认知为重心，为进行认知而进行的精神活动。

人类或动物等生命个体，通过眼、耳、鼻、舌、皮肤等感觉器官，感受并获得来自外部信息的刺激。具体而言，通过将周围的事物进行划分或归类，进而对生命个体的行为做引导或制约。

就知觉的内容而言，重要的并非事物刺激本身，而是事物整体间的关联性。例如，错觉并非是知觉对刺激直接反应的结果，而是刺激经过一系列的过程传达给生命个体，并通过生命个体的精神活动而变成另外的知觉内容的情形。

尽管知觉中有时会包括对非实际存在的事物产生幻觉或梦幻体验，但由于这些与感觉器官无关，因而通常不被视为知觉。

对来自外部信息的接受，根据其滞留在内心的深度，可以分为感觉、知觉、认知三个阶段。

对知觉而言，从感觉的内容上可分为视觉知觉、听觉知觉、嗅觉知觉、味觉知觉、触觉知觉和体内知觉。其中，视觉知觉的信息量最大，相对于其他知觉而言处于优势地位。但信息量较少的触觉知觉或嗅觉知觉，由于其知觉的内容单纯，反而会长久地停留在记忆中。

另外，还存在运动知觉、时间知觉、空间知觉等对于时间・空间的知觉，甚至还存在上述知觉与感觉器官的感觉复合而形成的“视觉空间知觉”“听觉空间知觉”以及“触觉空间知觉”等。

（松本直司）

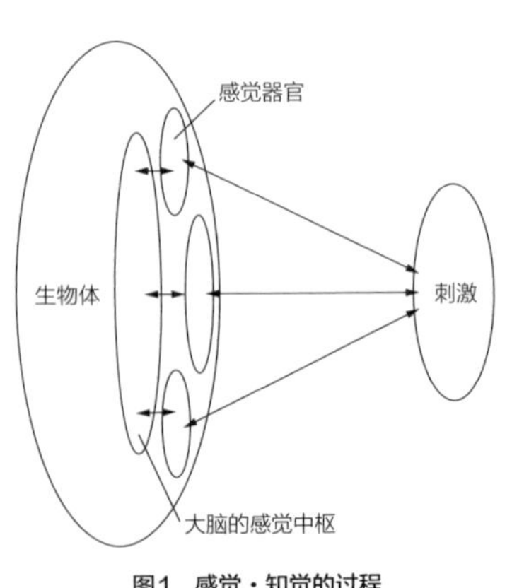

图1　感觉・知觉的过程

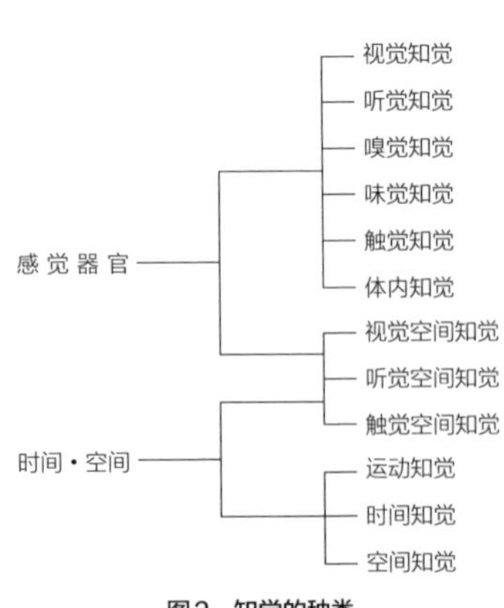

图2　知觉的种类

# 可视性

visibility

在某个物体是否可见为研究对象的可视性问题中，存在几种不同程度的刺激水平。就最基本的程度，亦即知觉对象是否存在这一刺激阈值，受到视觉对象的大小（视角）、与背景的对比度以及呈现时间等条件的左右。即使承认知觉对象的存在，但需要确认其以何种形式存在，如果是文字的话是否可读（可读阈值）。可视性当然与视力程度有关，上述提到的可视性，与标识的设计及其易辨识度有关。在实际的建筑空间设计中，需要在预见照明条件及材质、观看角度、观看者的位置移动等各种观看条件的基础上进行标识设计。

另外，标识本身是否能被发现，亦即是否能从背景的“底色”中将认知对象以“图”的形式轻易地识别出来也是一个需要关注的问题。该问题不仅与认知对象自身的颜色、亮度、形状有关，还与成为标识背景的环境的复杂程度，或者由于类似标识的存在所造成的干扰有关。再有，当视野范围内有活动对象时，会产生诱导视线的效果（视觉诱导性），该效果被充分运用在活动广告牌或旗幌等商业广告中。

与标识这种无机的视觉对象不同，当视觉对象为人体时，只需要极少的视觉信息就能被识别出来。在黑暗的房间里，仅仅通过识别安装在人体关节上的十几个亮点的运动，便能感知人体的形态，这一事实表明，知觉系统对特定的运动形式敏感，这个发现颇耐人寻味。

（大野隆造）

图1
为了吸引行车中驾驶员的眼球而在国道边竞相夺目的大型广告牌

图2
大阪梅田地下街中的各种标识。标识与标识间形成视觉上的干扰

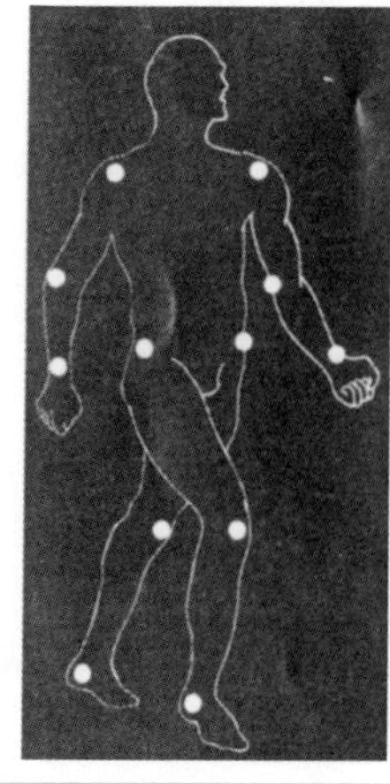
图3
通过光点的运动感知人体的姿势

# 视野

field of vision

医学上将视野定义为：将眼球固定时形成视觉的范围，作为检查项目运用于对神经系统疾病进行检查的测定中。但是，对心理学活动空间中的视野定义却难以一概而论，视野被比较含混地定义为“在注视眼前一点时所能看到的周围的范围”。

视野随注视点附近所进行的视觉工作量而变化，并且存在随着视觉工作量增大而变狭窄的趋势。比如在开车过程中将注意力集中到前方时，会看不见周围的状况便是颇有代表性的例子。

此外，还有以可视颜色的范围为重点的“颜色视野”，以及将头部固定后只允许眼球活动所产生鲜明可视范围的“动眼视野”等，根据设定状况而产生不同的视野定义。

视野的内部，依据其信息处理功能而被分为中心视野和周围视野两大部分。感知色彩，产生高度空间分辨率的锥体细胞集中分布在视网膜的中心部位，其周围分布着感知亮度的低分辨率的杆体细胞。周围视野的视觉对活动的视觉对象反应灵敏，具有引导注视方向的功能。

我们在日常生活中感受的“视觉世界”不存在边界，所有的方向均清晰可辨。这是因为我们的视觉系统可以巧妙地根据所需的注视方向以及视野而不断地进行变化所致。所谓视野，是指我们在进行特定目的的活动时可收集到的所需视觉信息的范围，随着人们在某时某地所需的信息不同而时刻变化。

（大野隆造）

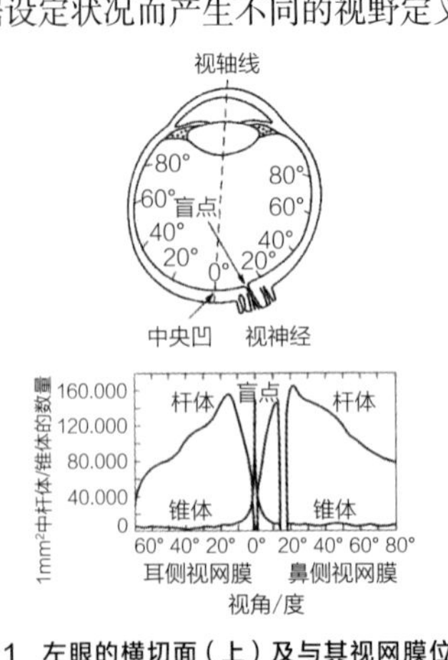

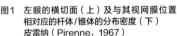

图1　左眼的横切面（上）及与其视网膜位置相对应的杆体/锥体的分布密度（下）皮雷纳（Pirenne，1967）

图2
凝视中央部分时，周围视野上的每个文字均同等可读的文字图例（实际图例的比例尺不同）安斯蒂斯（Anstis，1974）

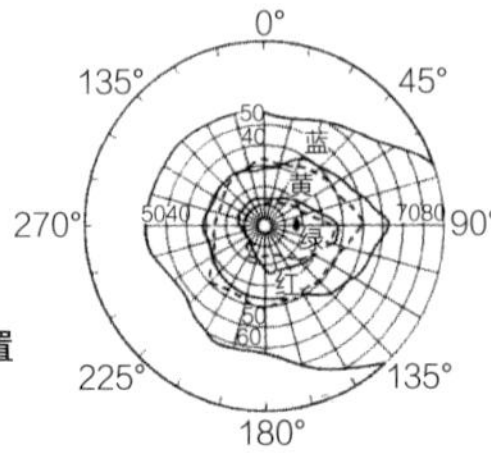


图3
色彩感觉所涉及的视野范围（色度学委员会，美国光学学会；1963）

# 可视 / 不可视

visible/invisible

从空间的某个视点观看所能看到的范围称为可视范围。在没有障碍物的平坦的平原或海面，其可视范围仅取决于视点的高度。从能够获得广阔视野的高视点这一角度看，足以说明能够双足直立的人类所具有的优势。但在现实世界中，高低起伏的大地、生长的树木、林立的建筑物形成了视觉障碍。环顾周围发现，可视/不可视范围的分布十分复杂。

樋口忠彦将地形的凹凸不平所产生的可视/不可视范围作为研究景观时的最基本指标，并提示了从两幅航空照片或者等高线地图中求得其分布的方法。在设施规划时，以行驶在该设施附近道路上的驾驶员的视点角度进行可视/不可视的判断，可以此作为选址的指标，来判断该设施景观上的优劣。

人们习惯关注从某一地点所见的可视范围。两角光男等采取了与上述相反的做法。他们从能看到城堡等城市地标性建筑的视点范围的角度出发，研究其由于大规模的城市建设会产生怎样的变化。这种将特定对象的景观上变化的可能性标示在地图上的研究方法颇有意义。

至于建筑物的内部空间，本尼迪克特（M.Benedikt）建议，通过其称之为视域（isovist）的指标来表示可视范围，记述由于视点移动所产生的变化，以及多视点中根据测量数值分布所表现的空间特征。

（大野隆造）

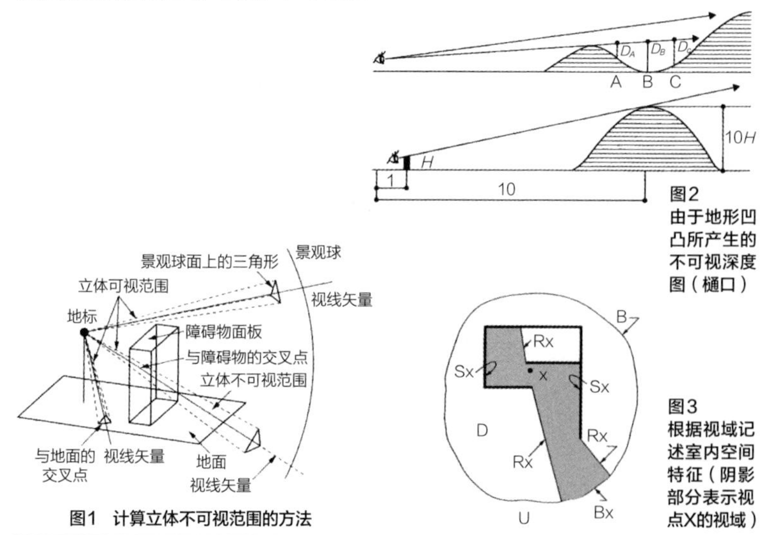


图1　计算立体不可视范围的方法

图2　由于地形凹凸所产生的不可视深度图（樋口）

图3　根据视域记述室内空间特征（阴影部分表示视点X的视域）

# 视错觉

visual illusion

日常生活中所使用的“错觉”，是指由于心理上的动摇或其他原因而引起的错误知觉，在心理学上则是指，总是偏离基于刺激的预测结果而进行感知的一种正常现象。在视觉中，尤其将上述现象定义为“视错觉”。已经有各种各样的视错觉图形问世，但至今尚未建立一种理论来统一说明其形成的原因。

“艾姆斯房间”，作为一个与空间知觉相关的视错觉的例子闻名遐迩。如果人站在某一固定的位置上从窥视孔中窥视一个斜体的房间，看到的却是一个矩形的房间。站在房间里的人，随其位置的变化时而变成巨人时而变成矮子。这恰恰证明了人类是以视网膜图像为基础并根据日常生活的经验来构筑三维空间。但是，如果将窥视点移向别处，这种视错觉便立即消失。因此，上述现象仅仅是在特定窥视地点进行窥视这一限定的视觉信息中产生的特殊现象而已。

在实际生活中我们体验的视错觉现象，例如，平缓而漫长的下坡，由于其周围的地形以及树木景观的原因，有时看起来像是上坡，行车中如果不注意，会不自觉地脚踩油门加速。上述现象显示，垂直/水平的视觉结构优于感觉重力方向的平衡感。另外，帕特农神庙以及日本神庙的牌坊和屋顶的反向翘曲，是建筑上考虑了视错觉效果的例子，常常被人相提并论，津津乐道。具体而言，由于向左右延长的水平线，随着远离视野中心，会呈现向外侧上扬的倾向，采取视觉矫正的设计手法，是为了修补这一视错觉现象。

（大野隆造）

图2 由于周围的景观而看起来坡向相反的沈阳怪坡，现在成为旅游景点

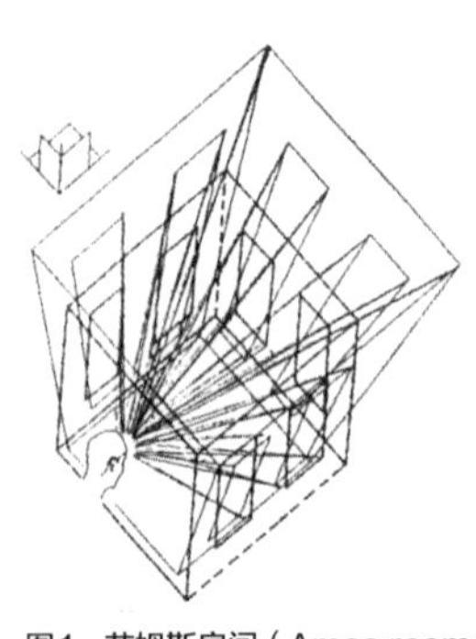

图1 艾姆斯房间（Ames room）

图3 帕特农神庙的台基和檐口由于在中央部隆起，看起来呈水平状

# 距离知觉

distance perception

如果从词汇本身的几何学含义出发对距离进行解释，那么距离便是观看对象与眼睛连线的直线长度，距离本身不可见。但是，即使我们不刻意观察，也能判断出与所视对象之间的距离。

对非常接近的对象，人们通过调整眼睛的焦点、紧绷靠近眼球内侧的眼外肌肉或根据两眼视差而感知距离。但是，在观看远处时，上述功能几乎不起作用，需要依据视网膜的视觉图像信息。

对人等熟悉的对象，我们可以根据所见的大小推测距离，但却难以说出晴空中飞行的飞机的距离。以上只是特例，大多数视觉对象都在地面上，而地面上总会存在这样或那样的地貌纹理。如吉布森（James J. Gibson）所指出的“距离不是在空中穿行而是沿地面扩展”一样，随着从观察者的站立点到观察对象逐渐远离而减少的地貌纹理的密度梯度，赋予空间以尺度的概念。

物理空间的存在方式对距离知觉所造成的影响已被广泛研究，结果发现，移动路线上升下降的倾斜度、路宽、路面弯曲数、目的地的可视性等是主要的影响因素。身体负荷、景观的流动速度、信息处理负荷等可能是形成上述因素的主要原因。

城市中随着两个地点间距离的移动而产生的距离感，其认知上的地图与实际地图间的“变形”常常成为讨论的议题，尽管属于距离知觉的一种，但有时也会被视作距离认知而与距离知觉相区别。

（大野隆造）

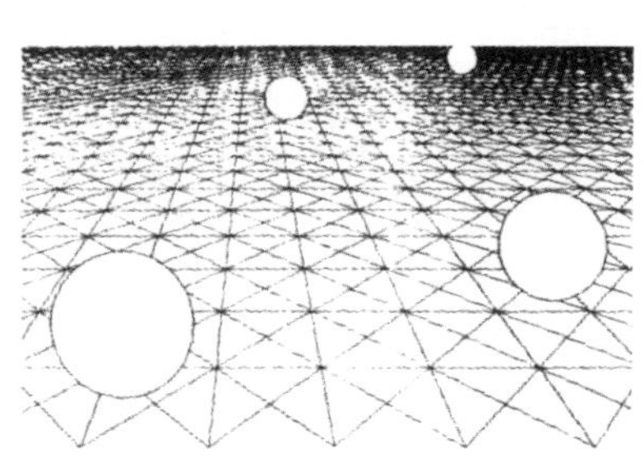

图1　地貌纹理的密度梯度（奈瑟尔，1975）

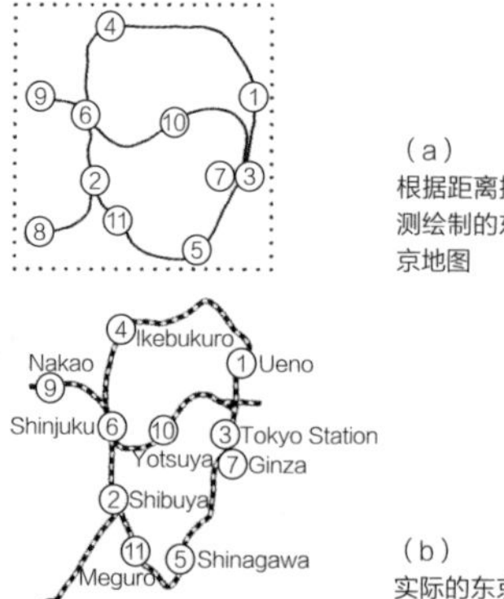


图2　认知上距离的扭曲

# 纵深知觉

gepth perception

三维空间，是如何通过二维的视网膜图像而被感知的，这一问题一直是知觉心理学上的悬案。现有的解释是，二维的视网膜图像在其深度方向上附加有某种经验性的理解而构成三维空间并被感知。于是作为能够形成深度知觉的“线索”，有人提出了线性远近法、空气远近法、重叠远近法等方法。

对此，心理学家吉布森指出，从静止的视网膜图像（snapshort vision）出发进行研讨，本身是件无意义的事。三维知觉，不是基于视网膜图像中的“线索”并赋予理解而成立的，而是根据视点或对象物体的活动而产生的视觉变化直接形成的。

随着视觉对象或视点的移动，或随周围环境的观察条件发生变化，视觉图像虽然从外观上会发生变化，但其变化的方式并非无规律可循，而是遵循了一定的法则。例如，旋转某个三维物体时，其向二维平面投影的视网膜图像的变化呈几何学的仿射变换。这种在视觉图像的变化（光学性流动）中不发生变化的结构，吉布森称之为不变项，通过提取不变项而形成三维知觉。

在上述例子中，由于视觉图像的变化不偏离仿射变换，因此人眼以为并非视觉对象本身在变形，而是三维形象在进行旋转。

（大野隆造）

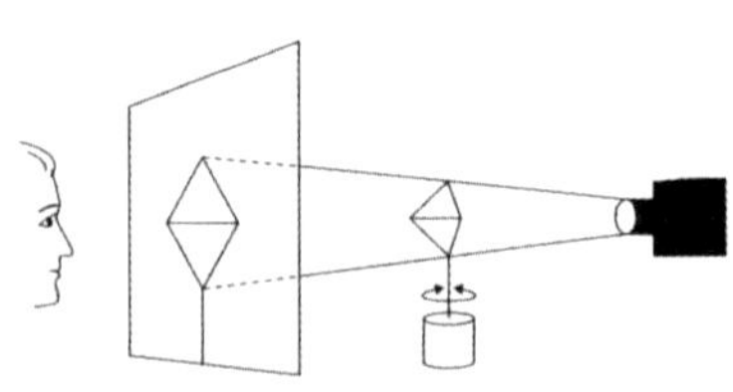

旋转对象（被弯曲的金属丝）的三维形状，通过其二维投影的连续变化而呈现立体的实验例子（奈瑟尔，1975）

**图1　运动产生的深度效果**

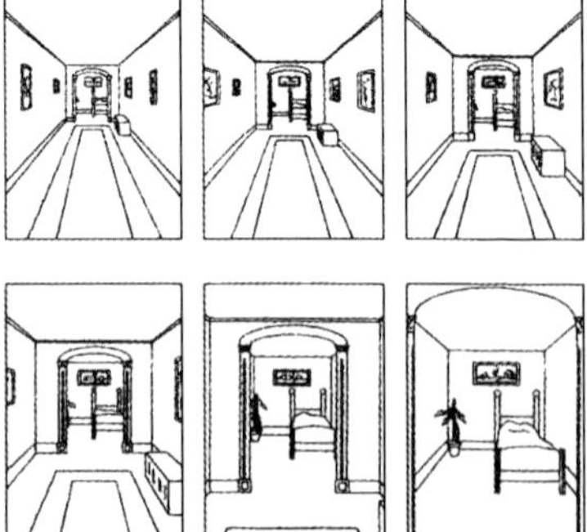

随着视点的移动被门框遮挡的里间房间的墙壁逐渐进入视野。作为视觉图像，由于从门框进入新的光线形式，而感知到门的位置等空间结构（吉布森，1966）

**图2　伴随移动而产生的光线形式的变化**

# 完形

configuration

“完形”一词源自德语Gestalt，意指形态、姿势、形状。法语为forme，日语中虽译作形状、形态，但均不是正确的翻译。

“完形”包括结构、体制等含义，也指某个统合或结构，指超越无法分割成元素的元素总和的东西。

元素主义心理学认为，所有的心理现象均由元素的总和构成。与此相反，1912年，德国心理学家韦特海默（Max Wertheimer）创立的完形心理学，则提倡整体相对于元素等局部的优越性，认为局部的特性取决于整体的结构。

所谓完形的本质，是指具有无法分解成元素的，超越元素总和的集合或结构。完形的本质具有以下两个特性：（1）各个元素的总和不等于整体的性质（整体性）；（2）如同旋律一样，不论声音整体是变高音或变低音，整体的旋律感基本相同（可变调性）。

视觉知觉中形态的集合元素（完形元素）如下：a.接近；b.类同；c.闭合；d.良好的连续；e.良好的形状；f.对称；g.相同的宽度；h.切割；i.共同的命运；j.客观的态度；k.有经验。上述完形元素，“其形态具有统合性，是基于其整体简洁有序且具有形态良好的趋向”，具体呈现了布拉格南司法则（Law of Pragnanz）。

（松本直司）

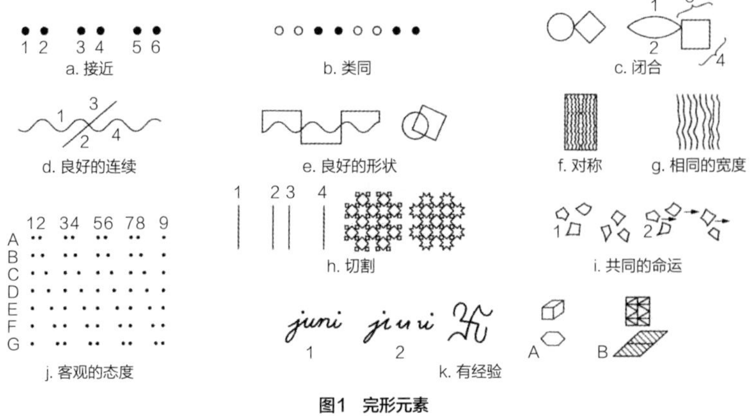


图1　完形元素

# 图形—背景

figure-ground

图形与背景是完形心理学的基础概念，图中受注目浮出而显现的部分称为“图形”，成为其背景的部分称为“背景”。其主要体现视觉知觉中的图形特点，但时而也应用于一般的知觉领域中。

存在两种性质不同的区域时会产生图形与背景的分化。在分化成图形与背景的两个区域中存在亮度差，由轮廓线划分。形成图形的区域形状分明，图形与背景的轮廓线归属于图形。图形先于背景而显现浮出，背景则在背后扩展。图形作为具有形状的物体，背景则作为材质，二者分别具备各自的特点。

以下若干法则容易形成图形：水平方向或垂直方向上长的形状较之斜向长的形状更易形成图形；自下而上伸展的图形较之自上而下下垂的形状更易形成图形；对称的形状较之非对称的形状更易形成图形；宽度相同的形状较之宽度变化的形状更易形成图形；与周围亮度差大的形状较易形成图形。

如果图形中的两个形状，其形成图形的难易程度难分伯仲时，有时会被感知成图形，有时则会被感知成背景。上述情形被称作图形与背景的反转。1915年，丹麦心理学家卢宾（Edgar Rubin）在针对视觉中背景的功能关系进行研究时，发表了显现两位面对面少女的脸或酒杯图形的被称为“卢宾之杯”的反转图形。

由于在一般的图中，决定图形与背景有诸多因素参与，因而极少发生反转。发生图形与背景的反转，与这种一个图形具有两个形状，但两个形状不能同时看见的知觉特点有关。

（松本直司）

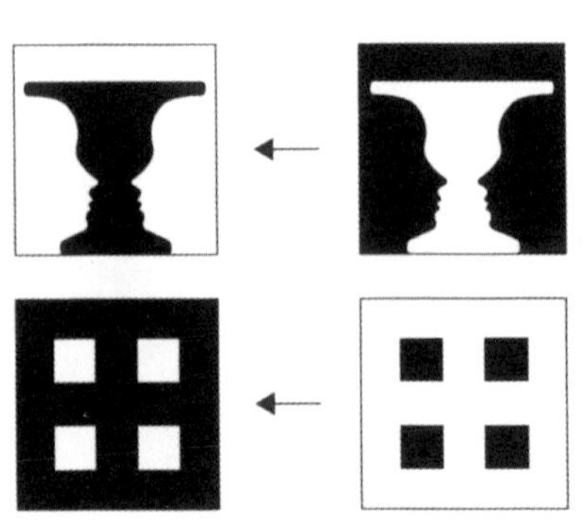

在卢宾的“卢宾之杯”中，黑白反转。如果将建筑物的“夜景”与“昼景”进行比较，在具有通透性的现代建筑中，极有可能发生“图形”与“背景”的反转。如果在新宿的夜景中，从距离100m的地点开始以每隔100m为观察点进行观察的话，大约在800m处就可能发生上述现象

**图1　夜景与昼景，“图形”与“背景”的反转**

# 模式

pattern

所谓模式，在日常生活中一般指形态、模样、图案、花纹、质地等的样本或式样设计图纸。但是，人的所见所闻以何种模式进行却难以确定。

知觉，并不是被动地接收来自视觉或听觉等感觉刺激的过程，而是通过关注、期待或解释而能动地创造有意义的事物的过程。在完形心理学上，将如此整合成完整形状的功能称作体制化。

但是，即便是能动的，该过程往往多是在无意中完成，难以有意识地进行控制。并且，作为有意义的东西而被知觉的模式，随着新发现的产生，或是习以为常后变得熟视无睹等总是在不断变化。

奈瑟尔认为，这个过程是基于过去的经验而形成的“schema”的预测而对世界进行探索，发现有意义的事物，再反过来对“schema”进行修正的知觉的循环。

现在的建筑设计常利用视觉模式意想不到的变化来产生晃动的知觉效果。充分运用玻璃和各种金属，透明或半透明的材料，各种孔洞材料，以及材料的印刷技术、照明方法等，使得以坚固和稳定为象征的建筑物发生了多姿多彩的变化。

（日色真帆）

图2
路易威登日本松屋银座店/青木淳

图1
使用建筑构件产生的波纹效应（moire effect），瑞士巴塞尔某大街边的公寓/赫尔佐格&德梅隆

# PN 空间

PN-space

PN空间是建筑师芦原义信提出的概念——外部空间不仅仅作为没有实体的建筑的外侧空间而存在，还可以形成具有向心性的、有积极意义的空间。

将朝向建筑或建筑物的墙面内侧的，向心性强的空间称为P空间（积极空间，P-space）；朝向外侧且周围开敞边界模糊的，离心性强的空间称为N空间（消极空间，N-space）。P空间积极且充实，N空间阴性且消极。P空间与N空间完全相互补充。当A与B毗邻存在时，如果A比B积极，则A为P空间，B为N空间。如果B比A积极则反之。

P空间与N空间的关系，有时如图形与背景的关系一样会发生反转。另外，存在两个区域时，有时会由于其相互关系而存在介于P与N中间的空间。既不是P也不是N的空间被称为PN空间。

原则上，建筑物内部的空间为P空间，外部空间为N空间。外部空间由于消极且具有发散性，较难成为生活场所。在广场空间为数不多的日本，其外部空间易形成N空间。但是，如意大利的城市广场那样，外部人群聚集，作为生活场所而被使用的空间具有积极性，因而是积极空间。

使建筑的外部空间具有积极的意义，不仅作为建筑物的外侧，而且作为P空间或者PN空间，使其成为具有积极性的生活场所是十分重要的。

（松本直司）

图2　锡耶纳的坎普广场

图1　日本金泽市文化厅/芦原义信，1982年

# 形式

form

form相当于日语中的形、形状、形态、形式。此外，也有“形成”“类型”的含义。英语中，亦可称作shape，型可译为model，pattern或type。

建筑中所说的形式，是指建筑师将其对作品的强烈设计意图与自身的实践经验相结合并进行协调，以具有实际形状的建筑物来进行表达的形式。

建筑师菊竹清训认为，作为建筑设计的阶段，存在“意象”（image），“类型”（type），与“形式”（form）三个阶段。“意象”是指思考将在何处使用实质性技术的阶段（实质论阶段），“类型”是指思考形状的基础与背景的阶段（技术论阶段），“形式”是指凭感觉即可理解的阶段（形态论阶段）。在其著作《论建筑之心》中，他指出，“要想理解形式就要理解类型，要想理解类型就要理解意象”。

将这种思考方式与构成路易斯·康的思维主干的form（事物的基础且其存在不可或缺的本质），realization（觉悟或突发奇想的瞬间，灵感的世界），design（从生命的领域具像化的过程）对照比较，颇有意义。

与形式相关的词汇还有形状和样式。形状是指基于每个物体的具体的外形、方法和程序。样式是指在类似的物体中将共同的形式抽象化而成的形态或方法，指在建筑等作品中表达上的不变的形式，不仅指形状也包括内容，因而会被后人模仿和传承。

（松本直司）

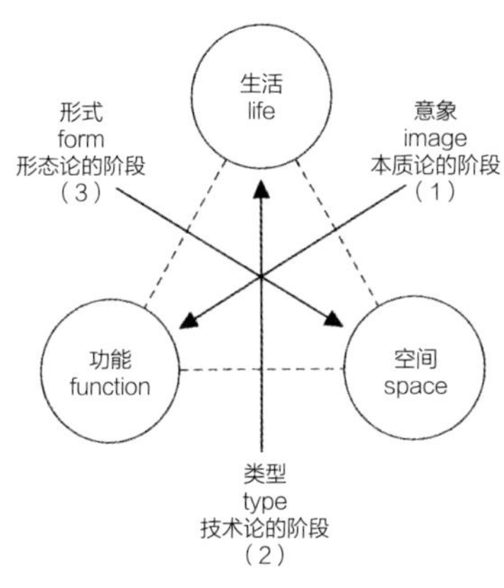


图1 “意象”“类型”与“形式”的说明图

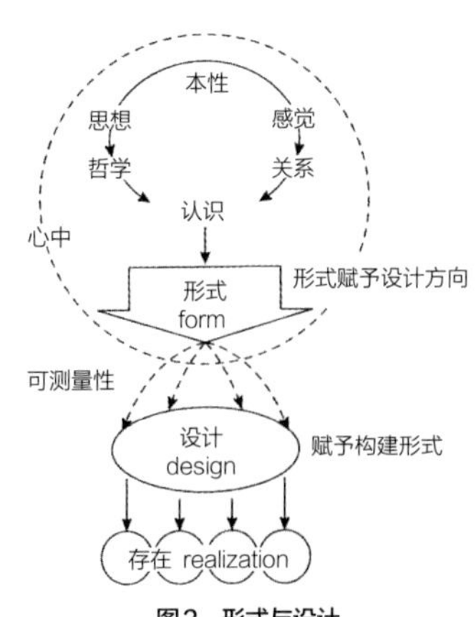


图2 形式与设计

# 适应

habituation

如果同样的刺激反复发生，反应会逐渐减弱最后变得无动于衷，这个过程称为适应。适应是学习的一种形式，例如倒车入库，不适应时非常费时，但多次重复后会变得迅速而轻松。对紧张的事情，随着次数的重复会变得轻松自如，操作灵活。

由于适应，人们有时会对司空见惯的现象熟视无睹，导致惨重的失败；有时，又会对遇到的新刺激视而不见而招致不测。

与适应相似的词还有顺应和疲劳。适应是指对反复的刺激所产生的现象，顺应或疲劳是指对长时间持续的刺激所产生的现象。适应较之顺应持续时间长，可长时间持续，是对没有意义的刺激采取提高阈值忽略知觉的能动性功能，当受到不同的新刺激，注意被唤起后会发生适应解除现象，顺应与疲劳则没有上述现象。

在检查知觉内容的感官测定中，为了提高参差不齐且再现性较低的人类的判断精度，有时需要反复进行实验。此时，会产生各种各样的心理误差。

在心理误差中，有随实验对象的提示方法不同而产生的误差，有源于人类生理机能而产生的误差。甚至，还有源于对实验不习惯或是对实验过于习惯而产生的误差。

作为与适应相关的事物，包括初期效果、练习效果以及适应的误差。

初期效果是由于尚未适应而产生。实验初始时，被实验者的判断标准变化不定，为了慎重而倾向于进行中庸的判断。

练习效果是指通过练习，被实验者的判断能力提高，也称学习效果。

适应的误差是指将最初的应答保持不变的倾向，易出现在刺激逐渐增加或逐渐减小时。

（松本直司）

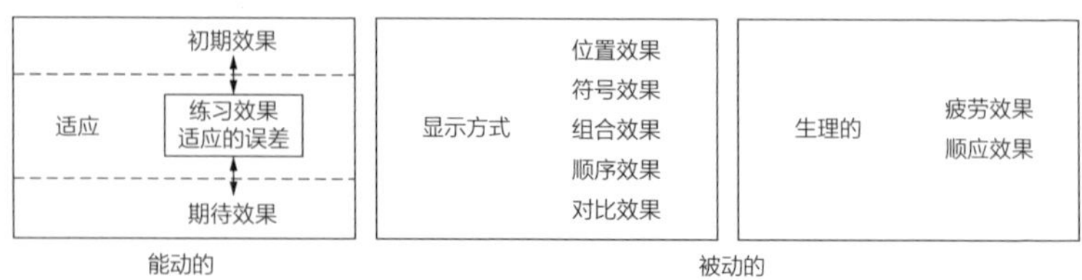


图1　感官检测中的心理误差

# 恒定性

constancy

恒定性是指，尽管知觉对象由于不同的环境或位置关系而分别形成不同的刺激内容，但依然能保持原来的性质而被感知的现象。由于即使存在大量变化的刺激，其也具有稳定感知环境的特性，因此被认为是对人类行为误解较少的有效指标。

大小的恒定性是指，由于观察距离的变化，对象在视网膜上的大小发生变化，但被感知的大小总是保持不变的性质。纵深的恒定性与大小的恒定性类似，是指视线方向上的两个对象的间隔以不变的长度被感知的性质。距离的恒定性是研究观察者与知觉对象间的距离。形状的恒定性是指，感知对象与视线倾斜时，视网膜上的成像发生扭曲，但感知的形状却保持原有形状的性质。

此外，关于恒定性还有如下例子：亮度的恒定性是指，反射率相同的面的亮度与照度成比例变化，但较之亮度，面的明亮感更取决于反射率。颜色的恒定性取决于颜色的波长和亮度，但即使在彩色照明下感知的色相也较接近于恒定白色光中感知的色相。速度的恒定性是指运动的物体在视网膜上的移动速度与观察者到物体的距离大致成反比，但感知到的速度与距离无关，具有恒定性。位置的恒定性是指在移动中观察景色时，尽管景色在视网膜上移动，但观察者看来却是静止不动的现象。

（松本直司）

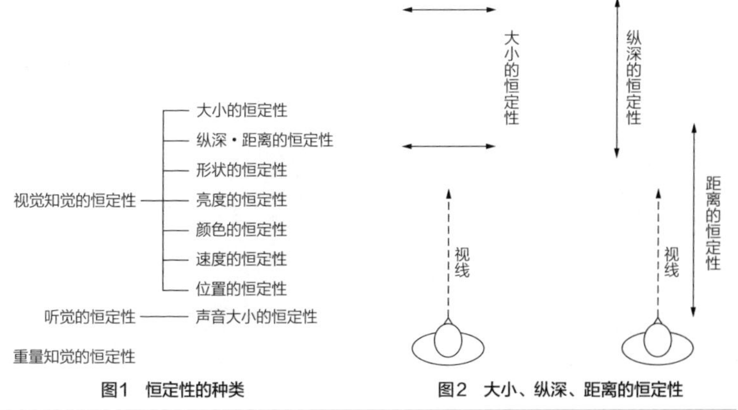


图1　恒定性的种类

图2　大小、纵深、距离的恒定性

# 移动

movement

窗户或门框等建筑物的开口部将外部的景色围合而形成画框般的构图，这种现象被称为“边框效果”，自古以来作为造园的手法被经常使用。但是，视点不固定而进行移动时会是怎样的情况呢？

当从建筑物的内部向外部移动时，随着人的行进被建筑物出口部分的墙壁或顶棚遮挡的外部景色逐渐显出全形。此时，景色从限制视野的边框（遮盖框）显现的状态，随出口附近墙壁或顶棚的空间设置以及构成的不同而产生变化。

例如，走过大纵深的雨棚，首先映入眼帘的是左右两侧的景象，之后，开口上部才逐渐敞开。反之，两侧有墙壁遮挡时，首先是上方最先敞开。从车站内部走向站前广场的过程便是上述外部景象逐渐显现的一个例子，特别是对于初次到访的陌生人而言，与城市接触的空间体验影响其之后形成的城市印象。图2显示的是为确认该影响而进行模拟试验时使用的图像。经试验确认，如果视线被引导至移动较快的遮挡框一侧时，其印象可能会发生变化。

史蒂文·卡普兰（Steven Kaplan）认为，自然景观具有隐藏的局部而无法被全视的情形是深受欢迎的景观特征之一，他称之为“神秘性”。隐藏的局部，引起人们探索的好奇心，这种情形可以在城市空间的移动中获得体验。

（大野隆造）

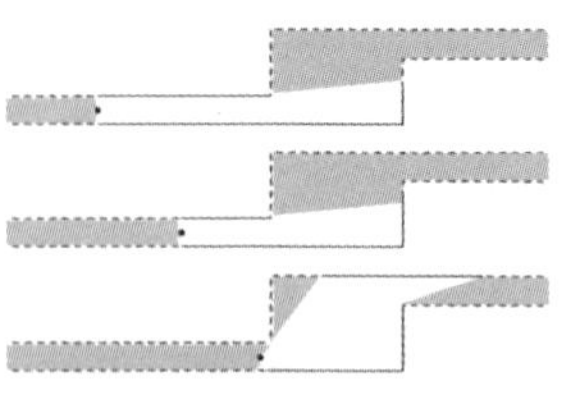

图1 随着视点的移动在遮挡框处开敞的景色（通道的平面图）

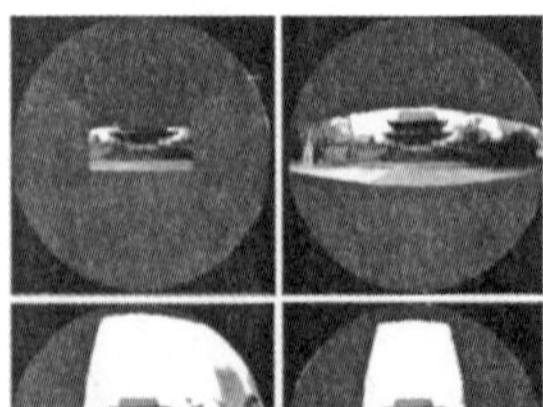

图2 根据建筑物出入口外框构成的不同而变化的外部景色的显现方式

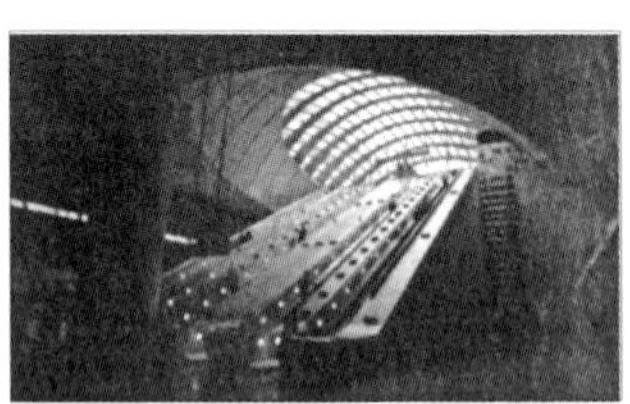

图3 伦敦金丝雀码头的地铁站

图4 日本横滨未来港21的机动车道

# 光学性流动

optical flow

心理学家吉布森认为，对观察点而言，从周围空间构成面反射并到达观察点的光线分布称为环境光排列，是生态光学中研究人的视觉经验的基本概念。环境光排列中包括地面、墙壁、顶棚这类大面积的明暗差异及其各面所具有的材质上细微的明暗类型。

吉布森还认为，在环境中四处走动与进行空间观察无法分开，他指出："我们为了进行移动而必须进行知觉活动，但同时，为了进行知觉活动而必须进行移动。"因人（观察点）的移动而投影在视网膜上的环境光排列的流动（光学性流动）不是无规则可循，而是与环境的存在方式保持不变的关系，被称为不变项，通过提取这个不变项，便可感知空间的状态。

在走廊这样的内部空间内移动时，从视点所见墙面质地的流动速度能够感知该走廊的宽度，从列车车窗眺望的景色，根据其各部分流动速度的不同便可确定其距离。另外，举一个稍微特殊的例子，飞机的驾驶员准备在跑道上降落时，地面材质所形成的光学性流动的始点（灭点）能够提示其自身的前进方法。

上述飞行员的例子，源于吉布森年轻时作为心理学家参加的空军飞行员的培训训练，从实践性的知觉研究中受到启发而提出光学性流动以及不变项的概念，这个过程对后人颇有借鉴意义。

（大野隆造）

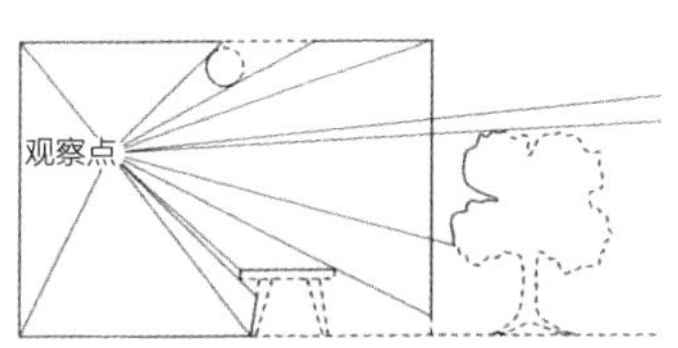


图1　有窗户的某个房间的环境光排列（投影至观察点的面以实线显示）

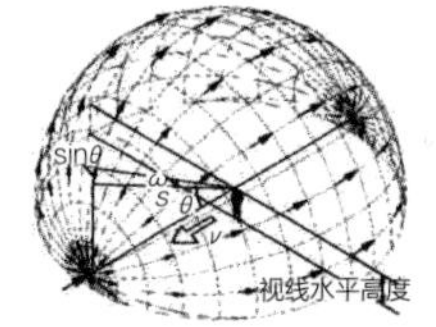


图2　从以速度 $\nu$ 进行移动的人所视方向 $\theta$ 的距离 $S$ 中光学性流动的角速度 $\omega$（$\omega=\nu\cdot\sin\theta/S$）

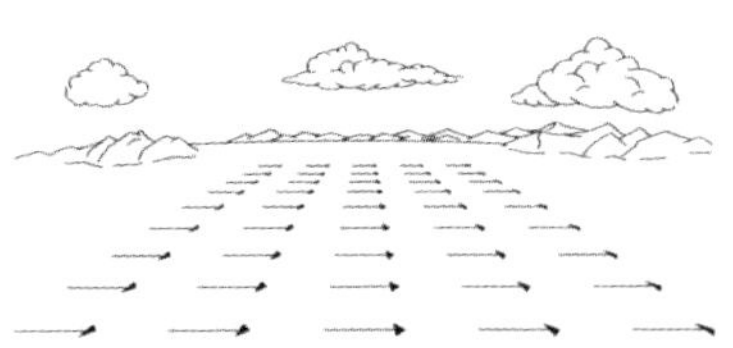

图3　移动方向右侧的光学性排列的流动

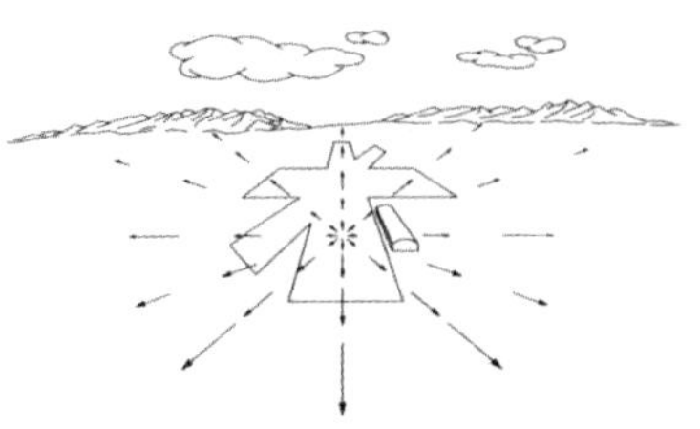

图4　着陆时光学性排列的流动

# 感觉

sensation

所谓感觉，是指视觉、听觉、嗅觉、味觉、皮肤感觉（触感、压力感、温感、寒冷感、痛感）、运动感觉、平衡感觉等，是对因刺激感觉器官所引起的兴奋直接进行反应的主体经验及其过程。

同类型的词汇中还有知觉。现在，人们更多地不把感觉与知觉明确区分，如果一定要区分的话，感觉一词受意义性、感情和意志、记忆、过去的体验、人格、社会环境等的影响较少，更多地使用在对极其单纯性刺激所产生反应的经验和过程中，也可以说是知觉的基础或初期阶段。

人类根据来自环境的各种感觉接收各种各样的刺激和信息，日常的生活与环境息息相关。

环境将人类围绕其中，给人类提供各种各样的信息，人类的行为因而深受环境的影响。环境有时直接限制人类的行动，有时则在不经意间对人类产生影响。

通过人类与环境在各层次的相互较量，人类将环境融入生活并依此进行相应的活动。

建筑空间作为一种三维的空间是围绕人来创造环境。墙面、地面、顶棚等的边界面遮挡我们的视线，限制我们的行动，同时又为我们支撑起空间，赋予我们感觉并或多或少对我们产生某种影响。它们在各种人类行为与环境的互动中，对人类生活的尺度起着重要的作用。所谓建筑，便是创造这样的空间。

环境对人的影响可由空间设计而改变。空间的改变有可能使人产生某种变化，而追求变化的可能性，正是空间设计的意义所在。

因此，我们有必要研究人类对于空间的感受。

（西出和彦）

# 方向感

sense of direction

有时我们会听到“我容易迷路，方向感很差”这类抱怨。所谓方向感，一般是指记忆或寻找道路的整体能力。此处所说的能力多指在掌握自身位置以及行进方向能力的基础上，正确记忆标识或景色以及正确识别地图的能力。在学术上，方向感这一概念被局限在较小的范围内，指人在空间中移动时确定自身位置或方向的意识。

关于方向感，我们常常听到“路痴”这个词，说明方向感因人而异，个体间存在很大的差异。心理学领域开发出了各种测试方向感的试题，针对其测试结果与性别、性格以及对三维图形理解力等之间所存在的关系展开了多项研究。

另外，方向感在很大程度上受到空间设计的影响。从日常经验中我们知道，在复杂弯曲的街道或在能见度差且单调的地下空间更容易丧失方向感，我们也知道楼梯或电梯所进行的上下方向的移动也是导致方向感丧失的主要因素。

如今，随着建筑物的日趋庞大和复杂化，导致方向感丧失的空间越来越多，这类空间不仅增加了使用者的不安和压力，而且当发生紧急情况时也存在难以找到避难通道的危险。在空间设计中，应该对平面形状多加斟酌，通过有效配置天井或窗户等方法让使用者保持稳定的方向感。

（添田昌志）

图1　在能见度差且复杂弯曲的地下通道内容易丧失方向感（地铁内）

图2　顶棚的坡度以及宽大的开口使空间具有方向性，即使在宽旷的建筑中也容易保持方向感（上海浦东国际机场的出发大厅）

# D/H

用于表示站在地上观看建筑物时的所见方式，以及建筑物等形成的外部空间的围合感等指标，是视点到所视对象的水平距离$D$与所视对象的高度（严格说是与视点高度之差）$H$之比。

由于人眼中对颜色以及形状具有高度识别能力，且视觉清晰的被称为中央凹的部分的视角大约只有1°～3°，而且因为视野具有极限，还因为眼睛和头部活动灵活，因此，观看对象的所见方式与其大小以及人到该观看对象的距离有关。

当近距离观看建筑时，如果观看对象较大，看到的不是投射到视野中央凹上的图像，而是周边视觉或者转动眼睛、头部采取仰视方法所见的结果，此时，仰角亦即$D/H$与建筑物的观看方式紧密相关。

马尔滕斯（H.Maertens）根据$D/H$对建筑物所见方式的变化进行了分级（图1）。

街道、道路、广场、中庭等多重建筑物所围合的空间的开放感或封闭感，与该空间截面方向的比例相关。通过将水平距离$D$置换成广场或街道的宽度，将$H$变换成建筑物正立面的高度，可描述该外部空间的氛围。

（西出和彦）

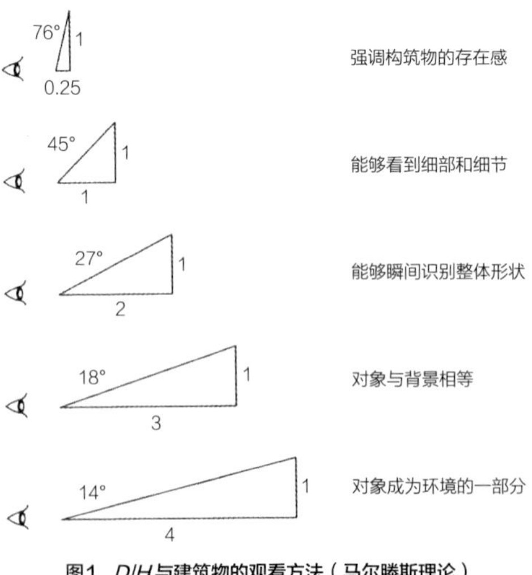


**图1　$D/H$与建筑物的观看方法（马尔滕斯理论）**

# 质地

texture

所谓质地，是指对于材料表面的视觉颜色或亮度的不均匀感，或者对于因触压强弱不同产生的凹凸感等，不是从局部而是从整体获得的特征、材质感或效果。

质地，从建筑创作的角度讲，与在形成内外空间的形体表面上使用什么样的材料、进行何种表面处理密切相关，与形态以及颜色同样是重要的造型元素。

此外，在人们观察空间，把握所见物的形状以及大小时，质地承担着非常重要的作用。

人身处没有质地的，颜色和亮度完全均一的表面所围成的空间时，如身处云雾中一般，不知道哪里是墙和地面、空间是多大、形状是什么，等等，完全感觉不出空间的延展。对于无法感知的质地表面，人就无法确定其位置。

当围合面具有质地且质地被感知后，地面、墙壁、顶棚等形成空间的表面显现出来，方才能够感知到围合空间的存在，也能够感知上述围合面的位置、倾斜、形状以及是否存在空间上的间隙。

由于质地元素的密度随距离而逐渐变化，由此，人们能够感知空间三维的纵深。因此，在感知构成空间的表面时，质地起着根本的作用。

所谓建筑空间，就是将地面、墙壁、顶棚等限定人们行动的表面构筑建造而成的空间。

通过感知质地，能够掌握其表面的位置、形状以及空间结构等，进而能够判断我们在空间内可以进行哪些活动。正是因为质地的存在，人们才能够掌握空间并在其中自由活动。

空间设计师创造用于人们生活场所的空间，质地在实现理想空间的建造中起着不可或缺的作用。

（西出和彦）

# 质感

impression of materials

在构成空间的材料中，包括木材、石材、铁、玻璃、铝等各种材质。对于这些不同的材料，我们会产生“看起来又冷又硬”，或者“虽然是铁制，却感到温暖”的感觉。

因材料的颜色、质地和光泽不同而使人产生的感觉称为“质感”，亦即某种材料最具其特色的一种感觉。比如，我们会用“肌肤触感”等感性的词汇来形容布料。如果我们把各种颜色、材质、形状、用途不同的东西让小孩来分类的话，他们会首先根据材质进行分类。可见，质感是人与物体的关系中最基本的感觉。

对于建筑材料，大野隆造等尝试不基于材料的物理性质，而是基于感觉上的质感进行分类。图1所示的是将“铁”“石”等材料的名称所唤起的印象通过“冷—暖”这对形容词进行评价的SD法，对评价性因素、视觉性因素、触觉性因素所构成的三维尺度进行分类。

另外，除单个材料的质感外，秋山贞登将从道路、街道、树林等众多材料构成的风景中所获得的感受称为“空间的质感”。图2显示了左右两岸不同质感所构成的风景的例子。写字楼林立的右岸显示坚硬的质感，而柳树成荫的左岸则给人以一种柔软的感觉。

（小林美纪）

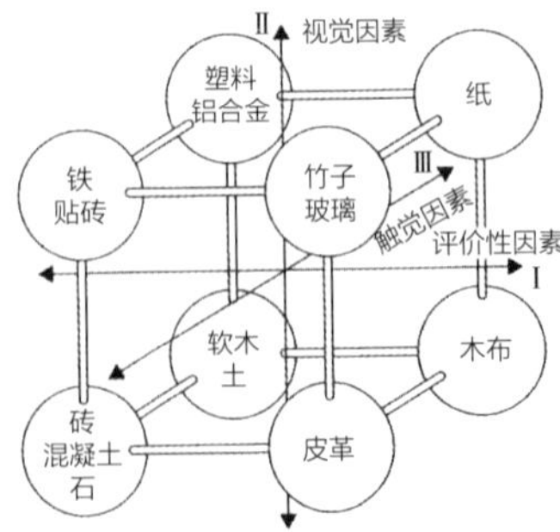


图1　根据建筑材料的材料感进行的分类

图2　左右两岸具有不同质感的风景

# 色彩

color



所谓色彩，是视觉系统对光刺激所产生的感觉。色彩可分为两大类，一类是物体表面反射某种波长的光所产生的物体色，另一类是由光源发射的一定波长的光而形成的光源色，设计对象主要针对物体色。

物体色由色相、明度和彩度三种属性来表示。色相是指红色、蓝色等颜色，明度是指明亮度，彩度是指鲜艳的程度。

色彩能够唤起人的美感等各种情感，另外，色彩同质感一样，在空间感受和知觉中发挥作用，因此，是设计中的重要因素。

色彩随时代和文化的不同，其评价也发生变化。即使同样的颜色，由于使用目的和使用场合不同，其评价也可能完全不同。而且，对颜色的喜好，个人因素起很大的作用，颜色对人所产生的效果很难一概而论。

在颜色对感情的影响效果中，温度感、重量感、距离感、软硬感等给人的印象相对而言比较一致，而快感、不快感或好感、厌恶感这类感情则因人而异，差别较大。

一般来说，红色或黄色使人感觉温暖（暖色），而蓝色或绿色给人寒冷的感觉（冷色）；暖色显得近，冷色显得远；明亮度高的暖色具有膨胀感，而明亮度低的冷色看起来具有收缩感；亮色轻，暗色重；彩色比无彩色、高亮度色比低亮度色、高彩度色比低彩度色更吸引眼球。

同样的颜色，其面积不同，给人的感受也不同。随着面积增大，亮度和彩度的感觉也随之提高。

两种以上的颜色衔接时产生对比效果，色相、明度、彩度三者的属性有分别相互强化的倾向。

在实际中是否易被看见，不仅与吸引眼球程度有关，在很大程度上还受到与周围色彩对比、明度对比的影响。

如同红色能使人联想起火焰或血液，表示热情一样，颜色具有某种象征性。需要注意的是这个象征性可能随时代的不同而发生变化，也随文化、民族的不同而存在差异。

（西出和彦）

2

感觉

# 光与黑暗

light and darkness

光对于建筑空间而言是最原始，也最重要的一个元素，各种形态和空间只有在光下才得以显现，光的质感决定了空间的质感。即使在同一个物理空间内，光随时间的变化而发生改变，人们感觉、感知的空间也随之发生巨大的变化。

“光与黑暗”同“光与影”的关系一样，并非同一维度的概念，而是与“图形—背景”的关系一样，分属于不同的维度。光作为明亮耀眼的“图形”具有完整的秩序和统一的形象，反之，黑暗作为幽暗的“背景”具有毫无着落的混沌和无序的感觉。这种印象虽然具有相当的普遍性，但现实中感觉、感知的空间因文化的不同而存在差异。例如，在基督教文化中，光代表基督本身，代表理性、驱逐黑暗的力量和慈爱。光在伊斯兰教中代表真主之神，在佛教中代表真相与解脱。

谷崎润一郎所著的《阴翳礼赞》是阐述光与黑暗的一部重要著作。书中描写了从蜡烛这种传统的“光亮”转向近代电灯“照明”的日本昭和初期，记述了转换时期中光与空间感之间的关系。谷崎以日本建筑的空间中存在着浓密的幽暗，而在幽暗中晃动的光以及由这个晃动的光所营造的阴翳为其空间的特质。此处，他将“光与影”这种西方空间概念同“光与黑暗”这种日本式的体感空间概念进行了比较。

（福井　通）

图1　寺院中的黑暗

图2
西藏色拉寺中的光与黑暗

图3
罗马万神殿中的光

图4
胜利之城（Fatehpur Sikri）
伊斯兰建筑中的光

# 人文尺度

human scale

建筑·城市空间是人们生活的场所，其尺度必须与人密切相关。

与人体、人的感觉·行为相适应的建筑·城市空间的大小，或者为了实现和测量上述空间大小而基于人体，人的感觉·行为的尺度称为人文尺度。该尺度是人类经历长时间的经验积累所获得。

人与测量空间的尺度自古至今存在着深刻的关联，不论古今东西，长度等单位均依据人体各部位的尺寸而来。并且，人体常常被当作美丽、完美的标准和诠释。

现代社会基于合理性和功能性而追求人文尺度，要求以人体工学为依据，追求具有功能性且舒适的人体尺寸和与人体尺度相适应的空间。

心理·行为与文化密切相关。人们根据相互间的关系以及交流的目的来调整人与人之间的距离。另外，距离过近而产生的不快感，或者观察对方表情等均与距离有关（图1）。

上述因素成为研究人类聚集空间尺度的基础。尺度不当会形成超越人文尺度的空间，不适合用做人与人互动的空间。

（西出和彦）

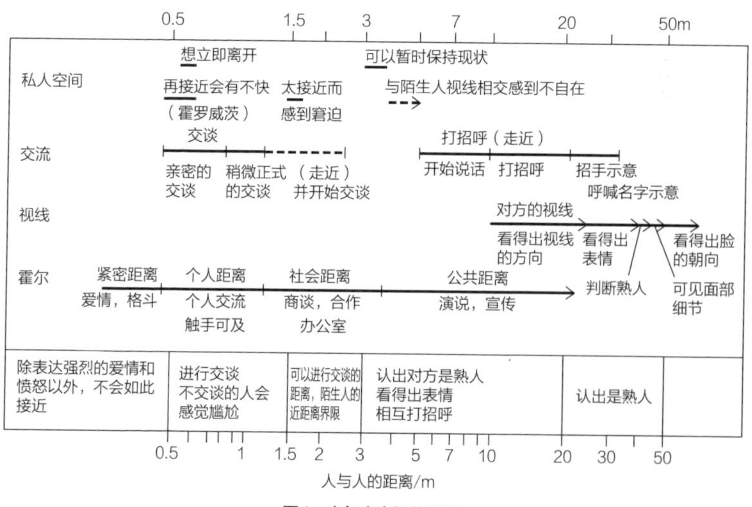


图1　人与人之间的距离

# 私人领域

personal space

我们与他人一起共同经营社会生活，我们对他人保持一定的空间距离绝非是无意识的行为。

人与他人之间保持着某种空间距离，每个人都仿佛被包裹在肉眼看不见的气泡中一样进行着日常生活。这种存在于人类个体周围，不希望他人进入的肉眼不可见的心理领域被称为私人空间。

私人空间如影随形环绕每一个体（portable），与“界限”（territory）的概念不同。

当他人接近身体周围时我们所产生的“窘迫感”以及由于他人过于接近时所产生的“逃逸感”，这种作为私人空间的领域范围，已被研究测量出来（图1）。

我们可以看到，测量结果并非呈球形，从前面长的卵形领域可以看出，相对于前面，对于他人从侧面的接近我们显得更宽容。私人空间随行为、性别、亲密程度、相互间关系以及场合的不同，其领域范围的大小也随之变化。

人与人之间的距离，根据相互间的关系以及交流的目的而进行调整。爱德华·霍尔（E. T. Hall）曾指出，人与人之间保持距离等空间的使用方法，其本身具有交流的功能，距离与交流相对应，分为亲密、个体、社会、公众四个距离带，并且因文化的不同而有所差异。

围绕在人体周围肉眼看不见的空间，对人而言具有重要的作用。罗伯特·萨默（Robert Sommer）曾就对人的因素欠缺考虑的现代建筑和城市空间提出批评。

（西出和彦）

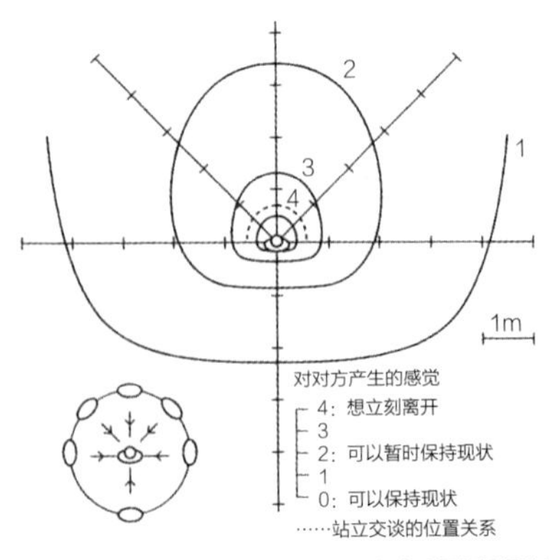


中间站立的人，相对于面对面从其周围靠近的他人位置所产生的感觉分布图（男性·站立）

图1　根据试验所得的私人空间

# 密度/拥挤

density/crowding

人形成社会团体，创造人类聚集的城市，有时，由于时间和场所的原因，会出现非常拥挤的状况。

即使在那样的情形中，人仍然保持着自己的空间，也就是从个人心理上不希望他人侵入的私人空间，或感觉自身范围界限的空间领域，这种肉眼看不见的空间，在人的生活中起着重要的作用。

但是，当多数人处于拥挤的空间中，个人空间有时会受到侵害。根据当时的情况，如果感到不能确保所需的私人空间或范围界限，人就会感到拥挤。

过度的拥挤状态会引发生理或心理问题。即使没有损害空气或食物以及温湿度等环境条件，如果个人空间持续保持过密的状态，像遭到强制性的侵害一样，会加剧问题的严重性。

在人满为患的电车内，如果站1小时，其限度是7人/m$^2$，以此为界，超过此界限，生理条件会急剧恶化。

上述高密度，是因其暂时性方能存在，考虑拥挤时必须同时考虑时间因素。

另外，根据空间的形状以及人的所处位置不同，有时会感觉拥挤的程度超过了单纯以单位面积的人数所计算的密度。当把密度/拥挤问题放到城市尺度来讨论时，因时间及空间范围增大而变得复杂。

（西出和彦）

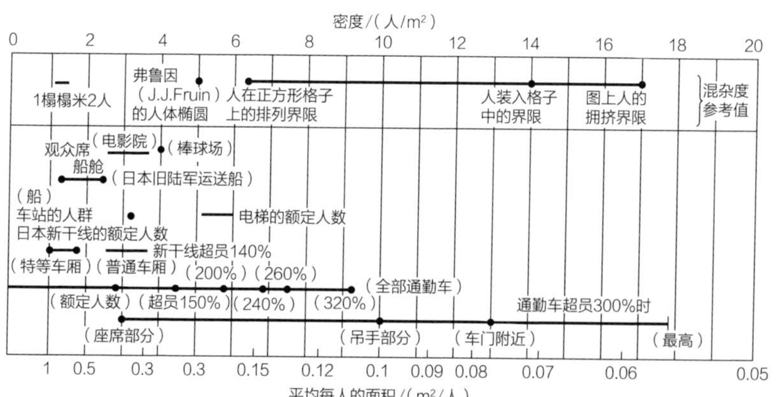


对于各种人群，额定人数等标准与实际的密度，作图所得的密度的比较

**图1　群众密度等级**

# 舒适性

amenity，amenities

所谓“amenity”是指居住环境的舒适性和所在空间的愉悦感，是最近经常被提及的词汇，其原本的词义并非仅指对各种外界条件良好舒适的感觉。

舒适性是指，在建筑物或土地上作为居住环境产生舒适感的设备设施以及卫生环境；除此之外，还包括赋予居住环境附加价值的建筑样式、周围景观等历史性的价值以及文化品质。舒适性概念在尺度上也扩展至城市乃至社会的广大领域，甚至包括与生活品质相关的娱乐以及人际关系、社会生活中的愉悦感等诸多因素（此时使用复数形式的amenities）。

现在的居住环境设计中，对于空气、保暖、采光、照明、噪声等各种基本的舒适性要求，需要排除生理以及心理上极端的不快感以满足最低限度的需求。基于这一观点，各种设计标准应运而生，同时随着建筑环境的调整、控制技术及器械设备的进步，如今，我们已经在某种程度上实现了舒适的居住环境。

但是，在生理以及心理上的“充实感”之上，针对与文化以及生活方式相关的，包括享受生活视角的舒适性，其研究的道路依然漫长。

人们的价值观变得更加注重生活，因而期待真正意义上的居住环境品质的充实，追求货真价实的舒适性。

在此基础上，为了创造更加丰富而人性化的舒适空间，需要建立一种评价环境的方法，确立与之相应的研究方法、现状认知、调查实验以及评价手段。

（西出和彦）

图1　屋顶绿化，难波（日本大阪）的例子（摄影：积田洋）

# 治愈

healing

"治愈"，原本不是日语词汇，1988年左右开始出现在日本的报纸上，1999年竟然以第9名入选年度十大新词·流行语排行榜。究其原因，应该与各种不安、孤独感等精神压力日趋严重的现代社会密不可分。除住宅或医院这种原本追求"治愈"的居住空间外，写字楼等工作空间也开始追求"治愈"，这恐怕是现代社会所特有的需求。另外，除日常空间外，人们也期待圣光环绕的宗教建筑或者所谓公共文化设施等这些非日常性的空间也成为"治愈"的场所。

一般所说的"治愈"，着重于使身心从高压状态中放松，消除紧张。但问题的复杂性在于，对人体而言，有时也需要适度的压力。

建筑空间要求繁多的功能，"美感"作为其最基本的特性，或许可以直接起到"治愈"的效果。下一个层次的舒适性与卫生性一样属于非常重要的因素。人们不仅要求对作为"硬件"的建筑空间就"治愈"问题下足功夫，还要求例如在医院内尝试举办绘画展览，或者医生以及护士对患者的态度等的"软件"方面，对"治愈"问题进行探讨。总之，希望从整体框架上，亦即使自身与外界的关系，乃至与周遭环境之间的相互关系更加紧密化，来创造治愈的建筑空间。

（横田隆司）

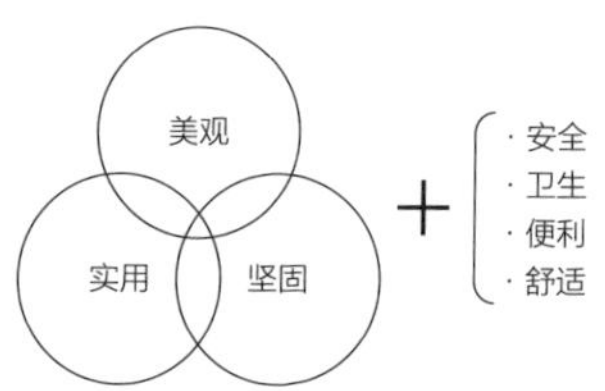


图1 对建筑基本性能的要求

图3 治愈的内部空间（太阳之灶，日本爱知县）

图2 治愈的外部空间（日本大阪市医疗中心）

图4 医院中的绘画展览（达特福德医院，英国）

# 安全感

sense of security

“安全”（security）一词源自拉丁语的“无需担心”（se + cura）。心理人类学家许烺光（F. L. K. Hsu）指出，社交、地位、安全是人的基本社会需求，其中的安全是指与同伴间连带感的确信，人类基于这种同类意识而进行相互间的帮助。

但是，安全性与安全感属于不同的概念。安全性通过没有危险情况发生这种客观评价来表示，安全感则是通过基于安全的主观评价来进行表述。人的感觉，大体上并不对客观事实照单全收，相对于已有的经验，人们对初次体验的事物会表现出过度的反应。

这种人所具有的安全感特性对欧美的城市建设产生很大的影响。例如，英国是世界上屈指可数的监控摄像头设置大国。尽管没有确凿的数据可以证明设置这种摄像头可以抑制犯罪的发生，但是人们仍然希望在需要有安全感的场所设置这种摄像头。

而在美国，用围栏围合居住地的封闭社区（gated community）正在广泛普及。但是有报告表明，用围栏围合并不能减少犯罪。即便是如图4所示的日本首个中庭式集合住宅，出于安全感的考虑，普通人也被禁止进入中庭，这与建筑师的设计初衷背道而驰。人们所期望的是超越排他性理论（the logic of exclusion）并具有安全感的空间设计。

（横田隆司）

图1　街道入口的门（美国）

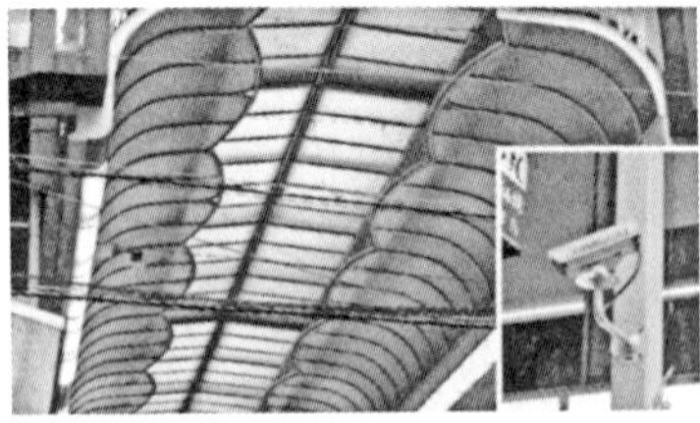

图3　商店街的监视摄像头（日本大阪 · 心斋桥）

图2　公园的网络摄像头（日本大阪）

图4　幕张海滨城市（日本千叶）

# 高空感

sense of acro-being

告别攀援树枝的生活而走下地面的人类，通过使身体的一部分始终与地面接触而行动，因此人类的“高度”感深受地表形态的影响。

身在高处的感觉，亦即“高空感”通常包括两种感觉。其一是感知自基准面之上高度的高空感，随着绝对高度的增加会出现恐高症状。众所周知，这种感觉因人而异，不尽相同。

其二是随着高度增加，水平范围的扩大而产生的感觉。例如，登上山顶后，可以感知・眺望以该登山人为中心的近景、中景和远景，由此感受的高空感。

可见，当我们身处高处时，是通过垂直距离和水平距离两个方向的感觉而产生各种情感，这是高空感的含义，这种感觉不仅局限于自然，在建筑物中当然也会产生。如今，高层、超高层建筑已经成为我们日常生活空间的一部分，我们平日长时间且反复体验高空感的机会急剧增加。然而，有关高空感给人造成各种影响的分析和研究还非常欠缺，对使用者生理、心理效果的研究考察是当务之急。

（高桥鹰志、桥本都子）

以前是在山顶等自然标高的场所感受高空感（身处高处的感觉）。现在由于超高层建筑的增加，人们在日常生活中长时间反复体验高空感的机会增加了

**图1　超高层建筑林立的新宿副中心和富士山（照片提供：东京都）**

# 意识

consciousness

空间的本质并不在于其抽象的形式，而是在于其意识内容，该意识内容经由体验真实的过程所获得。随着上述认知的提高，除功能、行为外，人们开始注重对与意识密切相关的空间的理解。

所谓意识，一般而言，相对于物质与身体，属于心灵乃至精神层面的东西。但是根据物质与身体以及心灵与精神之间所建立的关系，对意识的理解方式可以产生180°的不同，意识问题总是被这种不确定性纠缠。

现代世界观的鲜明特征在于，认为内在的精神世界与外在的物质世界完全独立存在。据此，所谓意识不过是反映外部世界的观念性的镜子。

然而，根据列维-布留尔（Lucien Lévy-Bruhl）的“互渗律”，原始人心理上不存在明确的自我与外界的界限，他们的意识以现代的常识来看，仿佛是以一种神秘的方式与外界互渗。

这种万物有灵论（Animism）的思想倾向也曾存在于“祛魅”（马克斯·韦伯）之前的西欧世界。而在有八百万诸神的日本，就像日语中的物之怪（亦即神灵）一词一样，物质本身充满生气和灵性，意识呈现的是人与外部世界仪式性感应的样态。

现代人类，由于过于强调理性主义的科学技术，内心与外界处于冰冷的敌对关系中。拯救不幸的被疏离感侵蚀的意识，才能产生崭新的空间理论。

若真如此，那么，不深陷于朴素的万物有灵论，而是让与物质和空间交织成一体的意识任意驰骋，在今天显得尤为重要。当然，需要留意存在无意识的意识这一情形。

特别在被称为环境时代的今天，人们逐渐开始不仅对无意识，还对被葛雷格里·贝特森（Gregory Bateson）称为贯穿社会环境·自然环境的意识给予关注。根据其理论，包括心灵与自然在内的宏大的现象世界贯穿有共同的精神体系，而人类的意识不过是其附属体系罢了。

（濑尾文彰）

# 现象

phenomena

有时我们把不同于物理空间的非客观且受主观意识支配的空间称为现象空间。

所谓现象，广义上指被观察的事物整体，作为与本质相关的概念，被认为是本质的外在表现。康德认为，由于现象是主观构成的产物，因而其背后作为本质的物质本身无法得到认知。

然而，胡塞尔（Edmund Husserl）的现象学则把排除一切成见，直视直接反映在意识上的现象，追溯其本质作为研究目标。胡塞尔的现象学方法是：中止判断有关外界的实在性，之后将残留的纯粹意识作为直接而确凿的现象进行分析和表述。

不论其纯粹性或确凿性的程度如何，基于现象空间立场的空间学，无法否认其意向性成为影响胡塞尔现象学以及后来的马丁・海德格尔，梅洛・庞蒂等存在主义现象学的基础。舒尔茨（C. Norberg-Schulz）便是其代表性的例子。

基于这种观点的现象，可以说是在体验的具体性、直接性、积极性中获得的活生生的现实，而且也是基于体验的直觉性作用的认识，因此，与主体意识的存在密切相关。交互作用心理学（Transactionalism）指出：如同对大小或形状的知觉也深受过去经验的影响那样，意识的形态使得知觉空间的现象性本身被改变。因此，采取现象的立场或许会遭到主观性的非难。

但是意识，除具有个人生活经历所局限的层次外，还具有DNA层次上的局限以及由于社会、历史、文化所产生的局限。亦即意识存在被编码的一面，它使得现象具有稳定性的结构。

可以说，舒尔茨的存在空间和凯文・林奇的易读性，是普遍、客观地思考作为现象的空间的经典实例，但用于今日动感的空间现象中，有其不足的一面。作为立足于现象视点的空间学，其今后的发展领域除了探索动感、创造性的空间外，有必要开拓环境论的空间研究，该研究以与包括自然的多主体一体化的现象学为基础。另外，也期待具有再现性，能成为设计辅助的研究得以进一步拓展。

（濑尾文彰）

# 象征

symbol

莫利斯（C. W. Morris）将符号（sign）分为信号（signal）和象征（symbol）。直接诉诸感觉并指导行动或激发行动的各种现象，是作为第一次符号的信号。例如，在室内看到各种物品或窗户，那么物品和窗户给人某种方位感并引导人的行动；或者当拿起餐叉时，人基于餐叉所唤起的感觉而将其放入口中，上述过程中的物品，窗户以及餐叉便是第一次符号的信号。

与此相对，能够替代其他符号的符号称为象征。象征与行动没有直接的关系。例如，被视觉或嗅觉发现的食物其本身是信号，而“食物”这一词汇则是象征。

兰格（S. K. Langer）的定义则更加明确。他认为象征传递关于对象的思维想法。即便“代理的符号”是象征，那也不过是象征的一部分。象征直接产生意义的是观念或形象而非事物，这是区分信号与象征的关键。当谈论事物时，我们所有的只是事物的表象而非事物本身，因为语言是象征。象征才是人类特有的意识，是我们超越纯粹动物性水准形成我们内心精神生活的关键。

象征的范围很广，包括习俗、礼仪、宗教、语言、科学、艺术等各种文化整体，形成人类的精神世界。其中，也存在通过语言能够理论性谈论的具有逻辑的象征体系，自然语言以及化学符号的组成，或各种编码种类均属于此。

但是，对于难以通过词汇表达的情绪、感情、憧憬、愿望，人们也以各种形式创造出了非逻辑性的象征体系，宗教和艺术便是其代表性的例子。

人的意识中潜藏着强烈的象征化欲望，这或许是被想象力的能量激发起的人类存在的宿命。无论是宏大的金字塔还是崇高的哥特式教堂，都是各自时代无法超越的观念以非逻辑的象征表现出来的结果。怎样创造多义性和复杂性时代的空间象征，成为我们今天的课题。

（濑尾文彰）

# 符号

sign

当能够感知的形式显示一定的信息时，一般我们称之为符号。

语言是代表性的符号。地图上的各种记号，数学式、音谱、教会的十字架、饱含深意的目光、预示即将降雨的天空，所有这些都是符号。我们正是这样置身于无数的符号中，使用着它们并经营着自己的生活。岂止如此，几乎所有的经验都可以被看作符号化的经验。昔日各种层次的经验积蓄在我们心中，以符号的形式选择各种经验中特定的东西（感觉、意象、概念以及其他表象）并有意识地使其浮现在脑海中的行为，或者将崭新的经验重新符号化的行为，毫无疑问都属于意识现象。

以绘画为例，“想象力将绘画与精神内的符号连接，通过这个精神内的符号，绘画与其对象结合”（裴尔士，C. S. Peirce）。此时，结合的对象各种各样，可以是在表层上描绘的某种概念，但更重要的是艺术家真正想表达的非逻辑性的概念。这样，绘画通过意识的符号性结构，其自身作为符号而发挥作用。

同样，建筑或城市空间也可以是难以言表的概念的符号表达（能指）。所谓符号表达是指能够被感知的具有符号性的一面，它与被传达的内容，亦即符号内容（所指）合为一体而形成符号。例如，单词的声音形式是符号表达，而听到声音后浮现于意识中的概念则是符号内容。

如此，将符号表达与符号内容结合称为编码。日常生活中的经验根据文化、社会结构化的编码而形成。如果把学校建得像学校，行政大楼建得像行政大楼，那么建筑作为空间的道具就会顺畅地发挥作用。

另外，通过空间上的表达，可以使惰性化的生活意义重获新生，此时会使用对编码进行各种操作并采用旋转屈曲的表现手法。

不管怎样，当试图从意识的角度去感知空间时，运用符号的思维方式简便易行。

（濑尾文彰）

# 印象

image

经济学家鲍尔丁（K. E. Boulding）在其著作*The Image*中有如下描述：

"'印象理论'表现出明显的哲学性，其一是著名的有关事实与价值间关系的讨论，这可能是自哲学诞生以来一直被讨论的问题。有人认为事实与价值属于完全不同的概念，也有人认为事实是客观的，而价值是主观的，等等，这些思维方式与印象理论互不相容。印象理论认为，事实的印象以及价值的印象均以印象的方式呈现。"

印象问题作为说明经济活动的重要因素首次被提出来，几乎与此同时，在凯文·林奇的著作《城市意象》中，印象在城市空间中的作用第一次成为研究对象。林奇在论述城市空间中景观的作用时，导入了"易读性"这一崭新的概念，并通过倡导"同一性（identity）""结构（structure）"和"含义（meaning）"三个侧面来对这一概念加以说明。

其中，前两个侧面与鲍尔丁的"事实的印象"相对应，后一个侧面与"价值的印象"相对应。在说明与"易读性"相对的另一个概念"多义性"时，"价值的印象"是一个重要的印象。

（志水英树）

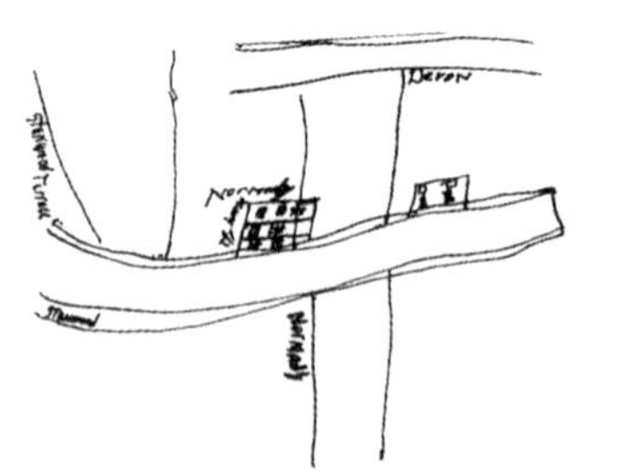


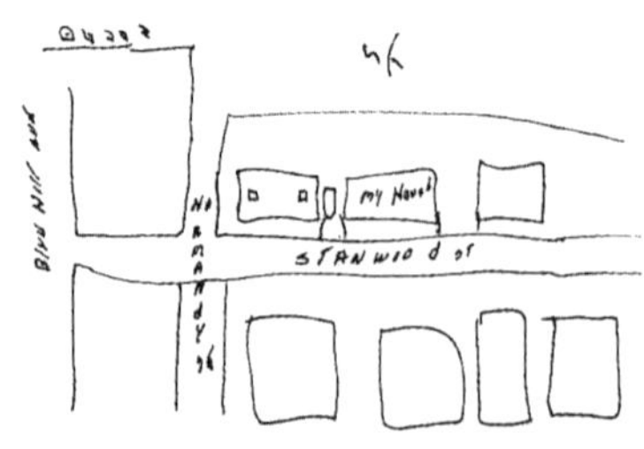


弗洛伦丝·拉德的研究（Florence Ladd，1970）中两名黑人少年的绘画。街道的印象可以显示人的内心过程，描绘印象地图是能够客观测定该内心过程的一个步骤

图1　少年雷吉（Reggi）所描绘的邻里地图

图2　少年加森（Garson）所描绘的邻里地图

# 可印象性

imageability

在研究内心描绘的印象的同一性和与结构属性相关的物理特性时，凯文·林奇率先导入了“可印象性”这一概念。他指出“可印象性是物体所具有的特性，正因为有此特性，该物体唤起所有观察者强烈印象的可能性增大”。凯文·林奇将城市景观归纳为以下5种。

（1）道路（paths）

指观察者平日所经过的道路。人们是在移动中观察他们的城市。这样，其他的元素沿着道路设置并相互建立联系。

（2）边缘（edges）

观察者不将其用作道路或者不将其视为道路的线形元素。

（3）地域（districts）

在二维平面上具有伸展，观察者在内心有进入“其中”的感觉，并且某种特有的共同特征在其内部随处可见。

（4）节点（nodes）

是城市内部的主要地点，是观察者可以进入其中的地点。成为节点的首要条件必须是接合点。例如通过交通而改变的地点，或者道路的交叉点乃至集合点。

（5）地标（landmarks）

是建筑物、广告牌、商店、山丘等观察者不必进入其中，从外部可见的地点，是能够被单纯定义的物理性的存在。

（志水英树）

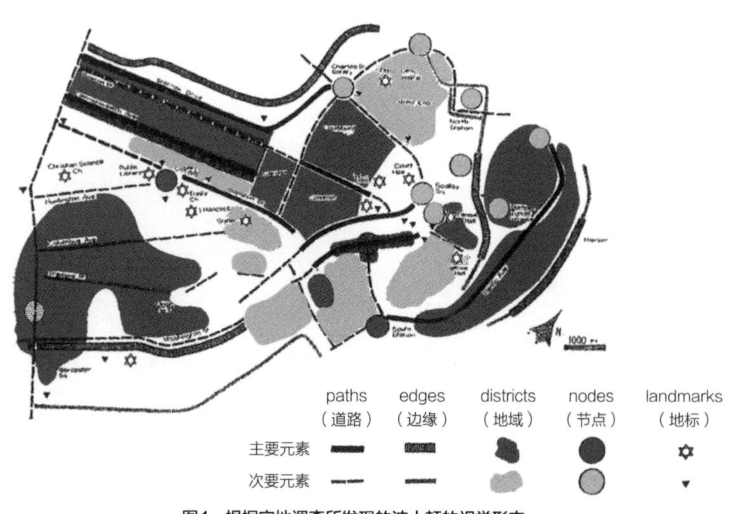


图1　根据实地调查所发现的波士顿的视觉形态

# 易读性

legibility

在城市空间的研究中，首次导入易读性概念的是凯文·林奇，他在其著作《城市意象》中写道：

“这样便于人们认识城市的各个部分，并且将它们构成一个合理的模式。

“尽管明确易懂并不是构成美丽城市唯一的重要特性，但立足于空间、时间以及复杂性来考虑城市尺度上的城市环境问题时，它们又显得格外重要。

城市环境的印象是寻找道路过程中重要的线索。亦即，它是每个人对物理性的外界所持有的综合性的内心印象。这个印象从现在的知觉与过去的经验中产生，用于解释信息并指导行动。”

当我们在现实的城市空间中进行活动时，在自己的内心世界建立对城市环境的印象，当假定我们以此为行动的指针时，易于从无限的信息中建立一个明确的模式，这被称为易读性，林奇将易读性作为新的探索城市印象结构的切入口。

像意大利的佛罗伦萨这样的中世纪城市或文艺复兴城市，城市整体通过相同的砖结构和瓦屋顶构筑成坚固的“背景”，同时，分别代表神圣与世俗的教会和宫殿成为强烈的“图形”矗立其间。

如上所述，易读性是通过把被当时社会认可的坚实的价值体系作为城市景观来显现而进行的表达。

（志水英树）

象征“神圣”的布鲁内莱斯基大教堂的圆顶和象征“世俗”的韦奇奥宫（Palazzo Vecchio）的塔，作为佛罗伦萨重要的城市天际线，已经建立了其易读性

**图1　佛罗伦萨的城市天际线**

# 多义性

ambiguity

将前一个标题的“易读性”作为切入口而试图考察城市的印象结构时，无法回避的问题是：易读性是否为评价城市印象结构的唯一标准。凯文·林奇这样说道：

“然而，必须承认环境中的神秘性、迷失或意外性具有很高的价值。但是，这其中有两个必要条件。首先，不能产生失去基本形态或方向的危险，亦即不能发生从中无法逃脱的危险。意外性肯定发生在一定的框架范围内，而混乱必须仅限于目视所见范围内的几个局部上。”

字典对ambiguity的解释是：双义性、多义性、含混、不明确。因此，所谓多义性的环境：不仅指物理特性所具有的不明确性，还应该针对该环境带给人们的具有意义的多样性进行研究。提出这一议题的是阿纳托尔·拉波波特（Anatol Rapoport），他认为：

“我们认为，在过于明快的视觉构造和过于复杂的信息过剩的视觉构造之间肯定存在最佳知觉率（optimum perceptual rate），为了获得这种最佳的‘复合性’（complexity），需要多义性（ambiguity）这一概念。”

（志水英树）

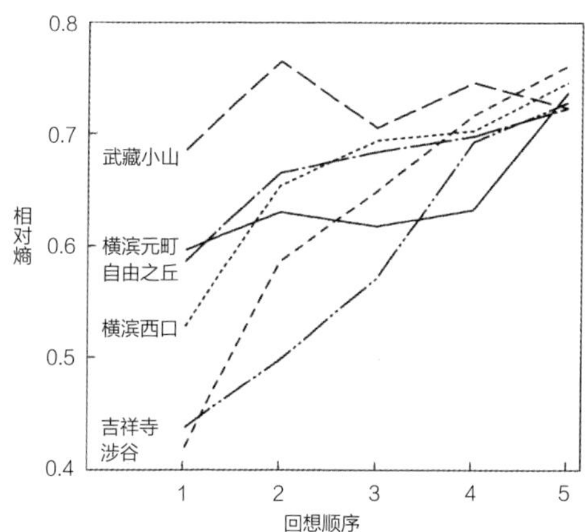


来访者的内心的回忆过程中，一般具有印象熵增大的倾向，可能其前半部分高度的集中性表示地区的“易读性”，后半部分高度的扩散性表示地区的“多义性”。亦即，斜度越大的地区，两者可能具有更大的共存性

图1　不同回忆顺序的相对熵（entropy）

# 同一性

identity

凯文·林奇认为，构成环境印象的三个部分是同一性（identity）、结构和含义。

identity一词通常译作“同一性”，该“同一性”更多的情况下表示“与他者一样”。但是，如同“identification card”是“证明不是别人而是自己的证件”一样，此处的“同一性”是表示个性或固有特性之意。

此处的“同一性”，有时用于表现城市整体的个性或固有特性，有时表示构成城市印象的构成元素分别具有的“同一性”。当对上述构成环境印象的三个部分之一进行讨论时，当然针对后者所代表的词义。

城市的环境印象，首先可以从构成元素所具有的形态的同一性上获得启发。但是，为了使这些作为印象而确立，有必要将这些元素作为一种模式来进行识别，我们将之称为“结构”，是三部分中的第二个部分。

因此，具有强烈“同一性”的几种元素，相互通过具有协调性的模式而形成“结构”时，城市整体的“同一性”增强。

（志水英树）

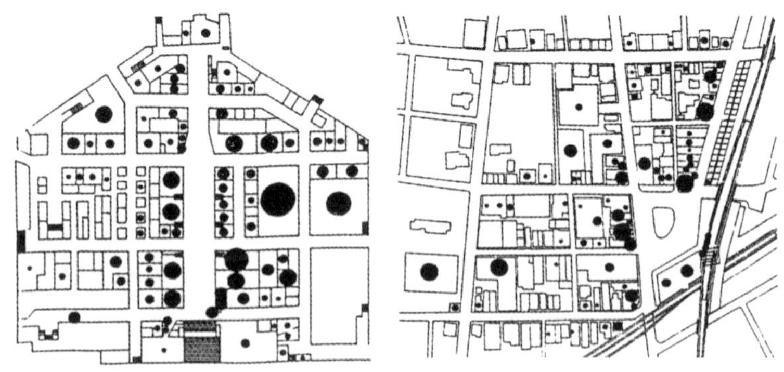

街道来访者的回想率是表示构成城市元素同一性的一个定量性指标

图1　横滨西口的钻石地下街　　图2　自由之丘

# 记忆

memory

关于记忆，最有代表性的是阿特金森（R. C. Atkinson）和施福尔林（R. M. Shiffrin）提出的模式。

阿特金森与施福尔林（1968年）认为：记忆由短期储存库（short-term store）、感觉记录器（sensory register）和长期储存库（long-term store）三部分组成。

感觉记录器原封不动保留感觉器官所接收的信息，在这里不进行任何解释和符号化处理，尽管信息会在1秒之内衰减，但由于新信息的输入而被置换。

感觉记录器进行信息处理，是因为控制程序执行了恰当的运行操作，例如通过提示进行信息选择，或是提取特定的“特征”等。这是为了只要信息能够保留哪怕极短的时间，或多或少考虑了信息输入前后的语境文脉的信息处理便可以运行。

在短期储存库，接收来自感觉记录器和长期储存库的信息，并进行伴随意识的信息处理，将其符号化成某种意思或特征。此时，只要基于有意识地提示而进行“排演”，信息便被保留；然而，一旦注意转移，信息便会在15～30秒之间衰减，自然消失。

一般认为，短期储存所能储存的信息，1秒钟有7～8个项目，通过排演被保留，经过反复的排演，信息被转化成长期记忆。

在研究建筑或城市空间结构时，多数情况下我们不将上述人类的记忆现象本身作为研究对象，而是利用这些记忆现象来解释更具心理性的空间结构。因此，该实验方法并不把记忆的正确运行机制作为研究对象，而是将中心转移至这些内容具有怎样的结构或者它们与空间的物理特性如何关联这类问题上来。

（志水英树）

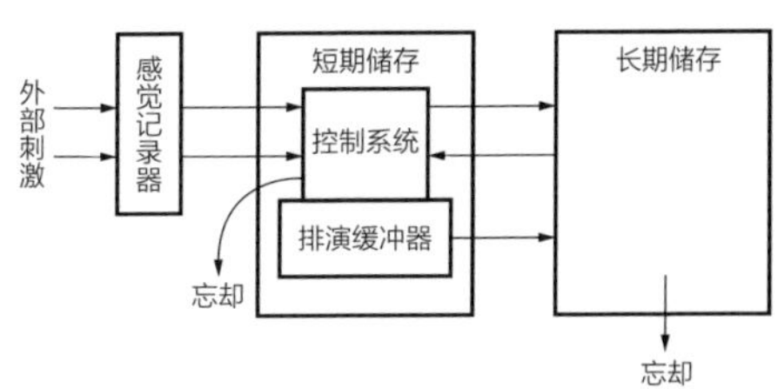


图1　阿特金森和施福尔林的记忆模式

# 场所性

notion of place

肯特（D. Kantor）不仅从物理属性的角度对场所的概念进行了说明，还将其作为一个心理学的概念从正面进行了解释。

以模型显示场所定义的图表明，场所是行动、概念、物理属性三者相互关联所产生的结果。

（1）在某个地点，会有怎样的关联活动，预计会进行怎样的活动。

（2）在上述状况中的物理变量是什么？

（3）针对上述物理环境中的行为，人如何进行解释，使用怎样的概念。

人与场所间的关系是：人不仅仅是接收来自“场所”刺激的接收器，或者说心理上也并非完全独立，人在制造与“场所”间对话的紧张感，或者说制造“场所”的同时，也处于由“场所”所形成的关系中。

尽管“场所”将无限的物质刺激源作为分散的刺激来进行感知，但这些作为整合体的整体性形成了“场所。”不存在没有社会体系根基的“场所”。

我们不会与“场所”发生无关乎社会性职能的关系。“场所”被认为是属于与“印象”配套的存在。依据针对“场所”所采取的选择性的独特概念，该“场所”的使用以及行为方式，或者感觉方式会随之发生变化。另外，“场所”具有象征性的价值。

（志水英树）

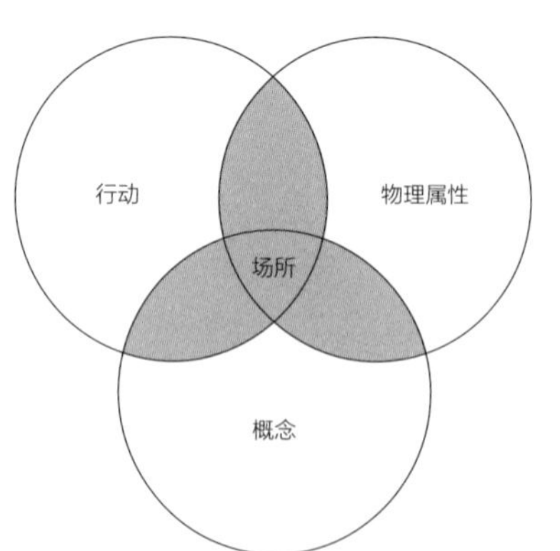


该模式所示的另一个重要性是，无论从哪个元素出发，都能进行场所的确定。多数情况下，通过某个特定组群的形态而形成特定场所的概念，由于该概念的形成而产生关于物理结构的提案。这个概念并非具有明确的定量性指标，但是能够将行为心理的模式与场所的物理属性相结合，形成更加扎根于公众的形象

**图1　显示场所性质的视觉模式**

# 学习

learning

一般而言，学习可以理解为有机体对环境的适应能力。但是，对环境的适应并不仅仅依靠学习获得，也可以通过直接依据有机体成熟过程中的行为模式，所谓与生俱来的反射的、本能的行为而获得。

越是高等动物，伴随其成长，生活环境也随之分化并复杂化。因此，毫无疑问，仅靠与生俱来的行为已难以应对。

生物中再也找不到比人类在出生时更无助的动物了。通过不断积累经验，不仅需要学习记忆和思考，还要针对包括情感行为的整体个性行为进行广义的学习。

而人类生活环境中最复杂的城市空间，需要通过长期日常性的学习才能掌握。其中，凯文·林奇将花费尽可能少量的时间而掌握的城市空间评价为“易读性”高的城市。

但是“易读性”高的城市，经过一段时间后往往会变成“乏味”的城市。因此，具有充分学习效果的，或者说能够经得住长时间学习的城市空间更值得期待。怎样构筑这种“多义性”的城市空间，是留给我们的课题。

（志水英树）

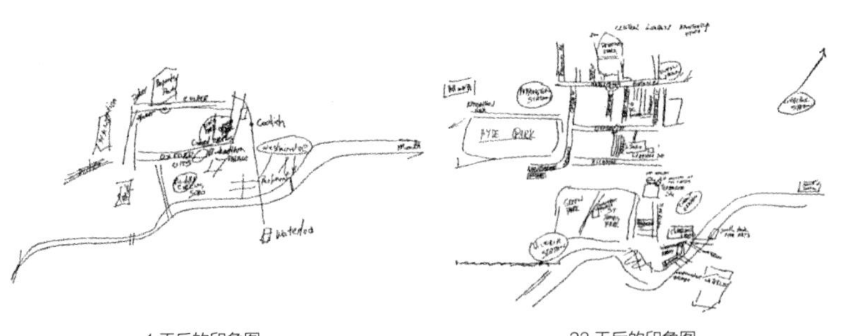


1 天后的印象图　　23 天后的印象图

**图1　初访伦敦的美国人1天后以及23天后所绘的印象图**

# 飞跃结构

## discontinuous structure of sequence

上田笃在其论著《空间的表现力》中有如下描述：

“与大国主神一起建造国家的少彦名命，最后行至淡岛，撑粟茎弹起渡岛，抵达常世国……如上述那样，人的意识在参神之路的最后也会‘腾’地飞起。这是日本人心中空间的至高形象。

“投影在信仰世界里的日本人的深层意识，亦即信仰的终极目的是试图看见美之神的躯体，我想探寻在神圣与美达成一致的点上的日本人的空间表现力。”

参道空间，原本是日本人在历史长河中经历反复的失败与尝试积累而成的呈现表现手法的空间。在该空间中“飞跃结构”作为高潮的表现手法，被首次提出并备受关注。然而，这种“飞跃结构”在记忆和印象的世界里是日常性的且经常出现。

在同样的参道空间中，即使在参神之路上，回忆的时序有时也与现实的物理顺序不同。这个顺序经学习后会进一步发生变化，有人把这种现象作为“飞跃结构”加以研究。另外，如果对在城市空间中自由回想的那些思绪的流动过程进行观察，会发现存在一连串具有某种意义的思绪流动，以及流动至一个段落后，为生出其他思绪而移向新元素的不连续的流动。

如上所述，思绪是一个整体过程的连续性流动，还是为了创造新过程的断续性流动，究竟以怎样的机制出现并不确定。在人的心理活动中经常会出现这种不可思议的意识的断续。

连续性空间的过程，也就是熵逐渐增大的过程。被积蓄的熵在刹那间释放的瞬间，就是我们所说的飞跃空间。如同活动断裂层将积聚了几千年的能量瞬间释放，也如同平时反复出现的微震现象一样，我们的心理现象中潜藏着多样的可能性。

（志水英树）

# 心理空间

psychological space

现在，一般使用SD法提取元素轴，采用代表该元素轴的评价尺度的评定值来测定人对于空间的心理感受。

例如，如果使用$n$个元素轴，在$n$次空间的一点显示其现实空间的氛围。尽管该空间是直角空间，但贡献率数值不同，严格意义上不能算作欧几里得几何学的空间。但可以按此方法求得“心理空间”。该方法与原来的SD法的“探索语言的意义”的方法有些不同，需要充分研究被测试者的挑选方法（因为需要熟练的专业知识，因此被测试者人数稍少亦可），以及评价尺度等的决定方法、呈现方法（对被测试者详细说明尺度的含义，使稍微不同的尺度相邻设置以凸显其差异）。

元素轴的采用数目根据研究者的想法、目的、方法而不同。数量少时，从贡献率高的数目中选取3个轴，数目多时，可采用10个轴。为了弄清空间氛围微妙的结构，可采用多个元素轴。

尽管有多种方法可以针对与物理量的关系进行分析，其中，保持空间氛围的同时用$m$个空间构成元素表示$m$次物理空间，对两者进行多元线性回归分析的方法是最先进的分析方法。

在《空间研究》中，开发了“空间氛围的研究”（船越彻，积田洋）手法。

（船越　彻）

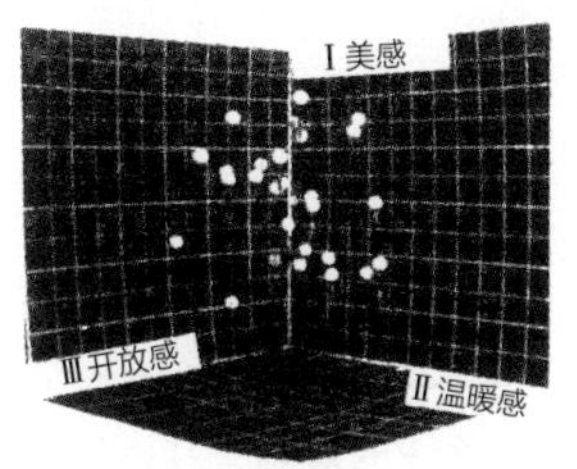


图1　根据街道研究主要3元素轴的立体模型

表1　街道空间研究的元素轴表

| 元素 | 尺度 |
|---|---|
| Ⅰ 设计元素 | 美感—丑感 |
| Ⅱ 城市化元素 | 温暖感—寒冷感 |
| Ⅲ 开放性元素 | 开放感—压迫感 |
| Ⅳ 新鲜元素 | 陈旧感—新鲜感 |
| Ⅴ 连续性元素 | 不连续感—连续感 |
| Ⅵ 特征元素 | 有特征感—无特征感 |
| Ⅶ 沉着元素 | 不沉着感—沉着感 |
| Ⅷ 复杂性元素 | 复杂感—单纯感 |
| Ⅸ 安静元素 | 喧闹感—安静感 |
| Ⅹ 立体性元素 | 平面感—立体感 |
| Ⅺ 氛围元素 | 荒芜感—有氛围感 |
| Ⅻ 同一性元素 | 分散感—统一感 |
| XIII 缘分元素 | 无缘感—多缘感 |

表2　根据主要3元素轴的街道空间分类表

| 组名 | 高得分组 | 第2组 | 第3组 | 第4组 | 第5组 | 第6组 | 低得分组 |
|---|---|---|---|---|---|---|---|
| 地区名 | 上加茂<br>披露山<br>原宿<br>上野公园 | 三宁坂<br>祇园<br>四季路 | 太阳路<br>筑地 | 百草台居住区<br>银座大道<br>茶之水 | 霞关<br>新宿副中心<br>美丘<br>丸之内<br>高岛平 | 代官山<br>池袋押上<br>京岛<br>井头<br>浅草桥 | 川口<br>川崎 |

# 空间的语义

semantic space

语义包括内涵语义和外延语义。外延语义是将符号所表示的语义从方便性、经验性的角度概括成“建筑物”或“狗”等来进行分类，被称作参照性语义、指定性语义和字典性语义。内涵语义可分为联想语义和情绪语义。所谓联想语义，是指看见莲花便联想到“佛像”或“莲藕”。而感觉到莲花的“美丽”“清纯”和“硕大”则是情绪语义。联想语义与情绪语义并非互不关联，有时我们会从联想的“佛像”感觉“美丽”“清纯”，从“莲藕”感觉“硕大”。多数情况下，更多的是由联想语义反映到情绪语义。所谓内涵语义，更多地受过去经验、文化背景，以及当下的心理状况等的影响，“语义”呈流动状。

华生（J. B. Watson）、莫里斯（C. W. Morris）、奥斯古德（C. E. Osgood）等人将对内涵语义的探讨发展成了“语义的科学”，其中尤以奥斯古德贡献最大。华生提出的生理学联合说没有就“语义效果”的多样性进行充分说明，而莫里斯则导入了“行为因素”的概念。其中，作为“语义”的行为因素的严密解释之一，有奥斯古德提出的“表象·媒介过程”模式，它成为SD法所代表的“语义测定”的基础。

SD法的应用涉及语言学、心理学、教育学、社会学、建筑学等广泛领域，其测定对象也包括情绪语义（意识）、对人/对物的印象、交谈效果、行为（态度）等多种多样。

建筑或空间研究中所探讨的“语义”是在物（空间）与人之间的关系中进行的探讨，属于行为科学的主要领域的心理学。而建筑理论中探讨的空间语义，更多的属于文脉中的探讨，接近于语言语义。

据奥斯古德的理论，语义空间以评价、力量、活动三维度为主轴，其中，评价维度被假定为最重要的维度。但是，之后的研究表明，感觉概念（个人的内涵性或情绪性语义）中所特有的“语义空间”的结构并不一定与奥斯古德所指出的语言概念的“语义空间”的结构相一致。亦即，即使对同一个单词（符号），由于个人差别，或者不同语言、文化群体的差别，其情绪语义绝非相同，差别本身才是共同的现象。

（安原治机）

# 空间研究

studies of architectural space

在建筑规划学中，即使依据同样的理论，平面规划学（功能研究）与25年后发展起来的空间规划学（空间研究），其研究对象和研究方法也全然不同。前者是对关键因素进行分析的定性研究，后者更多的是进行相关分析的定量研究。

首先，在空间研究中有“空间氛围研究”，是指当人位于某个空间内时，会感知来自空间的氛围（心理性空间），该氛围在实际的建筑中是怎样的空间设计所导致的（保持氛围的同时以$m$个物理量表示$m$维度物理空间），针对其相互关系进行研究。研究包括：街道等城市空间、波动变化、参道的序列、茶室等单位空间（船越彻，积田洋），或者教室内人的密度感（上野淳）等，将心理值或物理值加以简化。

此外，还有对积蓄在人内心中的印象（记忆）进行解析，探讨它与实际空间（以物理量形式表示）之间关系的“空间印象研究”。具体包括，生活领域（东京大学铃木研究室）、中心地区印象（志水英树），以及居住区意识的扩展、内部空间易读性的研究（船越彻，积田洋）等。方法上包括，采用定性的印象地图（凯文·林奇）、标示地图，以及采用定量的元素记忆法（各种）等，但上述前两个方法尚存在缺陷。

除此以外，还有许多类似的空间研究，例如人类的行为、路线探索（舟桥国男，渡边昭彦）等。

（船越　彻）

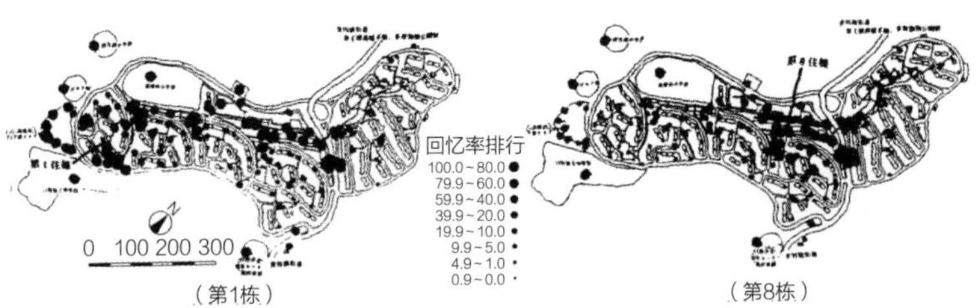


根据回忆率大小以点表示的图（“关于集合住宅区‘意识’扩展的研究”；船越彻，积田洋等）

**图1　高幡台住宅区元素回忆图**

-1.0　-0.8　-0.6　-0.4　-0.2　0　0.2　0.4　0.6　0.8　1.0

$Z_1$　$Z_2$

通过将回忆率的分布设定为主要分析因素，能够将其他居住区的空间构成在数量上进行解释

**图2　根据对高幡台居住区主要成分的分析而得到的元素负荷量轮廓图**

# 实存空间

existential space

所谓实存空间是指以自己的身体为中心，根据体验或学习在主体意识上形成的空间、环境印象。它是内涵语义空间，是与外在于主体的实际存在的客观空间相对的空间概念。它与主体成长过程中的空间体验密不可分，是深受个人性格、学习、行为、记忆等影响的“被实际生活的空间”。

“存在”这一概念是存在主义哲学的术语。在建筑、城市规划学中使用的“实存空间”，严格意义上说与上述哲学术语不同，多数情况下表示的是舒尔茨在《存在·空间·建筑》一书中所提到的实存空间。舒尔茨在书中指出：“所谓实存空间是相对稳定的图解（schema）体系，亦即环境的印象。”

实存空间的特点在于以主体的身体为中心形成空间，这一点，与于克斯屈尔（Jakob Johann von Uexküll）的“生物空间”，霍尔的“距离空间”相关。另外，就“环境的印象”这点，与凯文·林奇研究的“城市的印象”有关。

但是，舒尔茨的实存空间并不仅限于主体乃至生物个体所持有的固有空间或环境的印象，而是以印象的共同性、普遍性为前提。它认可采用了皮亚杰（J. Piaget）提出的“图解”概念等的空间普遍性，是基于包括主体间性（intersubjectivity）乃至结构主义概念的立场上使用这一概念。

（福井　通）

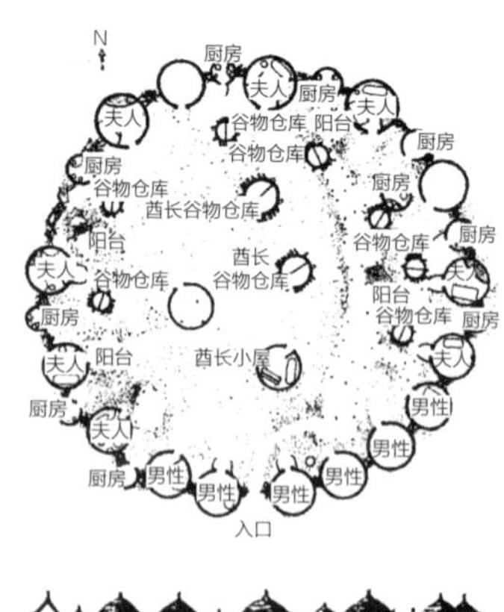

图1　守护的原形（马赛族的居住群）

图2
各种守护的形式（左上图：开平的望楼住宅；右上图：也门的石头宫殿；左下图：客家人的土楼群）

# 空间论

theory of space

空间论一词比较暧昧，广义上指空间概念的历史解释，狭义上指建筑·城市空间论、设计方法论、空间研究等，涉及领域广阔。有关狭义的含义请参考“空间研究”“心理研究”等用语，此处论述的是广义的含义。

空间论体系可分为两大类。一类是在主体之外的客观、均匀的空间体系，另一类是以主体为中心的主体间性的语义空间的体系。这两个体系与人在观察世界时的准备与样态有关。一个属于精神、意识，另一个属于肉体、身体。这两个体系随时代的不同，以“图案”“背景”的形式相互交替呈现。

在古代，原子论的提倡者德谟克利特（公元前460—370年）是属于前者的例子。他认为物质的元素是原子（atoma），原子之所以能够运动是因为有虚空（kenon）存在。柏拉图（Plato，公元前427—347年）的空间论也属于该体系。他们认为空间，其真实的世界（idea）与模写的现实世界不同，是由永恒不变的“空”构成的第三概念。亚里士多德（Aristotle，公元前384—322年）的场论是属于后者的例子。虽然事物占据场所，一旦事物离开场所，残留的是具有事物形态的空旷场所，该场所的总合既是空间。他认为，场所并非空虚，它具有固有的力量。

中世纪，空间被加以神学性地解释，空间等于神。基督教继承了将神视同于空间的思维方式，形成了具有丰富意义的向心空间概念。

近代的空间概念，在深受中世纪影响的同时出现了与近代均质空间概念相关联的思维方式。康帕内拉（Tommaso Campanella，1568–1639）认为空间是神的属性，同时也认为空间是均质无差别的非物质体。同样，笛卡儿（Rene Descartes，1596–1650）也认为“空间等于物体等于延长”，提出空间是独立于心灵、意义之外又与之较量的存在，这引发了近代均质空间概念的形成。

近代空间论中倍受瞩目的是牛顿（Newton，1643–1727）提出的绝对空间，他认为空间是先行于一切存在的永恒不动的无限空虚。康德（1724—1804年）认为空间是先验的认知形式的一种，与环境因生物物种而变化一样，空间也因人类的存在而被制约。康德的想法与现在的“空间图式”具有类似的一面，但其“图式等于形式”的认知与经验、学习等无关，先天就存在于人类感性中，这一观点与现在的“空间图式”概念相左。现在，继均质空间之后，实存空间、身体空间等语义空间系列再次以“图”的形式受到人们的关注。

（福井　通）

# 认知地图

cognitive map

认知地图是美国新行为主义心理学者托尔曼（E. C. Tolman）提出的词语概念。在日常生活的建筑物内或区域内进行移动的行为中，人在熟悉的场所里，能够正确无误把握自身所处的位置或所去的方向路径而进行移动。这是由于反复积累的经验对空间构成的认知进行了修正所致，这个认知就是认知地图。

托尔曼根据老鼠觅食行为而得出这一概念。将诱饵放在设备的右侧训练出的老鼠，当前进道路堵塞并被放入具有180° 分叉通路的装置中后，老鼠选择最初放有诱饵的右方通道的频率极高。这表明老鼠不仅记住了通向诱饵的具体路途，而且也掌握了出发点与诱饵间的空间关系，托尔曼因此将其命名为认知地图。

尽管人类也具有这样的能力，但其活动场所的建筑和城市空间较之老鼠的试验装置更为复杂和庞大。凯文·林奇在《城市意象》一书中针对上述场所的易辨性以及易回忆性进行了分析。之后，有关该方面的研究，通过使被实验者描绘出各种地图，诸如线路图、印象地图（image map）、意境地图等方法得以极大发展。通过研究认知地图，为设计师提供了一种易于理解和想象的建筑、综合建筑、邻里空间以及城市空间的设计方法和对方法的理解。

（高桥鹰志）

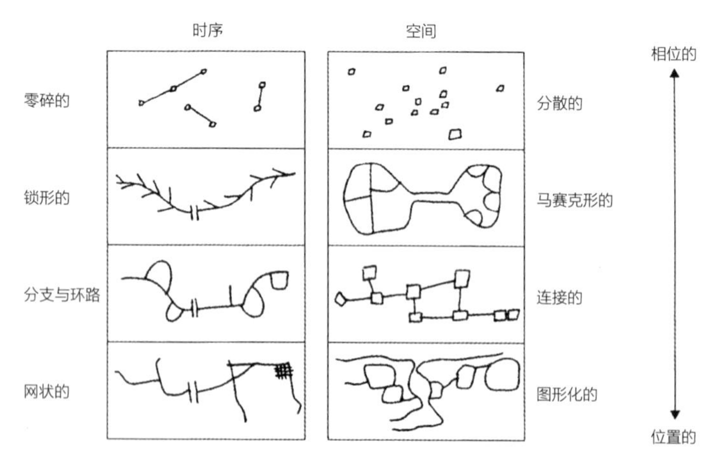


图1 认知地图形式的个人差异（唐纳德·阿普尔亚德，Donald Appleyard）

# 认知领域

cognitive area

人们在生活场景中所认知的场所或事物的地理性扩展被称为认知领域。所谓领域的概念，除具有地理性扩展的意思外，还包括与个人行为更为密切的活动范围以及生活圈。小林秀树在其著作《聚居的范围学》中对“生活领域”进行了如下注解：“被个人或团体视为属于自己或团体的所属物并对其进行支配的固定空间。”

相对于所有、支配、责任这类与空间相关的生活领域，认知领域具有“已知”场所或事物（包括未曾去过的地方）地理性扩展的含义。目前，针对认知领域的研究方法之一是：将某个地区居民所认知的“我的城市”在地图上圈起，然后考察居民对所圈区域内设施、公园等指定对象的认知程度，以此作为研究认知领域的出发点。

如上所述，针对认知领域，除包括地理性扩展这类物理环境外，还需要扩展至社会文化环境以及对环境质量的认知等概念。在生活中亦不可缺少对公私（public，privacy）、易接近性（accessibility）、地域分化（territory differentiation）等概念的认知。在人类的发展过程中，上述认知作为文化中固有的结构被人类习得。

认知领域通过日常生活中的运动导航而习得。一般认为，基于该运动记忆的认知领域与通过地图所记忆的地图记忆不同。

（高桥鹰志）

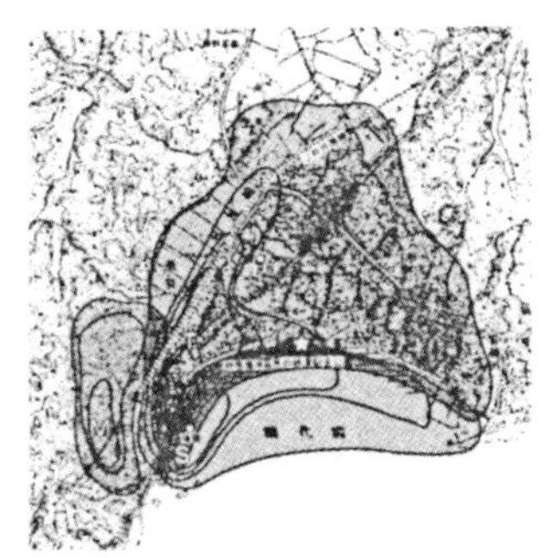

图1　御宿的认知领域图

表1　分别根据地图记忆和移动记忆而进行距离评定时的处理过程模型
索恩代克＆哈耶斯－罗恩
（Thorndyke & Hayes-Roth，1982）

| 经验种类 | 评定种类 | |
|---|---|---|
| | 直线距离 | 途径 |
| 地图 | 将地图视觉化<br>判断目标点的位置<br>测量距离<br>产生反应 | 将地图视觉化<br>判断目标点的位置<br>测量道路距离<br>产生反应 |
| 移动 | 在心中模拟路径<br>评定道路的距离<br>评定转角的角度<br>进行粗算<br>产生反应 | 在心中模拟路径<br>评定道路的距离<br>进行距离合计<br>产生反应 |

# 认知距离

cognitive distance

存在各种用于表示物与物之间位置关系的距离，也存在基于感觉、知觉或认知的用于表示人与环境间关系的距离。

当论及以人为中心的距离范围时其领域就变得广泛。我们使用领域或区域范围这类词汇来表示生命体的防卫范围或人的支配范围。区域范围在某些场合具有活动范围（home range）的含义。

我们使用认知领域、认知距离这类词汇来表示熟悉的场所或其范围。儿童在成长过程中，随着自身生活领域的逐渐扩展，其认知距离也逐渐扩大。可以想象，与儿童相比，成人的活动范围广，其认知距离也大。但是，成人未必比儿童更清楚邻里的状况，儿童时期形成的有关邻里的认知领域，极有可能在长大成人后也保持不变。

为了了解人的认知距离，方法之一是让其描绘邻里地图，或者使其回忆城市元素。回忆距离属于认知距离的一种。

图1～图3是针对人们在自身的生活环境中所能回忆起的设施或场所进行调查，对从住宅到设施的回忆距离进行统计的结果。结果表明，由于年龄或城市规模大小所产生的差别较少，回忆距离从住宅起算最长不过在700～800m左右的范围内。

（松本直司）

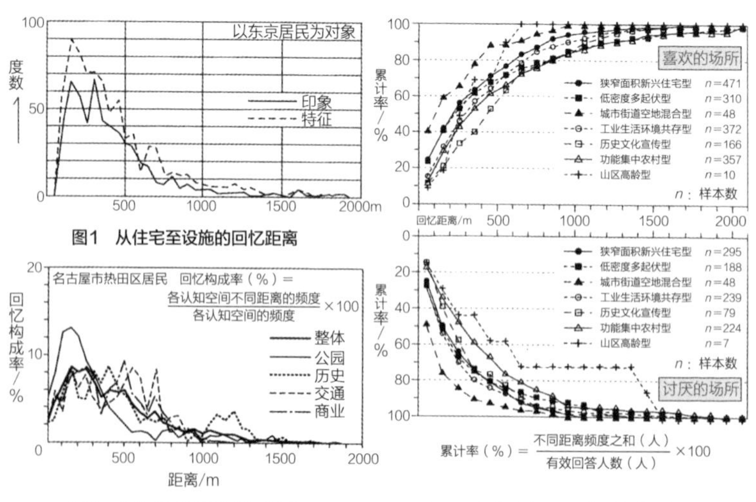


图1　从住宅至设施的回忆距离

图2　从住宅至设施的认知距离

图3　小学生（5年级学生）的回忆距离

# 认知形式

cognitive distance

在研究认知形式时所使用的词汇，诸如认知型或认知样式等，原本属于研究外界反应因人而异的心理学领域的专业用语。亦即，所谓认知形式是“指个体对广义的信息体系化和信息处理所采取的一成不变的样式。（省略）认知型是为了解释个体内部将刺激与反应连接的认知传递过程，是有关个体差异的假设性概念”（《新版心理学事典》，1981年）。

此时，在内部的认知过程中，除知觉、记忆、思考外，动机、态度等人格过程也参与其中。其结果，环境被赋予个人独自·心理的意义，进而产生行为上的一贯性。

土肥博至通过一系列的研究，将认知形式的概念引入对建筑、城市空间的认知研究分析中。由于认知形式的概念被扩展至团体，不同团体所产生的认知差异，具体地说，对同样的环境（某区域）持不同接触样式的两个不同团体（居民与游客）的认知形式的差异，分别表明所处物理环境中使用信息的不同。

我们也可以推测，处于各个团体中的个人，其认知形式也各不相同。为了证实上述推测，需要对各个团体进行长时间的跟踪调查。亦即，在个人的认知形式中需要导入社会感受性强弱等维度的概念，诸如变化不定的场所依赖性—场所独立性，或者认知中的深思性—冲动性等概念，对个人的行为特征进行分析。

（高桥鹰志）

* 数值/%
（例如0：0~9%，1：10%以上，10：100%）
** 认知度95%以上的地区

图1 认知度分布图（居民）

* 数值/%
（例如0：0~9%，1：10%以上，10：100%）
** 认知度60%以上的地区

图2 认知度分布图（游客）

# 选好态度

preference attitude

所谓选好是指“挑选好的，即从众多的选择对象中仅挑选喜好的对象的过程”，是日语自造的词汇。

作为视知觉发达的研究方式，范茨（R. L. Fantz）所采用的preference method被日语译作选好法（亦译作偏好法）（《新版心理学事典》，1981年）。将刺激图案展示给婴儿看并对其注视时间进行测定后发现，婴儿会喜爱并注视某个特定图案。刺激图案共6种，分别是直径6英寸（约15.24cm）的面孔图案、同心圆图案、印刷文字，以及白、黄、红三色。这6种图案反复出示给婴儿看，结果发现婴儿注视面孔图案的时间最长，占整个时间的30%，可能是由于母亲的面孔已深深印入婴儿记忆的缘故。

个人或团体对建筑、城市空间内的事物、场所或空间本身的优选态度（好恶情感），在空间认知和评价中占有重要的地位。如同幼儿专注于面孔一样，每个人都偏好于对熟悉的场所的位置、事物及其排列方式优先学习掌握，当上述结构在新环境中发生变化时，会有不适感，会依然固执于以前学习掌握的架构。

这种对环境的选好态度，在人生的成长过程中受所在物理、社会文化环境结构的制约。长期形成的选好态度是稳定不变，还是会发生变化？回答是：都有可能。这个结果实在令人头疼。

尽管我们就某个建筑设计或入住后的选好态度进行广泛的研究，但是，需要立足于相互渗透的立场来研究人类的环境·行为间的关系，而不是采取简单的决定论。

（高桥鹰志）

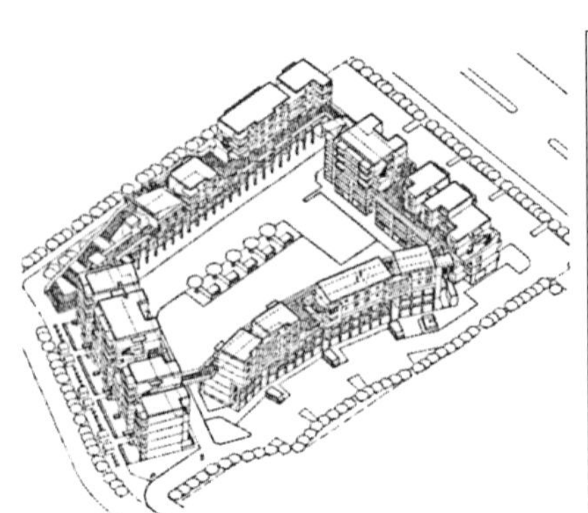

图1　茨城县立筑波松代公寓全景（设计：大野秀敏等）

表1　松代公寓居住感想摘要

| 【居民A：住4楼】<br>适于居住。围合型的方案不错。上面的道路不错，但希望能做些阴影。可以在会议室的屋顶上走动，这点不好（去年夏天设了围栏）。担心上部的藤蔓会有细菌，对孩子们不好。游玩场所的木制玩具有刺（已经上报），希望在游玩场所安装钟表（整体满意度：比较满意） |
|---|
| 【居民B：住4楼】<br>建筑物与众不同，中庭没有孩子，希望增建更多的停车位，1户2个停车位。我父母家4人有4个停车位。附近没有购物场所（整体满意度：比较满意） |
| 【居民C，住1楼】<br>邻里关系难处（停车位问题等）。采用围合形有被干涉的感觉。父母家是民间的租赁公寓，但造得不好。县立住宅较好（整体满意度：比较满意） |

*（）内是满意度调查结果。

# 个体差异

individual difference

对环境的感知和评价因人而异。例如，采用烛光照明的餐厅对年轻伴侣来说是个颇有氛围的就餐环境，但对老年夫妇来说却是个连菜单都看不清的过暗空间。以白色为统一基调的医院，其内部环境对医护工作者而言是个干净的工作环境，而对患者来说，可能是个冰冷且无生机的空间。

希尔（P. Shiel）将人类接受来自环境信息的个体差异分为三个差异阶段（知觉过滤）（图1）。

“生理特性”是指：身体的大小或感觉器官的敏感度以及年龄或有无残疾等所导致的对不同环境产生的体能差异；

“信息选择性”是指：不同的教育程度、知识、职业、文化、生活方式等所导致的差异；

“心理状态”是指：此刻不同的需求状态或清醒状态所导致的差异。

在上述餐厅和医院的例子中，一般我们会认为前者是由于“生理特性”的差异，后者是由于“信息选择性”的差异而导致了不同的感受。

如今，个人对于环境品质的要求趋向多元化。因此，对研究者而言，标准的人体模式或平均评价值已不足以反映现状。在对个体多元化进行系统性整理的基础上，还需要对导致差别的背景原因进行科学性的分析。

对设计师而言，也需要通过参考上述研究成果来正确理解个体的特性，确实针对不同的需求提供设计方案。

（添田昌志）

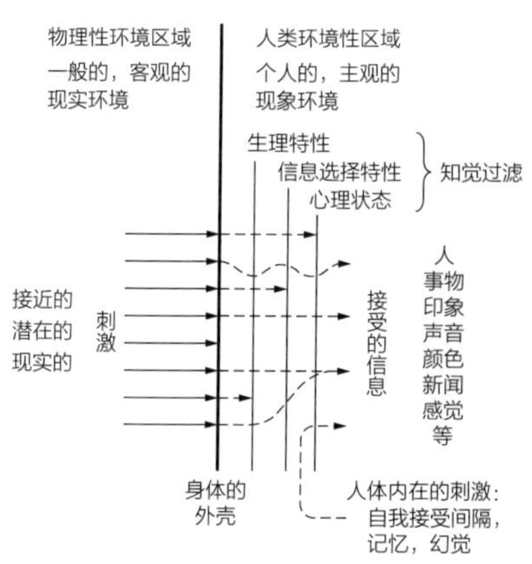


图1　有关个体视觉差异的过滤模式

# 空间鉴别

appreciation of space

空间解读是空间认知、理解、解释的概括性用语。博尔诺（Otto Friedrich Bollnow）在其著作《人与空间》中对空间有如下描述："尽管人们认为生活是在空间中进行的，但这是非常不确切的表述。（中略）生活归根结底是建立在与空间的互动中，即便在思考中你也无法与空间脱离。"博尔诺关注于人们究竟是如何有意无意地对空间进行解读的，他的研究成为空间研究的基础。

在空间解读的研究中，通常从各种不同的维度对其进行分析。例如，提取针对建筑·城市中的空间进行物理维度测量、记述，制图所形成的物的元素，并对这些元素带给人的心理效果进行分析。

测定维度，包括对空间距离·容积的推测，也包括对人的生理·心理的自我领域（看不见的空间）的测定。所谓空间记述，是尝试对体验的空间序列进行语言的、视觉量的记述。此外，还有在更加概念性的维度上使用符号论对建筑形态表层进行解读的研究。

其他研究方法还有：将人们在日常生活中体验建筑空间结构所形成的记忆图像或印象，进行回放、提取和解读。这些被称为印象地图、标识地图、元素回忆、拼图地图的空间回忆法，解释了人们空间记忆的方式。这些研究引发我们对建筑城市空间的易辨识性以及人们对空间识别意义的重视。在设计中，有必要了解专业人员与非专业人员对空间解读的差异。

（高桥鹰志）

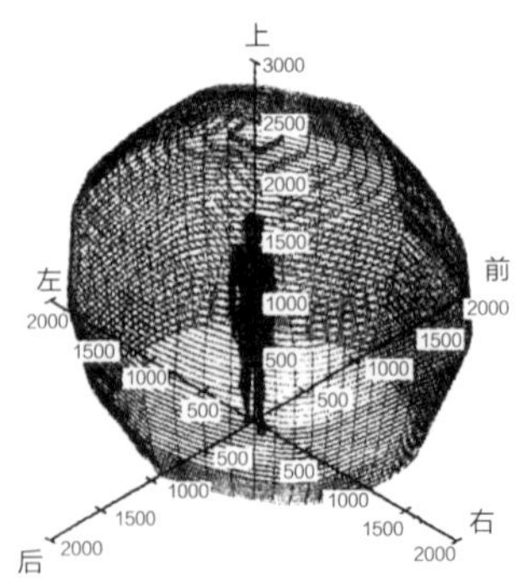


图1　可用代名词"这"所指的范围的三维形状

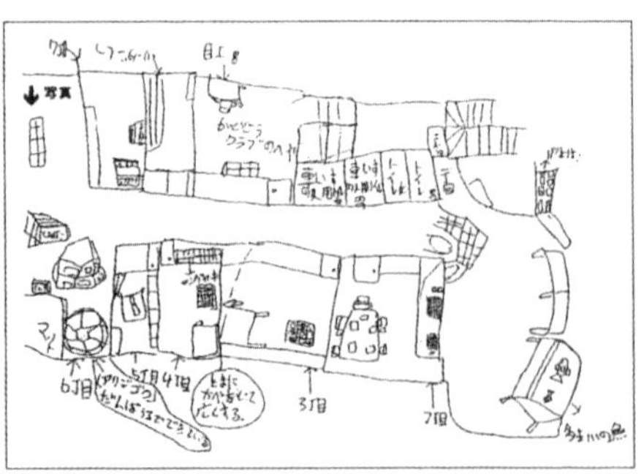


图2　世田谷区深泽儿童馆的印象地图

# 空间评价

appraisal of architectural space

空间评价包括两个方面。其一是把空间作为城市、建筑环境的物理属性，广义地评价其构成环境应实现目标的达成程度。对建筑的目的性，自古以来众说纷纭，但均以维特鲁威（Marcus Vitruvius Pollio）的实用、坚固、美观理论为出发点。尽管在现代主义运动中上述三要素被格罗皮乌斯主张的功能、技术、形式所取代，但对于“美观”的理解，正如槙文彦强调的一样，一般认为17世纪英国诗人沃顿（Sir, Henry Wotton）所倡导的实用（commodities）、坚固（firmness）、欣喜或愉快（delight）更适合用来表现建筑的功能。阿尔贝蒂（Leon Battista Alberti）也在《建筑书》中指出：“所谓美，是一颗心愉悦另一颗心的必要条件。”

其二，将视线从城市、建筑移开，关注包括人们日常生活在内的作为容器的空间，对各个场景中空间的物理属性（尺寸、形态、色彩），社会、文化含义以及针对各种情形所产生的生理、行为的影响进行评价。这类评价中，将物理环境的情感意义通过语言进行评价的SD法（用于评价室内色彩的协调性后被广泛使用）十分著名。作为规划以及设计行为的结果，POE，亦即使用后评价，是从更加着眼于行为的角度对空间进行评价，适用于以住宅、办公楼为代表的各类建筑评价中。在评价时，除解析分析外，还需要观察参与、文章分析（小说、札记）以及深度采访。

（高桥鹰志）

每天我们都对建筑的性能进行着各自的评价

POE 着眼于使用者需求

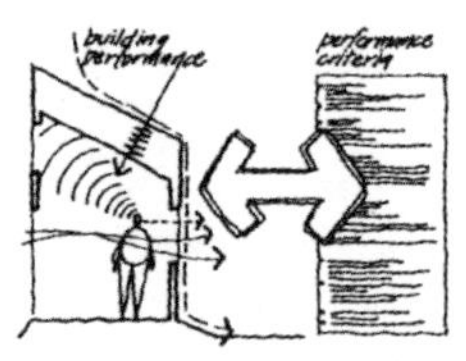


POE 根据评价标准对建筑进行评价

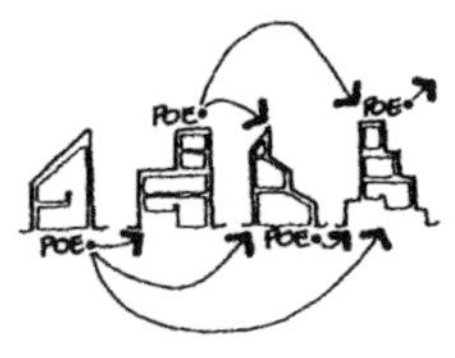


通过 POE 所获得的信息用于未来

建筑的利用者从各自角度对建筑的功能、问题上进行评价

**图1　POE的思路**

# 评价机制

mechanism of appraisal

当人们评价建筑、城市等建筑环境的优劣时，其判断结构以及内部机制称为评价机制。一般认为，对于该评价的心理维度，亦即“以揭示当空间使用者对该空间进行评价时，以怎样的标准以及怎样的优先顺序进行评价为目的的研究”非常重要。这类尝试是基于如下的认知，即：空间设计、空间形成中关于目标设定的知识积累在环境设计、环境规划中不可或缺。

用以解决该问题的SD研究法，存在以下问题：①用形容词提出的问题，“难以想象能够概括持各种不同价值观的人们对空间评价的所有观点”；②显然“个人的价值观不同，对空间评价的方法也相去甚远”，却极少考虑个体差异；③无法掌握评价的优先顺序以及阶段性。

为解决上述问题，谶井纯一郎提出了“凯利方格技术（Repertory Grid Technique）发展方法”，是基于凯利个人建构论（Personal Construct Theory）（个体通过经验形成固有的认知结构）的方法，揭示了空间评价机制与个体差异之间的关系。

在评价中，必须考虑个体具有的心理类型，而且也必须关注在决定维度中存在理论性的思考型以及强调个人想法的感情型。

（高桥鹰志）

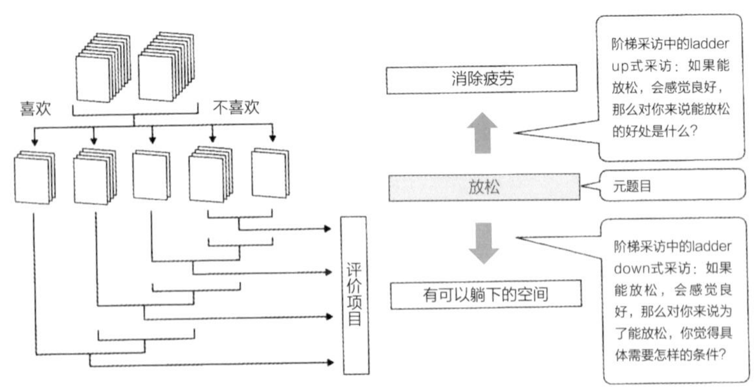


**图1 凯利方格技术**

（根据谶井纯一郎、乾正雄《根据凯利方格技术发展手法的居住环境评价机制的提取——根据认知心理学对居住环境的研究（1）》，日本建筑学会规划论文报告集No.367，1986年制作）

# POE

post occupancy evaluation

POE是一种建筑评价的方法，是在建筑物建成后，使用者对其性能进行评价的事后评价方法，有时也被译成“居住环境评价”，或“入住后满意度调查”等。

其目的在于，以使用者为对象进行问卷调查，获得针对该建筑物的满意度，通过揭示与物质环境间的关系，作为今后设计规划的标准。但是，为了使POE作为决定建筑设计的辅助工具而有效发挥作用，不仅需要进行事后评价，甚至需要进行改善后的评价预测，掌握评价移动的机制极其重要。

沃尔夫冈（F. E. Wolfgang）等是该方法的提倡者，其著作*Post Occupancy Evaluation*（1988年）中有详细的介绍。图1所示的是“在建筑内部，性能元素分为技术元素、功能元素和行为元素”。

POE是能够对物质环境进行综合评价的有效方法，是基于以往“规划研究”中采用同样手法进行多种研究的丰富积累，并非是一种崭新的方法。

近年来，POE除了在环境心理学领域被广泛运用外，其研究对象也不限于内部空间，也被广泛运用于大学校园这类外部空间中。

由小松尚、谷口元、柳泽忠进行的一系列医院调查等是采用该方法研究的实例。

（广野胜利）

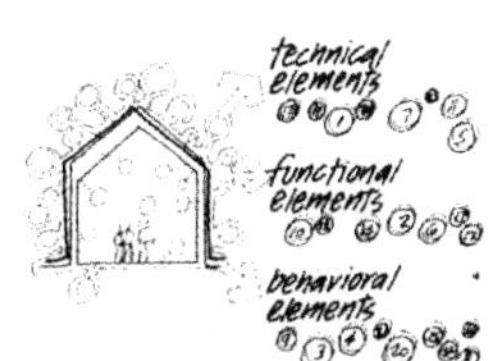


决定建筑性能的3大元素是：
① 技术（technical）；
② 功能（functional）；
③ 行为（behavioral）

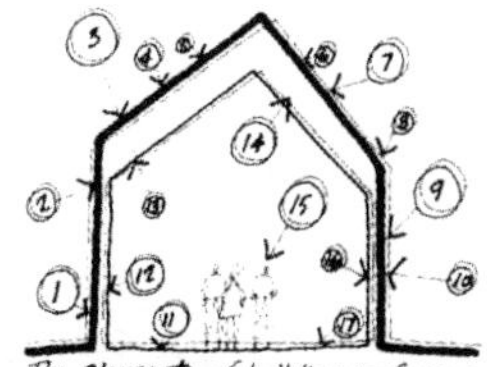

The elements of building performance are those aspects of facilities that are measured, evaluated, and used to improve buildings.

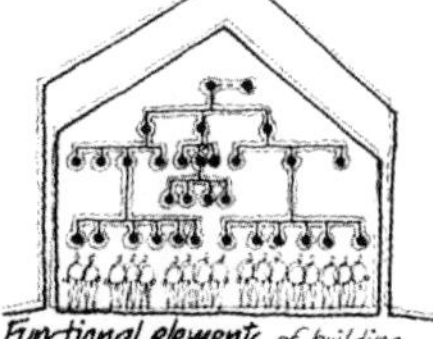

Functional elements of building performance have to do with the organizations and activities that buildings contain.

Behavioral elements of building performance are concerned with the impact of a building upon the psychological and sociological well-being of the building's occupants.

图1　技术元素、功能元素和行动元素的概念图

# 轨迹 · 行动路线

locus/traffic line

所谓轨迹，原本指“车轴的痕迹”，在建筑学领域则指人或车等行为观察对象的移动路径，或者将其正确记录在平面图上的线性图形。由于移动主体通常不留下物理痕迹，为了掌握其轨迹，需要对移动主体进行拍照并对照片进行处理来读取轨迹，进行图形化处理。

行动路线的定义是“建筑空间中的人、物等的运动轨迹，亦即表示运动量、方向或时间变化的线”（《建筑大辞典》，彰国社），但轨迹和行动路线之间的区别并不一定非常严格。如果非要严格区分的话，对于轨迹而言其关键是正确记录形状，行动路线的重点在于始点与终点的位置关系、长度、通过次数以及交错状况。因此，有时也将行动路线与通过次数成比例的宽度表示成“粗行动路线”和“细行动路线”。

最先将行动路线的思考方式作为平面解析的手段有意识地加以利用的是柏林的建筑师亚利山大 · 克莱因（Alexander Klein，1928）。克莱因对“行动路线与通行路线的研究”“活动面积的研究”“平面元素的几何学相似性”三个方面进行测定，试图对小型住宅平面设计中的关键条件进行客观的描述。

棚桥谅、川喜田炼等人把克莱因的行动路线概念引进了日本；西山卯三对克莱因的考察提出了批判性的建议，并对行动路线着重进行了系数计算等，同时进行了更严格的比较研究。

（吉村英裕）

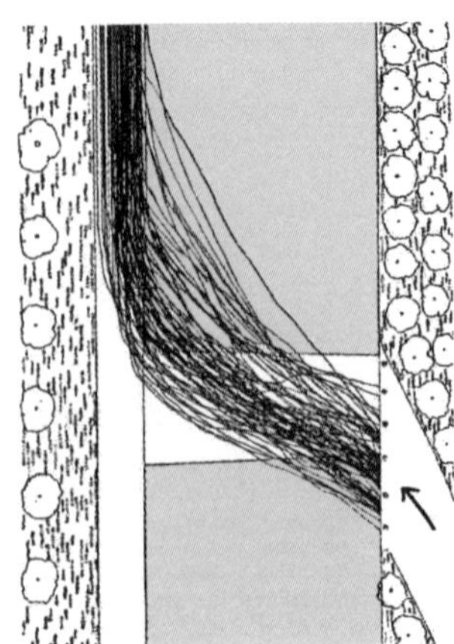

图1　人行道上步行轨迹的累计图

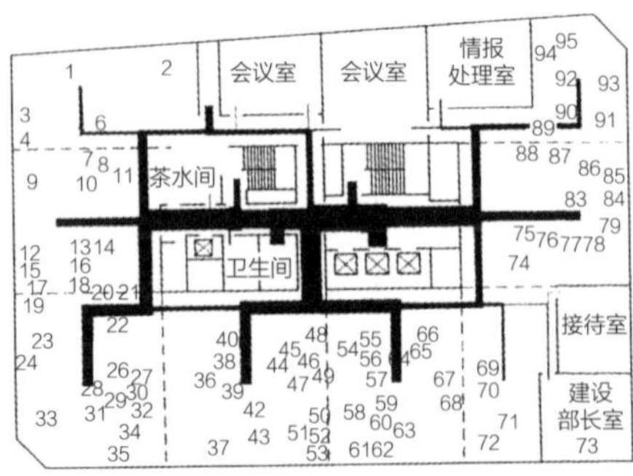


图2　某写字楼中的日常行动路线（粗细程度与频率成正比）

# 路途探索

way finding

路途选择广义上讲是指移动行为中发生的空间位置变化由行为主体进行选择的情形，狭义上讲是指从所在地到目的地的路途存在多种选择，这些空间关系经由步行者把握并进行比较和执行的行为。其中，特别是对于缺乏环境信息或者步行者的学习能力低下无法把握所在地与目的地的空间关系的情形（迷路、返回、反复往返等）称作路途探索，与路途选择相区别。路途探索中，对环境的认知度以及认知内容会立即反映在探索行为上，同时还具有跟随探索行为而变化的动态特点。

但是，在城市空间或建筑空间内部，有时也会故意使用具有丰富选择性和迷路性质的路途。但是过于复杂的空间，其趣味性被不安感取代，反而成为一种精神负担。正如凯文·林奇在《城市意象》中指出的那样，环境所许可的神秘性、迷路性、意外性的两个条件是："不可具有无法从中逃脱的危险性"、必须"具备只要细心寻找就能发现的形态"。对于迷路性而言，在确保路途选择性的同时，也必须为初次到访空间的人准备好理解空间结构的线索。这点对于百货商店或地下商业街等非特定人群使用的设施而言，从确保灾害时安全避难的角度来说非常重要。

（吉村英祐）

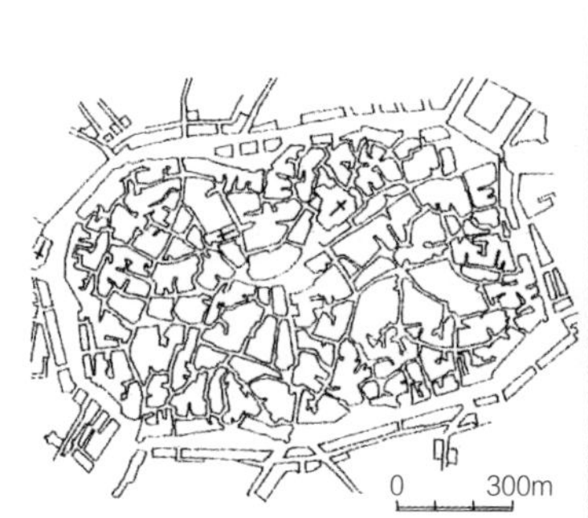


图1 探索的乐趣与不安交织的城市（Martina Franca）

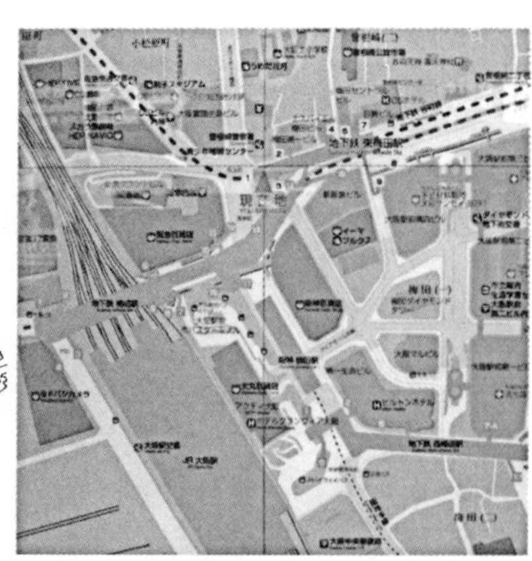

图2 面向地图正面朝上所绘的日本大阪梅田地下街的指引图（左边为北）

# 行人流

pedestrian flow

所谓行人流是指人群在步行移动时，失去个人特征，仅被视为聚集流动的人流的现象。上述现象可在以移动为目的的车站或大规模看台以及在特定时间人群集中活动的场所，或新年庙会中出现。

朝一个方向的行人流中存在以下关系：流动系数$N$（人/ms）＝密度$\rho$（人/m$^2$）×速度$\nu$（m/s），应用于流动效率的评价以及建筑的防灾计算中。根据流动系数或密度的大小，以将在平面道路或台阶上的行人流的步行状态分为A～F六个阶段，用以说明对步行者的服务水准，在行动路线设计中具有参考价值。

平面道路中朝向一个方向的人流，步行速度随密度的增加而下降。密度在0.5人/m$^2$以下时，人流可以自由超越，是能够以各自喜好的速度进行自由步行的状态，步行速度为1.4m/s。当密度大于1.0人/m$^2$时，人流变得难以超越。当密度大于4.0人/m$^2$时，人流移动缓慢，经常会出现停滞。

根据人流数与行动路线的交叉数可将行人流分类。包括：朝一方行进的单向人流、两股相向的相向人流、两股人流以一定的角度交叉的交叉人流、相向流动同时相互间呈层状错开流动的层流等。

行人流，由于群体的力量，个人有时无法对自身的行为进行控制，可能发生群体事故。为防患于未然，采取不聚集人群、分离不同方向的群体行动路线、不制造瓶颈（道路狭窄处）、正确传达路线以及等候时间等信息的措施，事前计划尤其重要。

（佐野友纪）

单向流

层流

交叉流

交错流

图1　行人流的分类

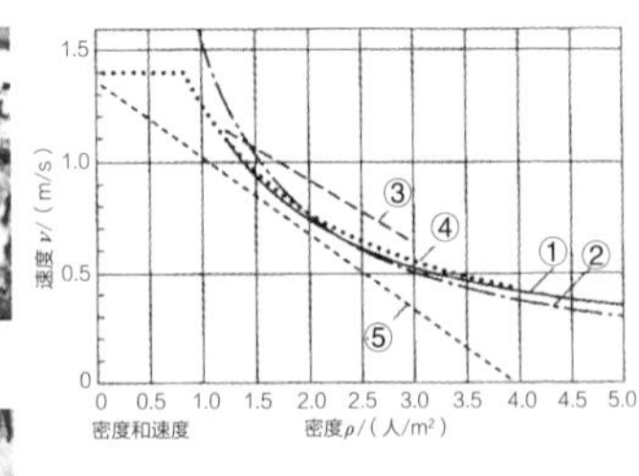


图2　水平道路单向流的密度与流速

# 滞留行为

staying behavior



行人在某个场所放慢脚步，驻足，随后停留的行为称为滞留行为。滞留行为包括等人会合、小憩或邻里聚会这种基于人的自由意愿的行为，也包括车站高峰时段由于人员密集难以移动等不依从人的意愿的行为。

基于人的意愿的滞留行为，易发生在诸如广场、街头、住地周围这种将场所与场所或空间与空间连接的、诱导人们自由使用的空间。滞留行为，不只发生在预先以滞留为目的进行设计的空间中。在城市空间中我们经常可以看见人们坐在楼梯或小台阶上，或者倚靠在划分空间的栏杆边。所谓的滞留场所也应是发生上述滞留行为的场所。

当行人滞留时，其周围便形成场所。当熟人聚集时，便形成群体区域。通过与上述行人所在的场所保持一定的个体距离又形成另一个场所。这种滞留行为中，行人通过身体朝向和位置的关系来控制场所的形成。

与此相对，不基于意愿的滞留行为发生在走道空间或队列等诱发既定使用目的的空间中。在这种空间内的滞留行为，由于伴随不愉快感，有时甚至会发生危险，在设计中应尽量避免。但是，对于像游乐场所中的队列那样随滞留等待时间的延长，期待感逐步提高的设施而言，为了让使用者在等待中不觉乏味，可以在等待的队列中途设置一些吸引注意力的设施。

（佐野友纪）

图1　城市中的滞留行为（站着交谈）

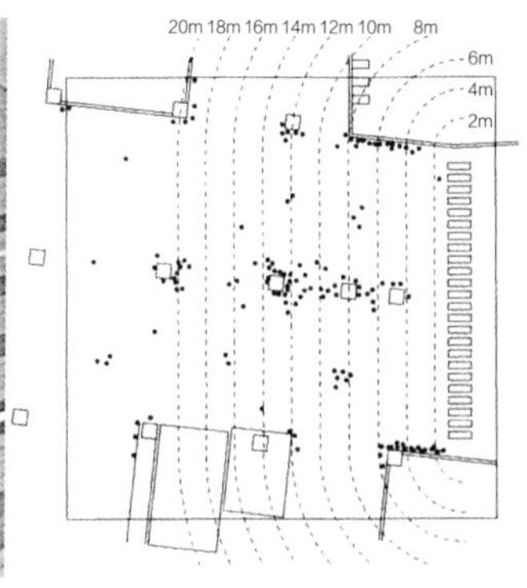


图2　距检票口的距离与滞留分布

# 迂回行为

behavior of circularity

在车站这种既定目的地的空间中经常可以见到走捷径的行为。但是，像游乐场或博览会这样的空间，多数情况下目的地并不确定，会看到使用者多在场地中徘徊迂回。这种迂回行为初看似乎毫无共性可言，但研究表明，依据空间及属性可将迂回行为加以分门别类。

以下以1990年在大阪举办的“国际花卉博览会”为例，对迂回模式进行说明。会场占地广阔，中心设置具有湖面的迂回式场所，分为四个区域，每个区域各具特色。博览会期间对会场内行为进行了1000人次的调查，将其归纳为六种类别。

可以根据性别、年龄以及会场的特点来探讨类别特征。例如，从性别角度观察，男性进行迂回的范围较大，而女性相对而言迂回范围较小。从年龄角度看，成人多在会场内迂回，老人的活动范围相对较小。

另外，针对以会场内各种设施林立的“街区”和绿化丰富的“山区”为中心迂回的类别，按不同年龄进行了累计。结果发现，在街区中心的迂回行为随年龄的增加而减少，反之，以山区为中心的迂回行为随年龄的增加而增多。

可见，不同属性产生不同的迂回行为。上述结果在如何分散会场人流以及会场设计中具有参考价值。

（林田和人）

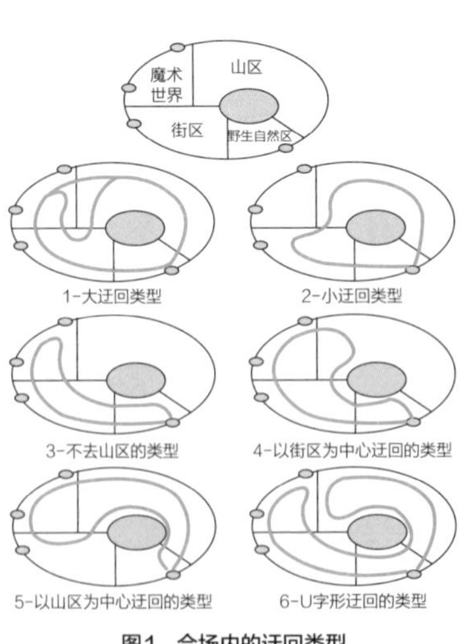


图1　会场内的迂回类型

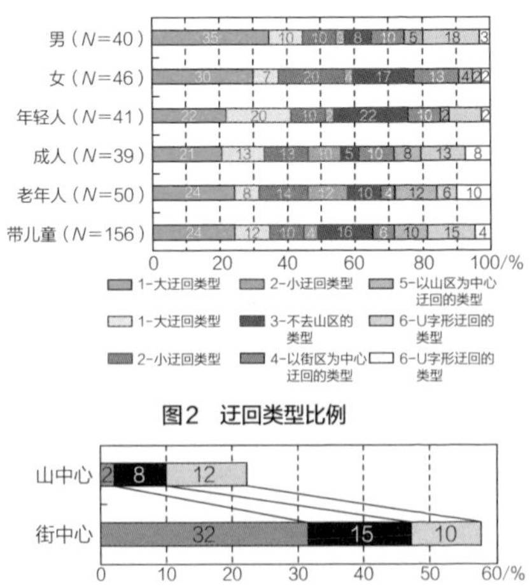


图2　迂回类型比例

图3　占迂回类型的比例

# 避难行为

emergency movement

避难行为指发生灾害或火灾时从危险场所转移至安全场所的移动行为。建筑物发生火灾时，人们选择避难通道的行为具有某些特性，例如具有沿原路返回的归巢性、追随他人逃离的追随性、逃向明亮开放场所的向光性，等等。

发生紧急情况时由于人群拥至出口，某种条件下易引起惊慌。所谓惊慌是指不特定多数群体共用空间，当处于不安的状态时产生竞争，群体进入自我防卫的状态。因此，通过采取避开其中某些因素的措施可以防止上述现象发生。

火灾时产生的浓烟既遮挡视野又具有毒性，并伴有高温。场馆设计中需要让使用者能够躲开烟雾进行避难。建筑设计中，试图通过避难规划来确保避难的安全性。这要求正确的避难通道设计，包括明确简洁的通道，确保双向避难以及恰当的楼梯间设置；确保避难通道的容量，包括确保门、通道、楼梯间等的宽度；确保避难通道的安全性，包括通过防火分区保证避难通道与火或烟雾隔离，保证建筑物在一定时间内不发生坍塌。

避难计算是评价避难规划的一种方法，通过计算在危险时间到来前建筑物内人员完成避难所需的时间来进行评估。为了确保避难的安全性，在建筑设计中考虑到火灾的发展速度，选择适于避难行为特点的设计尤其重要。

（佐野友纪）

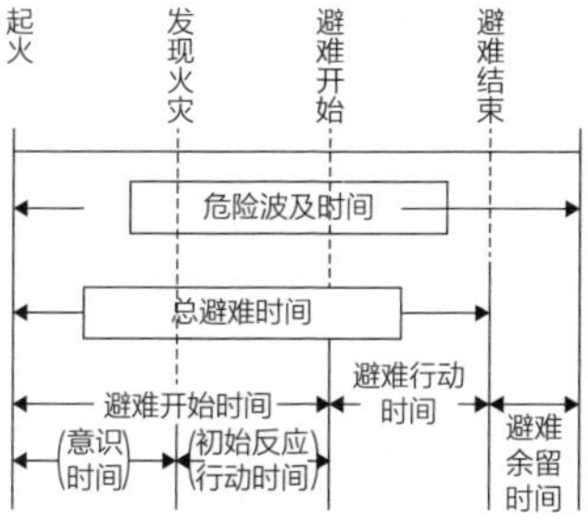

图1　避难时间与危险来临时间

表1　避难时的行为特征

| 特性显著时 | 避难行为特征 | 具体行为 |
|---|---|---|
| 对建筑不熟悉的人群 | 回归性（归巢性） | 沿进入路径返回的特性，多发生在初次进入建筑，对内部不熟悉时 |
| | 追随性 | 追随先行避难的人群或他人逃生的方向 |
| 对建筑熟悉的人群 | 倾向日常行动路线 | 倾向使用日常熟悉的路径或楼梯逃生 |
| | 倾向安全性 | 倾向使用所知的安全避难楼梯等通道，或选择自己认为安全的路径 |
| 根据建筑空间的特性 | 选择最近距离 | 选择最近的楼梯或路径 |
| | 选择易辨识的路径 | 选择易辨识的安全出口或楼梯，或选择易辨识的避难标识所指示的方向 |
| | 直线前进 | 沿可视路径直线逃生，或一路前行到底 |
| 危险来临时 | 逃避性 | 避开烟雾弥漫的楼梯等，回避危险 |
| | 附和雷同性 | 跟随众人逃生的方向或听从指挥 |
| | 向光性<br>向开敞性 | 在烟雾中逃向明亮开敞的地方 |

# 行为模拟

human behavior simulation

所谓行为模拟是指通过将各种现象模式化，整理复杂的事物使之单纯化后对现象进行预测、评价的手法。其中，以空间内的人类行为为对象的模拟手法称为行为模拟。多用于大型实验或难以预测的群体移动的研究中。

例如，可用于地铁车站、游乐场、各种活动会场、露天大型运动场等大规模设施中的人流的预测以及建筑火灾、城市火灾中避难行为的研究和评价。其最大的课题是如何根据不同的目的将人以及空间模式化（抽象化）。需要在综合考虑人流处理（个体形式、人流形式）、空间处理（网络形式、网孔 mesh 形式），以及行为处理（等候列队形式、分布形式、独立形式）等的基础上决定模式。

为了提高计算精度，需要提高输入数据的精确度。根据实际的测量调查以及城市的家庭数量等数据来计算使用人数以及移动速度。

除了采用数学模型外，还可以从对目标空间的调查结果中获得的实际测量值来进行路途的选择。将模拟实际应用之前，需要通过对可确认现象的计算值与调查结果进行比较，以此来探讨（评估）其有效性。

通常采用步行速度、人群密度、避难时间、停留时间、停留人数等作为行为模拟中的评价指标。由于计算精度依赖于模式以及输入数据的精度，需要考虑其适用范围以及可靠性。

（佐野友纪）

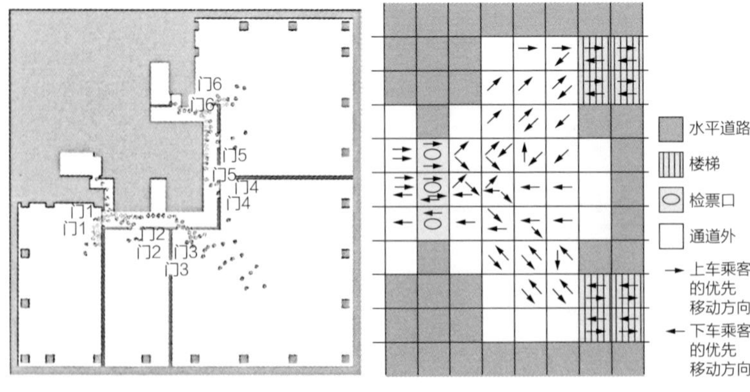


图1　根据行为模拟的建筑火灾避难研究

图2　车站人流模拟中的流动设定

# 导航

navigation

所谓导航，多指搭载在汽车或手机上，用以引导使用者确切到达目的地的系统或装置。现实中不可能所有人都随时携带导航设备，特别在非特定群体聚集的建筑空间中，设施方需要准备人流引导方案，空间设计本身应该易辨识。

建筑空间内的导航通常分为两大类型，一种是直觉式的方向指示，连续地或者网状地引导至目的地的平面区域导航（local navigation）；另一种是将整体设施和目的地的地理信息以鸟瞰（俯视）方式进行提示的全局导航（global navigation）。

前者，为了更加提高视觉识别性和连续性，采用统一的界面格外重要（图1）。另外，由于该方法通过普适（ubiquitous）终端进行方向指示，可以确认非接触式IC卡所包含的个人信息，如使用者的母语或事先设定的目的地等，继而实现能够满足个人需要的超级私人导航（图2）。而后者，不仅具有对多余信息自由取舍的合理性，同时兼有可在中途顺道停留的灵活性（图3）。

不论采用何种技术或设备进行导航，平面区域导航以及立体导航同时存在。将提示地点的设置以及界面与空间的使用方法及结构密切关联，便能提供更加舒适的设施导航服务（图4）。

（高柳英明）

图1　通过指示牌的平面区域导航

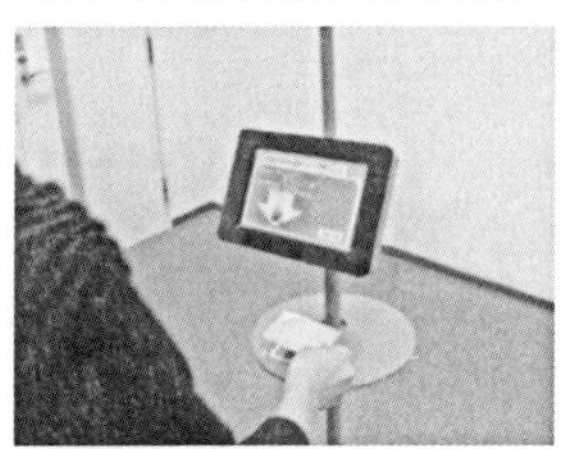

图2　通过普适终端的平面区域导航

图1～图3提供者：JR东日本研究开发中心先端服务研究所

图4提供者：同上研究所与千叶大学工学部设施设计研究室的合作研究资料

图3　通过车站信息台的立体导航

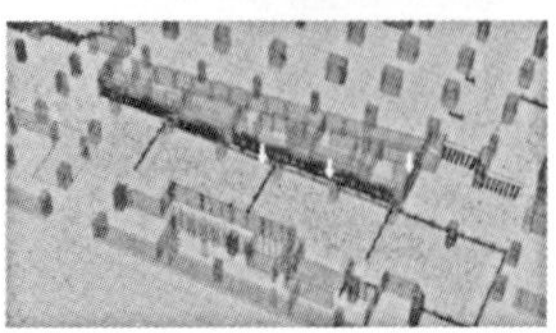

图4　通过行为模拟进行“服务”设计

# 标识设计

sign systems

标识分为位置标识、引导标识，以及说明标识（地图）。在标识设计中，位置标识的作用是表示场所意义（名称）的位置信息，引导标识的作用是通过箭头来表示通向特定场所方向的定向信息，而说明标识的作用则是提供进行道路选择所必需的导航信息。除此之外，还有解说标识或规则标识，向人们提供有关行动方法或规则的信息。

关于标识的设置，必须在对使用者的人流以及视觉识别性认真研究的基础上进行有效设置。设置的种类包括顶棚吊挂式、贴壁式、墙面的突出式，以及设置于地面的独立式。

不需要标识体系的空间构成设计非常重要。另一方面很多难懂的标识设计和空间构成常让使用者感到困惑。在大规模的非特定人群所利用的设施中，在设计的初期阶段，宜于进行将空间构成与标识系统进行综合考虑的导示系统（way finding system）设计。

（横山胜树）

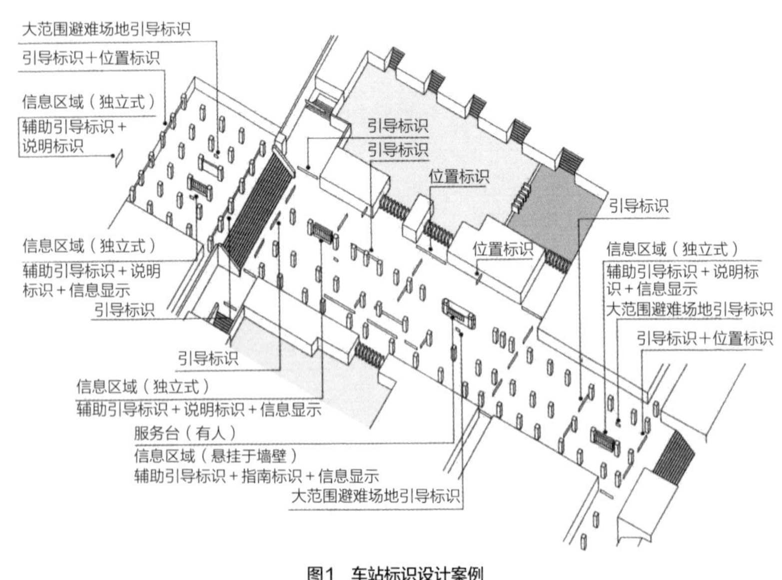


图1　车站标识设计案例

# 示能性

affordance



吉布森根据英语中表示"使某种行为成为可能"的afford自造了"affordance"一词。使特定的动物具有特定的行为能力，是环境本身的存在方式。例如，在水平不滑的固体表面，人能够站立或行走；再比如，人无法在水面上行走，但水黾可以。可见，我们所说的某种示能性，是环境赋予不同的动物以不同的行为潜能。

这种潜能对动物而言各有利弊。示能性，并非指人对对象的存在方式进行主观观察和解释的表象性，而是环境自身的属性。但是，示能性又并非指在任何情况下均不发生改变的纯粹的物理属性。示能性是一种概念，在讨论前需要预先指定具体的对象，才谈得上示能性研究。

生态学中，将适于某种动物的生存环境的存在方式称为生态位(niche)，吉布森认为它是与示能性配套的概念，是指在某个栖息地内某个有机体占据的特殊空间。我们日常生活中的各种行为，均是被环境的各种程度的示能性支持的结果。人类为使环境更加支持自身的行为，开始对环境进行改造，由此形成了生态位。

从这个意义上讲，所谓的环境设计，是指作为空间使用者的人类为支持自身的各种活动而创造出丰富示能性的创造行为。

（大野隆造）

**图2　门把手的设计**

支持握、转、抓、拉等行为的示能性暗示了开门的必要动作

**图1　没有围栏的农场入口（左上，左下）**

尽管适于人类行走，但不适于羊群行走的铁制的牧场

# 行为场景

behavior setting

我们在日常生活中进行多种多样的活动。如果用时间·空间加以限定的话，这些活动很多都呈现固定的模式。例如，在授课中的教室、比赛中的足球场、营业中的面包店所见的人们的行为分别具有固定的模式。

生态心理学家罗杰·巴克（Roger Garlock Barker）将在特定的时间和空间中反复进行某种行为时的社会的·物理的状态称为行为场景。

行为场景包括以下四个要素。①行为标准模式（a standing pattern of behavior）；②物理环境中某个特定的轮廓（physical milieu）；③行为与环境一致的关系（synomorphy）；④特定的时间区域。

亦即，行为场景是场景与行为稳定的组合，并不单指物理空间，也包括在其间进行活动的人的状态。如果在同一个物理环境中，人的行为模式在不同的时间带发生变化，则成为另一个行为场景。

生态心理学与实验心理学不同，关注于记述现实场景中人们的自然行为。运用行为场景理论进行的研究，例如学校规模的妥当性、开放式学校的有效性等，在针对环境—行为关系社会层面的理解与评价的研究中发挥着作用。

（添田昌志）

图1　花店前的行为场景；客人看花、挑花、问店员、付款

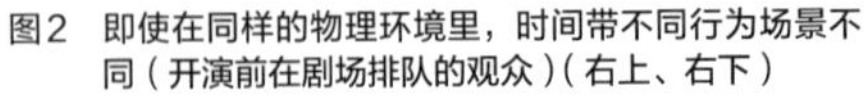

图2　即使在同样的物理环境里，时间带不同行为场景不同（开演前在剧场排队的观众）（右上、右下）

# 维

dimension

数学中所说的维，对应于线、面、空间分别被称为一维、二维和三维，甚至可以扩大至四维、$n$维等抽象化的空间。维的概念也被导入距离空间或拓扑空间，较之数学概念，被赋予更加精确的定义。

在物理学中，在长度（$L$）、时间（$T$）上加上质量（$M$），某个物理量依据上述这些基本量的哪种关系而成立，是通过$L \cdot M \cdot T$的维数来表示的。

著名的莫比乌斯带（Möbius strip 或者Möbius band），通过将纸带扭转一次，并将首尾对接成环状即可制得，十分简单。沿环形的一个面前行，不知不觉中原来的表面变成背面，环绕一周后又回到原来的状态。表面既是正面也是反面。

同样，沿克莱因瓶（Klein bottle）的表面前行，原来的外侧不知不觉中变成了内侧，连接成一个循环。不论哪个面，从沿表面爬行的蚂蚁的视角来看，都是二维的平面。

对空间而言，成为基准的轴，可以根据需要无限设定，实际上，有时不如将其设想成多维的或无维的更恰当。但是，在现实世界中，为方便起见，多将其设定为以$X$、$Y$、$Z$三轴为基准的三维空间，一般在此基础上加上时间而形成四维空间。

同样，在建筑或城市规划中作为使用对象的人的活动空间，以三轴为基准进行设计，从感觉上较易被理解。

（柳田　武）

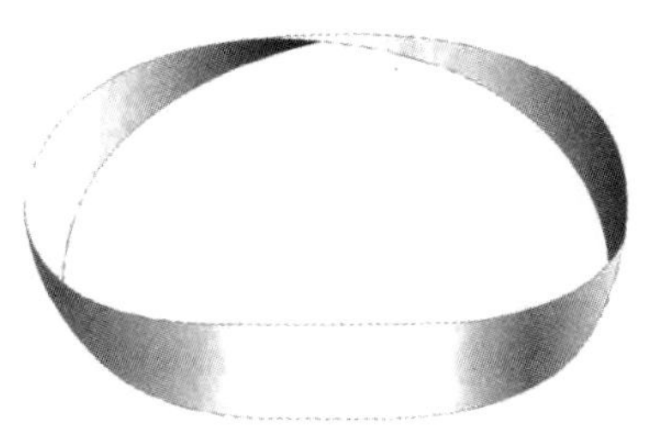

图1　莫比乌斯带

图2　克莱因瓶

# 尺度

scale

scale的原意是拉丁语“楼梯、梯子”，表示有楼梯的物体、刻度、缩尺、规模等含义。依此延伸具有① 规模，大小；② 缩尺；③ 刻度、尺度；④ 度量仪等意。从设计人类居住的空间这一角度出发，如果主要取①②之意，则空间的扩展及表现空间扩展的缩尺尤为重要。

荷兰教育学家基斯·博克（Kees Boeke）在1957年出版的名为*Cosmic View，the Universe in 40 Jumps*一书中，用40幅图画展现了大到广袤的宇宙小到微观世界的景象。

以坐在椅子上的少女这张照片为起点逐步放大距离，1次的放大倍率为10倍，放大到第8次时就扩大至整个地球，到第26次时便显示出广袤的宇宙。相反，从少女的照片开始以1/10的倍率逐步缩小距离，从手的特写到皮肤，然后进入血管、血细胞，经过13次缩小便进入原子核的世界。这意味着，通过40次放大便可以描绘整个宇宙。

通常，与空间相关的事物应以人的尺度（human scale）为基准，但为了易于掌握对象空间的整体形象，会采用图面、模型等适度的缩小尺度等手法加以表现。但是，人脑的形象思维活动，并非仅仅提取所需的内容，有时也会进行无视缩小尺度的抽象化思维，无视大小距离而进行自由联想。

（柳田　武）

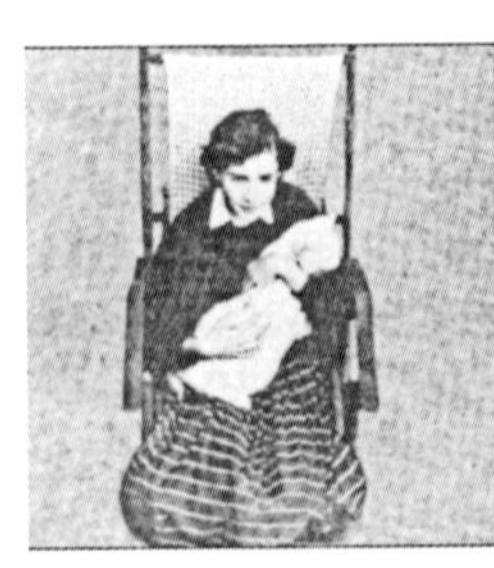

①
从坐在椅子上的少女开始

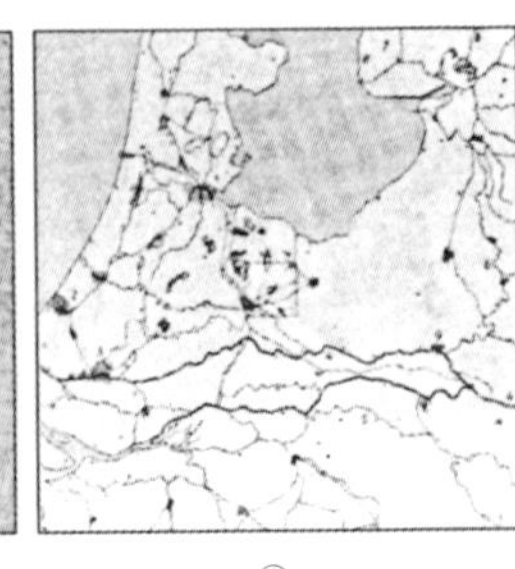

②
6次（$\times 10^6$）便进入荷兰

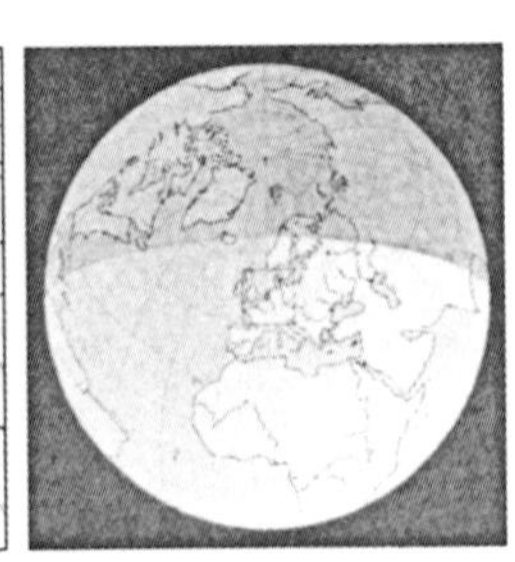

③
8次（$\times 10^8$）便扩展至整个地球

**图1　面向宇宙的40个跳跃**

# 模数

module

module一词起源于古希腊建筑用语（拉丁语）的modulus。古希腊建筑中，柱体下部的直径为1个modulus，用其整数倍或分数倍表示其他尺寸，是各种建筑材料尺寸系统的基础。与此类似，在日本，也存在被称为“木比率”的尺寸体系，是以柱子的截面尺寸为基准，体现材料尺寸或柱间比例关系的尺寸体系。无论希腊或日本，均试图通过以模数为基准构筑建筑物来实现完美的造型比例。

然而，现在建筑界的模数，是以建筑生产的合理化以及降低工程造价为目的，本着为“建筑材料可批量化生产的尺寸规格”这一出发点而采用的模数。通过模数来调整建材间的尺寸关系被称为模数协调（module coordination）。此外，在日本还有被称为“基本模数”的尺寸系统，是以日本榻榻米草垫的大小或者砖块窄口的长度为1个单位来决定平面或材料尺寸的体系。

另外，由于在建筑设计中，需要有对应于建材大小的尺寸单位，因而提出了等差数列、等比数列、斐波那契数列（Fibonacci Sequence）等组合的新模数。勒·柯布西耶以人体尺寸为标准，通过黄金比例展开等比数列，提出了红、蓝两个等比数列（《模度》*Le Modulor*）。

（大佛俊泰）

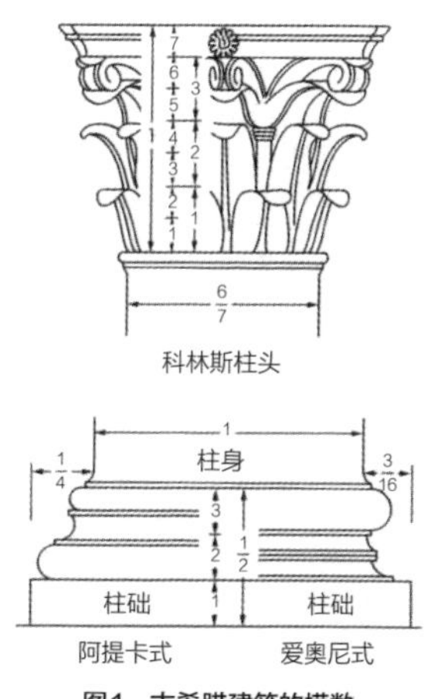


图1 古希腊建筑的模数

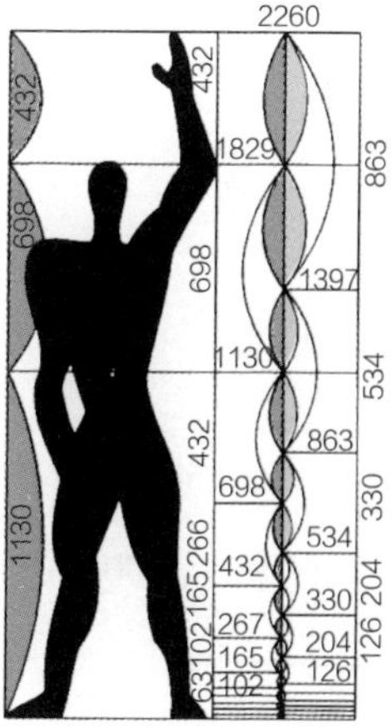

| 红 | 蓝 |
|---|---|
| 6 | |
| 9 | 11 |
| 15 | 18 |
| 24 | 30 |
| 39 | 48 |
| 63 | 78 |
| 102 | 126 |
| 165 | 204 |
| 267 | 330 |
| 432 | 534 |
| 698 | 863 |
| 1130 | 1397 |
| 1829 | 2260 |
| 2959 | 3658 |
| 4788 | 5918 |
| 7747 | 9576 |
| 12535 | 15494 |

图2 勒·柯布西耶的《模度》

# 单位空间

unit space

现代建筑，所需的功能越来越多样化，将各种用途的设施综合起来统一设计的方法应运而生。再者，即便是不同种类的建筑设施，使用目的类似的有很多，因而可以将这部分类型化。在日本建筑学会编辑的《建筑设计资料集》中，将建筑环境中人的行为以情景的形式表现，针对其情景与“容器=室内空间”的对应关系，从各种观点进行了论述。这些成为平面设计中构成元素的基础，也与环境、设备设计，结构、材料设计等息息相关。

每个功能所要求的空间大小是单位空间的重要观点之一（尺寸设计），其所依据的基础是行为空间的概念。行为空间是将生活行为进行分类，通过计算“人体尺寸或行为尺寸”+“物体尺寸”+“宽裕尺寸”求得每个结果。例如，考虑人落座椅子的情形时，同时需要考虑起身时所需的尺寸。另外，多种行为同时进行时的行为空间被称为复合行为空间，必须考虑两者间的干扰。单位空间即是由这种复合行为空间构成。

单位空间可以分为以下几种：进行日常生活基本行为所需的空间（厕所、浴室、化妆室等），在多数建筑物中成为结构主体的空间（办公、会议、教室等），以及支持主体空间确保其功能的空间（出入口、前台、走廊、楼梯等）。

（横山胜树）

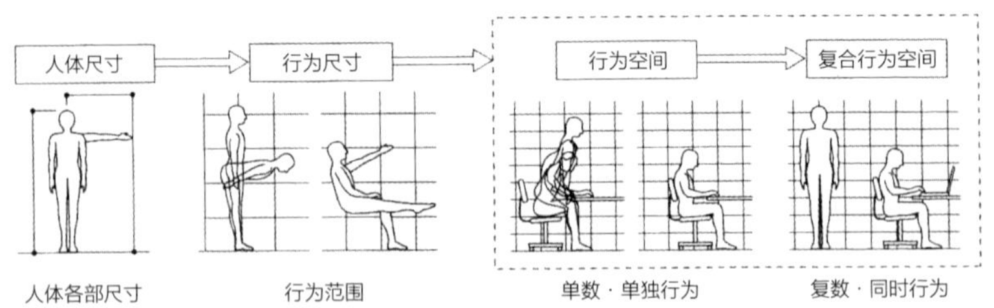


图1　人体尺寸与行为空间

# 比例

proportion

建筑中的“比例”与优美和安定感这些词汇密切相关。因此，正如在古希腊采用以柱体下部的直径为基准的“模数”，在日本采用以柱的截面尺寸为基准的“木比率”一样，比例成为建筑构成原理的基础。

作为具体的比例关系，有根据在古希腊建筑或中世纪的哥特建筑中所见的“整数比”为基础的比例。文艺复兴时期发现了人体尺寸中美的根源以及人体与整数比的关系，认为只有比例才是创造美与协调的基本原理。

同时，欧洲自远古以来一直采用“黄金分割”，亦即1：（$\sqrt{5}$ ± 1）/2的比例，在数学上与斐波那契数列有着极深的渊源。以黄金分割构成的长方形（黄金分割长方形）被认为是最美的长方形，被广泛运用于帕特农神庙以及众多的历史建筑物中。

此外，还有$\sqrt{2}$的比例。世界上最古老的木结构建筑法隆寺（日本）的五重塔，其五层与一层，以及金堂的二层与一层的屋顶宽度采用了$\sqrt{2}$的比例。这个$\sqrt{2}$的比例除在建筑中使用外，也应用于JIS标准的纸张尺寸（A、B系列）以及书籍的长宽比例中，即使对折后，长宽的比例依然不变，是既美观又具有功能性的比例。

（大佛俊泰）

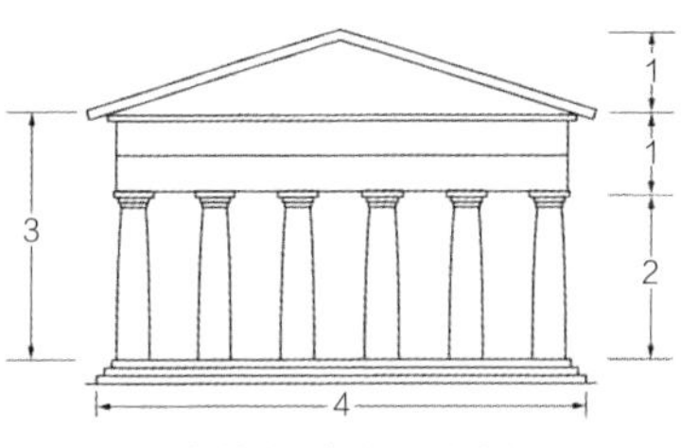


图1　整数比例（希腊，波塞冬）

图3　加奇的石头屋（柯布西耶/皮埃尔·让纳雷）

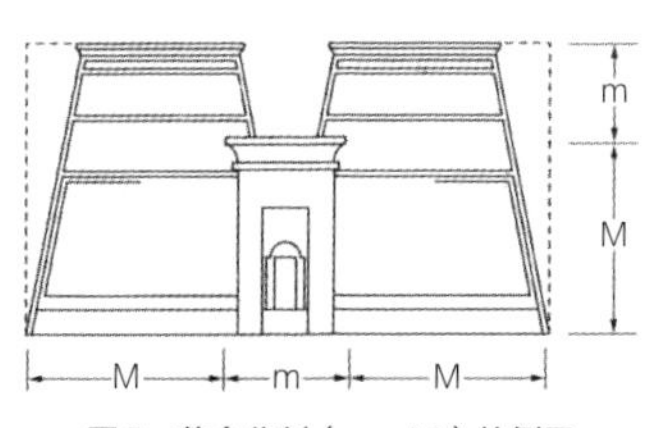


图2　黄金分割（m：M）的例子
埃及伊德夫（Edfu）

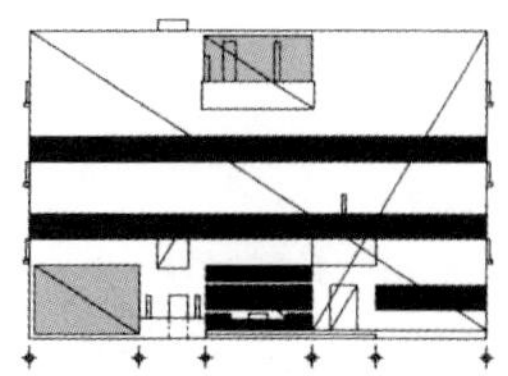

图4　辅助线部分采用黄金分割长方形

# 韦伯·费希纳定律

weber-fechner's law

生理、心理学中，把人体主要通过感觉器官所感受的光、热、声音等统称为“刺激”（stimulus），把人体对这些刺激的感受方式称为“反应”（response）。将定量计算上述二者间关系，亦即刺激—反应关系（$S$–$R$）的领域称为精神物理学。

针对各种感觉，自古以来人们通过无数的试验来求证刺激的物理量与人体感觉量间的关系，其基本法则便是韦伯·费希纳定律。

韦伯在判断重量相差甚微的两个物体的实验中，对能感知两者重量差刺激的最小物理量（辨别阈限）进行了调查，发现进行比较的重量（$S$）与其辨别阈限（$\Delta S$）的比为恒定值。例如，将重量从100g起微量增加至人体能够感觉到时的增加量与从10倍于此的1000g起微量增加至人体能够感觉到时的增加量相比，1000g起时人体能够感觉到增加量是100g起时的10倍，以下式表达：$\Delta S/S=K$（恒定值）。

费希纳将上述公式积分计算后发现感觉量（$R$）与刺激（$S$）的对数成比例的关系（$R=K\cdot \log S$）。

史蒂芬斯（J.Stephens）不采用辨别阈限的间接方法而是通过采用量值估计法得到了各种感官之间的直接定量关系，该法则代表一种普适的关系，引导出以下的幂指数法则：$R=k\cdot Sn$。

物理性的凸凹与触觉上的粗糙感，声·光所具有的能量与声音大小或光线明亮的感觉等均遵从上述法则。

（大野隆造）

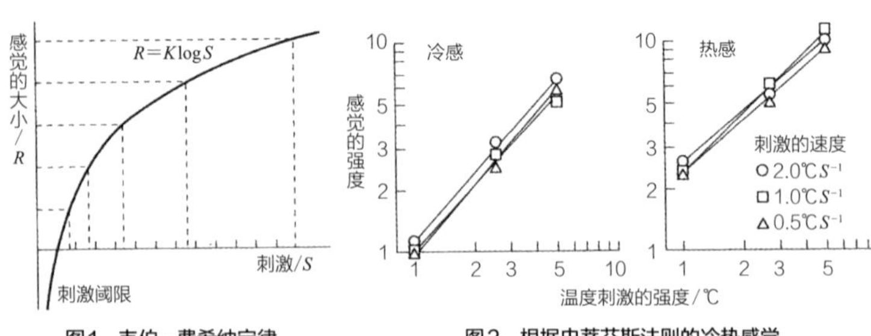


图1 韦伯-费希纳定律

图2 根据史蒂芬斯法则的冷热感觉
莫利纳里，格林斯潘&肯沙洛
（Molinari，Greenspan&Kenshalo，1977）

# 模型

model

“model”这个词具有模型和形式及原形、样本和典型事例等广泛意义。此处，意指“模仿研究对象的事物和现象并将其单纯化，或将从某观点所见并抽取的构成要素间的关系或构造有逻辑地形式化”。

模型化处理方法，应能代表研究对象事物或现象所具有的特征及性质，作为众多的科学性的方法论，是从假说到预见及发现的极有效的方法。

如果仅针对空间的“模型化”来考虑，则是指将研究对象空间以怎样的形式记述、表现，应对不同的目的可进行各种形式的模型化。主要有数理模型（数学模型）、符号模型、语言模型、图式模型等。

模型如能尽可能多地考虑研究对象所具有的要素，那么结果会接近现实状况，但也可能因此变得复杂，失去简明性。反之，若除去很多要素使之单纯化，虽会变得简洁利索，但也会漏掉不少内容。

无论如何，有必要时常思考我们是基于什么样的观点如何进行模型化。模型化的内容充其量只是研究对象的某一面，不是全部。所以，在将考察模型所得结果应用到现实世界时需要多加注意。

（柳田　武）

表1　模型种类

| 模型 | 特征 | 例子 |
|---|---|---|
| 物理模型 | 形似的<br>性质相似的 | 模型汽车、建筑模型、山水盆景、水流和电、色、光、声 |
| 图式模型 | 概念性的<br>几何学式的 | 维恩图、概念图、略式地图、统计图表、计算图表、设计图 |
| 语言模型 | 基于术语的<br>基于文章的 | 与概念的对应、平均信息量、分散、学说、理论 |
| 数理模型 | 基于数式的<br>基于准数理的 | 物理法则（$f = ma$ 等）、计算机模拟实验 |

# 模拟实验

simulation



simulation一词对应于“模拟实验”，是指：“对实际尝试起来有难度或不可能的对象进行模拟性的、拟似性的验证”，制作能清楚地呈现所需了解的事物以及现象的特性的近似性模型并加以操作，力图获得预想的结果。

物理性模型也是模型的一种，使用它的模型实验在广义上也是模拟实验之一，但多数情况下，是指使用数理性模型在计算机上反复进行试行操作。特别是在难以进行大型实验的社科领域，使用计算机进行的模拟实验提供了新的、科学的研究方法。

以建筑空间为对象的模拟实验的例子，比如：将人的步行和移动模型化，在事前预测人群的流动或建筑物内的避难行为等，用于事先检查规划及设计的内容。

另外，也应用于以城市或区域为对象的，对设施的选址和规模及配置进行的研讨中。

对于设计中的方案讨论，使用CAD·CG来检查从各视点看将会呈现的样态，从这个意义上也算是一种模拟实验。使用CAD·CG所做的模拟实验，不仅能呈现由外部或内部所见的画面，甚至能呈现因材料质感或照明的不同所产生的图像的变化。

更有一种被称为虚拟穿行(walk through)的使用动画的手法，能够模拟在空间中移动时的物理性视觉的变化。

（柳田　武）

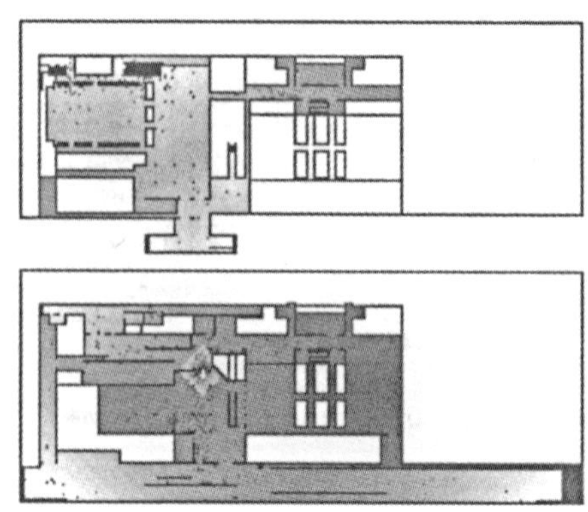

图1　火灾发生时的人群避难模拟例子

# 可视化

visualization

通常指以眼睛能看到的形式来表现不能用眼睛直接看到的对象物或现象。

望远镜和显微镜的发明超越了人类的视觉能力，通过光学方法使得人类能够直接用眼睛看到远处的天体甚至极微的世界。近年，由于使用计算机图像处理技术，将原本用眼睛看不见的可视光线外的对象、声音、热等无实体的现象模拟变换为眼睛看得见的形态，将其可视化了。

例如，1972年将地球观测卫星landsat（陆地卫星）发射升空以来，急速发展的遥感技术捕捉来自对象物放射或反射的电磁波，从远处测量对象物，分析其性质的方法，广泛应用于气象观测或矿物资源探查等领域。而且，在医用图像处理领域，使用超声波将人体内部可视化，对检查和治疗起到很大的作用。

再有，这些技术并不止步于静止画面的可视化，还对加以时间要素将流体运动模型化来观察流体的性状，并为找出流体变化法则提供了线索，逐步发展出了“流体可视化”的方法。

在城市、地区、环境规划方面应用的例子有：在把握土地使用和土地开发状况・绿地・植被等现状的应用；在建筑・设备规划方面，将弥漫于室内的声或热的分布可视化的应用等。

在建筑材料方面，对物体内部的温度和密度的变化利用光干涉，根据由折射率的不同而呈现浓淡分布的干涉光谱来可视化；或将施力于固体时内部产生的应力利用光弹性来可视化，进而获得材料性质的方法等也是一种可视化。

再有，采用可视化技术的VR・全息摄影术等的出现，使得将空间印象具体化，空间可视化及空间模拟体验等成为可能。

（柳田　武）

# VR空间

virtual reality

由军事技术发展而来的VR（Virtual Reality）被译为虚拟现实，是指用计算机在人的感觉器官里生成实际不存在的虚拟现实世界。此技术在20世纪80年代末被命名，现在人们对它的期待不止于计算机科学领域而是得到更加广泛的应用。

VR所需的3个要素如下：

① 提供自身处于周围形成的假想现实世界中的感觉，即临场感（presence）。

② 不仅是眺望该世界还能进行来回走动或开门等行为，即交互性（interaction）。

③ 松开手持的杯子，杯子便会落地并破碎，即自主性（autonomy）。

VR的实现手段有像防护眼镜那样的HMD（head mount display）或数据手套、数据衣等输出输入设备，穿戴在身便可体验VR空间。在游乐公园等体验到的角色扮演游戏（role-playing game）的VR即是其中一种。如今，新形式的开发层出不穷。

VR的基础技术正是调动人的五感，针对视觉、听觉、力感等方面的研究正在不断推进中。VR应用方面，为了控制复杂系统，有如下方式：进入可称为控制系统空间的电脑空间内的方式、将高度的科技数据以简明易懂的形式可视化的方式，以及作为自主性的终极人工生命等方式。

建筑方面的应用，比如：安装HMD后通过使用假想厨具来进行整体厨房尺寸调整，显示从高层住宅样板间内的任意住户的窗口眺望到的景观预测等，可应用于施工现场及向客户的展示、推介。另外，关于能产生身处远方这种感觉的远程呈现（tele presence）的应用，包括：将推土机和施工机械送入人所不能接近的环境，使用视觉信息和力感反馈进行操作的应用，或导入设计阶段的群件（群组协同工作软件）中，使异地的设计人员也能操作同一建筑模型系统的应用，等等。

（位寄和久）

# 映像空间

imaginary space



电影技法虽是对二维平面的投影图像，却能让人感到丰富的三维进深，使观众沉浸于故事中，这对建筑空间的呈现技法提供了丰富的启示。在知觉或认知、空间评价的实验中，映像空间常用作对实验者实施刺激的手段。

人们可通过照片或幻灯片这样的静止画面，及电影或CG动画等各种各样的映像媒体来体验空间。映像的图像是没有明确分节的语言，但其传递来的信息与语言同样有意义，基于上述的思考，法国符号论理学者罗兰·巴特（Roland Barthes）进行了以广告、照片及电影图像为研究对象的分析。

目前，作为映像表现的工具最为广泛应用的是CG，作为基于图像合成的静止画面的模拟或基于CG动画的模拟等，作为各种电影特效的工具而被广泛使用。而且，在电脑网络上以共有动态映像或CG动画为目的的系统开发等也在进行中，以期充分发挥其作为沟通媒介的映像的作用。

图1中是显示以风力发电设施的景观研究为目的制作的CG图像。这是将用CG制作的风车合成到现场实拍的图像中，在实际研讨中制作了使风车叶片转动的动画。

（位寄和久）

图1　风力发电设施景观讨论CG

# CG

computer graphics

CG（computer graphics）通常指数据环境中的图像生成或对实景拍摄的数据进行加工的技术或手法，也包括其结果即输出的图像·动态画像。

建筑设计方面的CG，多采用基于CAAD（computer aided architectural design的略语，是以辅助建筑设计为目的的数据环境的总称）来显示三维透视图，当其为静止图像时称为CG透视，行走于建筑内部的动态图像称为CG动画。

上述CG表现手法以硬件和软件等数据环境的高性能化为支柱正在高度发展中，甚至可以再现出如娱乐电影中常见的，与实景图像几乎一样的质感和光环境及力学运动（图1）。

但是，这种照片式真实的表现也未必总是恰当的，CG的本质在于“就现实中不可能的事物进行假设式的模拟”或者“将通常看不见的信息可视化”。图2显示的是车站中通勤者“用眼睛看不到的”个人领地与他人的领地如何融合形成人流的过程，是用时刻变化形状的泡沫团将其可视化，将非稳定的动态过程显示成“用眼睛可见”的状态。

CG不应该只是用于表现的技术，也应该是关联到新知识创造开发的，以思考操作为目的的表现技术。

（高柳英明）

图2
以思考为目的的CG呈现

图1　实景CG呈现

# 形态·语法

shape-grammer

如果对构成建筑物的功能体系与形状的构成规则加以记述的“建筑语言”已被定义了的话，那么使用该语言本应该能建造出新的建筑。退一步说，即使无法记述功能与形状的关系，也应该能将形成建筑物各部分间关系的内部结构与形状的构成规则模型化。

如同从自然语言中发现语法规则那样，吉布森和史坦尼（George Stiny）为了记述建筑平面及三维形态的语言而提出了形状·语法的概念，将乔姆斯基在语言学领域所提倡的句法结构理论（生成语法理论）套用在建筑造型的形状规则中并进一步加以展开。

史坦尼首先将二维空间中的平面形状定义为由点与线及记号构成的图形，并指定构成规则为将图形的某一部分置换为其他形状的方法。由此，揭示了通过改变参数可实现相似变换的形状语法。以具有某种语法规则的图形体系表现了由建筑物各部分之间所构筑的关系。

但是，形状语法中的语法规则因偏于句法结构而易变得数理化、规则化，这一点颇遭人诟病。有研究者从重视语义结构的观点出发，认为语法规则和导出过程本身应反映出建筑形态的特征和含义，因而提出了“模式·语法”（schema·grammer）的概念以及基于这一概念的空间分析方法。

（柳田　武）

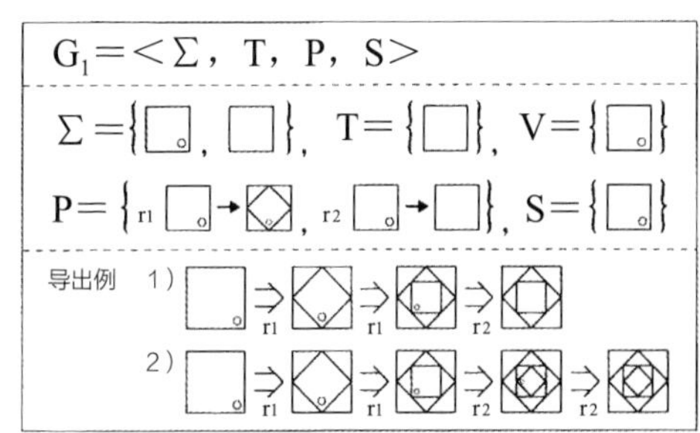


图1　形态·语法例

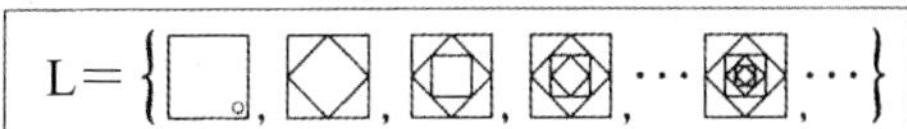


图2　根据形态·语法－$G_1$生成的模式集合

# 模式语言

pattern language

当今，对建筑功能的要求日益复杂化，建筑使用者与建筑建造者之间的距离渐行渐远。为了从规划设计阶段开始就能充分反映建筑使用者（用户）的要求，需要两者在建筑方面具有双方都能理解的共同的空间语言。

模式语言是将构成环境的要素作为模式提取出来，建造作为其集合的建筑和环境的方法；其是亚历山大（Christopher Alexander）通过在俄勒冈大学校园规划等的理论与实践所提出的规划及设计方法。

亚历山大在其著作《建筑模式语言》中列举了250多个模式（原型），其抽取的模式收集了在各层次上被认为是本质性的理论，因此可称为是使用者自己汇集的用来构建环境的基本的共识事项。

而且，其模式不是以树状而是以网眼状交织的半格状（semilattice）的网络构造来梳理相互间的关系进而构造环境的。

“模式语言”意在打造一种通用语言，用作人们亲自动手建造住宅、街道及环境的手册。在这个意义上，可以说“模式语言”的目标就是指向让用户参与设计过程的共通语言。

（柳田　武）

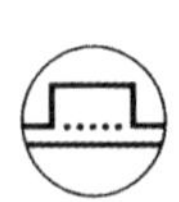

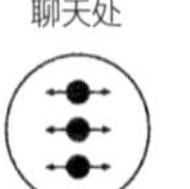

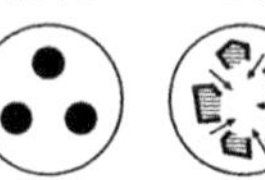

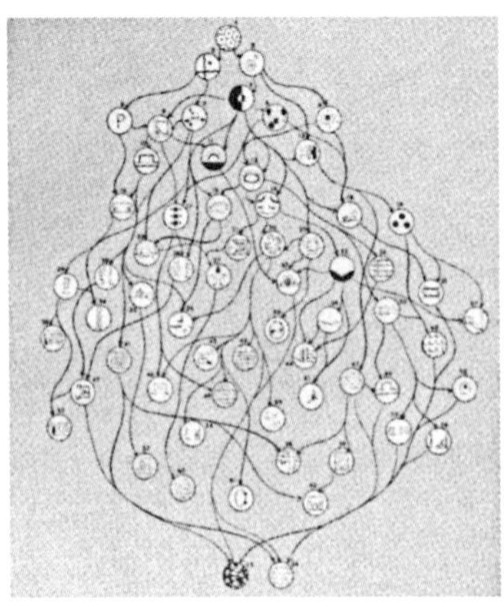

图1　模式和关系图

# 空间谱 / 记号法

urban score of space image/notation

通常，我们使用地图和图纸等来描述空间并将其传达给对方。但地图和图纸的缺点是不能转达空间所具有的氛围、情感以及随着移动所产生的连续的变化。并且，绘画、照片、电影等虽是忠实传达空间信息的有力工具，但却难以解析性地传达空间的语义信息。

空间谱作为弥补上述两种不足的手段，将通过五感所能感觉到的空间区分的程度、魅力、氛围等记号化，如在五线谱中记入音符一样，是作为一种谱（score）记录空间的语义信息和构造的一种尝试。空间谱也试图摸索新的创造空间的手段，但尚未成为普遍的方法。

记谱法或记号法（notation）是一种以理解空间时序并进行操作为目的，将主体（即观察者）在某个路途移动时所体验的空间及环境印象分为诸多要素，将其记号化后连续顺序（sequential）地进行记述（note）的空间记录技法；希尔（Philip Thiel）、哈普林（L. Halprin）、卡伦（Thomas Gordon Cullen）、阿普尔亚德（D. Appleyard）、林奇（K. Lynch）、R.迈亚等虽用各自的方法进行了尝试，但若做到像用乐谱作曲那样的程度，则需要相当的熟练度。

记号法明确地指出人类是依次连续地感知空间，这一点具有更大的意义。

（吉村英佑）

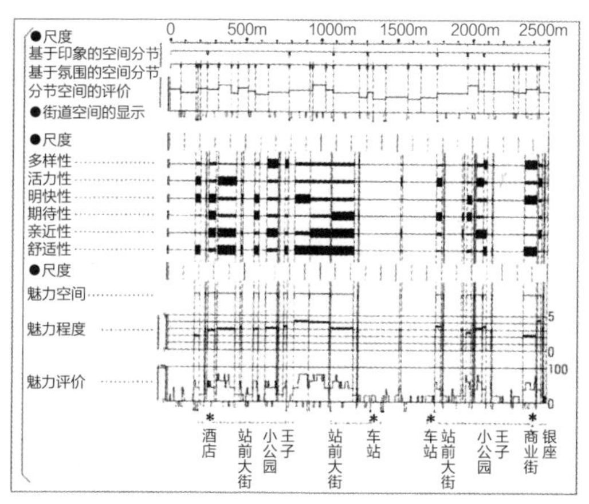

图1　空间谱的例子（街道空间的魅力，苫小牧，1971）

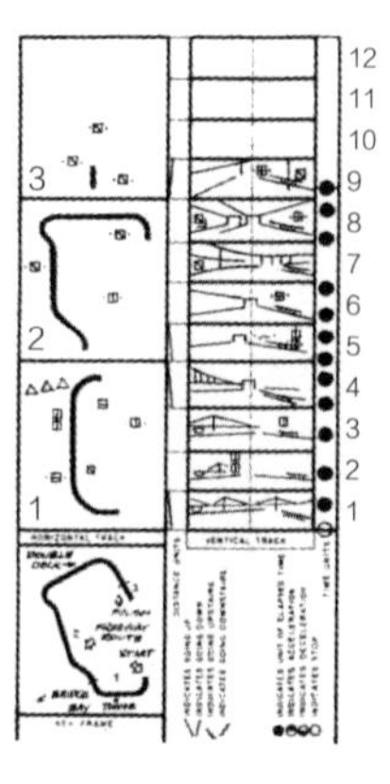

图2　旧金山自由路

# 远近法和透视图

perspective-drawing

依照我们日常的经验，即便是同样大小的东西，离得近会显得大，离得远则会显得小。而且，近处的东西清楚，远处的东西模糊。利用这个原理，为了在平面上表现远近感、立体感，绘画技法上研究出了远近法·透视图法，并逐步被体系化。

视点位置离所看的目标越远目标就越来越小，所有的视线收敛于一点，这种表现方法称为“直线透视法”，通过光影变化导致色彩的状态和浓淡发生变化并以此来表现进深的方法被称为“空气透视法”，进一步细分还有：随着远离而使色调发生变化的“色彩透视法”，随着远离而省略其细节的“省略细节透视法”。

关于透视法的理论研究，以15世纪建筑家布鲁内莱斯基为首，著名的还有意大利文艺复兴时期的代表人物莱昂纳多·达·芬奇、德国画家阿尔布雷希特·丢勒等，其后，经由以画法几何学闻名的法国人加斯帕·蒙热体系化。

近年，基于计算机的三维CAD·CG，通过透视变换求得对象物投影在平面上的形状，该方法日益受到广泛应用。其原理虽与透视图相同，但通过在其上加以时间要素做成CG动画，或通过表现现实中不存在的假想空间，其空间表现的范围愈加扩大。

（柳田　武）

图1　一点透视法的透视图

# 地图

map

地图是一种为了获取山、川等地貌特征及人们居住的城市、道路、广场等的位置而将空间描绘在平面上的方法。自古以来人们描绘了各种各样的地图。地图被定义为："将地表地理对象按照一定的规则用图形等来表示的"存在，由点或线组成的图形，及以记号·文字的集合来呈现。

根据对象空间的规模或范围的不同，地图的比例尺及表现方式也多种多样，自古以来绘制的各种世界地图都原汁原味地反映了各个时代人们的世界观。

日本国内通常使用的都道府县地图或道路图、观光地图等几乎都是日本地理空间信息管理局在基于实测制作的1：50000，或1：25000的基本图的基础上绘制而成。像这样，对基本地图加以编辑所绘制的地形图、地势图、地方图等地图称为编辑图。再有，以特定对象为主题可绘制出地质图及植被图、土地利用图、道路交通网络图等主题地图。

但是，不少情况下我们找不到与自己的需求十分吻合的地图。此时，根据需要可在既有地图基础上进行加工，比如可制作设施配置局域图、势力图、表示影响范围的领域地图等。而且，除了根据实测制作的正确地图外，还包括从认识对象空间角度所见的印象地图和标记地图等空间认知地图。地图是空间应用方面最重要的工具之一。

（柳田　武）

图1　托勒密（Ptolemaeus）的世界图

# 地理信息系统（GIS）

geographic information system

迄今为止的地图多数是在纸张等媒介上描绘的，现在出现的地理信息系统则是将与表现地理特征的图形信息相关的各种信息作为多属性数据彼此链接，能在电脑上进行修改和加工等操作，能够进行各种统计·空间解析等的系统，是由将地形数据数字化的图形数据和作为空间信息的属性数据构成的数据库管理系统，是将之前的地图信息和各种统计数据关联起来处理的一种系统。

GIS的原型始于20世纪60年代的加拿大。为了管理辽阔的国土，需要掌握河流和森林等自然资源的分布情况，以及以农业为首的土地使用情况等地理信息。但使用之前的纸制地图处理将面临庞大的工作量，因此开始了将图形置换为数值数据用电脑处理的方法。

之后，又开发出了借由同样思路的系统，但与其他应用领域一样，由于电脑的高性能，小型化、低价格化，低廉而实用的系统得以普及，不仅在土地使用规划和环保等大规模应用领域，在小规模使用领域也得以急速扩张。

地表信息的处理方法还在使用以前的网格数据，但最近具有拓扑结构的多边形数据成为主流。“电脑制图”——可用电脑绘制地图，也可以其图形信息为基础附加图形间的基础演算和空间解析功能的基础技术正在逐步确立之中。

（柳田　武）

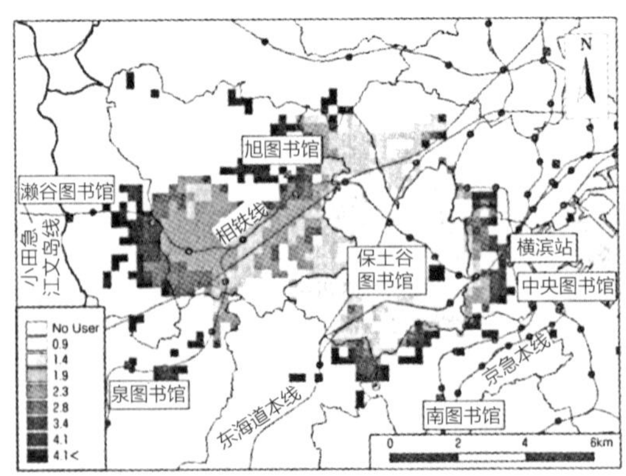


图1　公共图书馆使用者空间分布的例子

# 空间构成要素

space-constructing elements

P.希尔为了记述人们所体验的物的环境，将基于某一地点的视野作为SEEs（space-establishing elements）形成的最小空间加以图式化。SEEs通过“对象”“表面”“间隔”的不同及其位置（上方、侧方、下方）来进行分类。

“对象”指伞（上方）、邮筒（侧方）、踏脚石（下方）等具备三维外形的物体。这些在比最小空间大的空间里成为孤立存在的物体。“表面”指顶棚（上方）、墙壁（侧方）、地毯（下方）等二维平面物体。这些在比最小空间大的空间中成为“对象”的一部分。“间隔”介于“对象”与“表面”中间，是以狭窄间隔并列的“对象”或开孔的“表面”等。实际构成空间的要素（SEEs），如被除去则空间会受影响；反之，即使被除去也不影响空间的要素不被称为SEEs而被称为内装物（furnishings）。

另一方面，凯文·林奇认为：城市规划中重要的不仅在于规划物质环境，还在于创造出鲜明的形象、确立人与外界和谐的关系。林奇针对大多数居民所抱有的对城市的整体印象——公共印象的内容进行了调查，认为根据其形态特征，城市印象由5个要素构成（道路、边缘、节点、地域、地标），参照“可印象性”）。

（横山胜树）

| | 表面 | 间隔 | 对象 |
|---|---|---|---|
| 在上方位置 | 顶棚、屋顶等 | 格子门窗、树叶屏障、树枝、铁栅等 | 电线、树枝、伞、云等 |
| 在侧方位置 | 墙、栅栏、树障、窗帘等 | 间隔、树障、栅栏等 | 楼、邮筒、山坡、树木等 |
| 在下方位置 | 地毯、指挥台、舞台、阳台等 | 格子门窗、帘子、铁格子等 | 钢丝、踏脚石、底座 |

图1　空间构成要素（P.希尔）

# 示意图

diagram

示意图是将庞大的信息及复杂的构造以简明的、能激发接受者直觉力的、以“图”来显示的表现方法。在空间构成及设施使用动线等三维展开的建筑设计中，如有必要则应有效地表现包含时间轴的四维信息。

图1是以示意图方式表现了大规模车站设计方案的例子。其中，使用了将建筑物整体及其设施要素极其客观地且只强调立体关系的轴测图，并且，为了显示该车站的使用路线，还用动画的方式呈现了使用者、电车、出租车等的移动方式。除了方案能力外，如何将复杂的设计构思用简洁的方式表达出来，也是展现设计师功底的地方。

在空间规划学研究中，需要用“图”表现庞大的调查数据，将通过罗列数字难以把握的细微变化和差异变换为容易传达的表现形式，同时要努力使呈现方式体现出对数据整体的深入理解。

图2显示了滑雪场的缆车配置及其使用人数，以箭头大小和形状来表示使用者的人数及使用种类。可见，将实际的设施配置和使用特性合在一起加以呈现，可绘制出与合理的缆车运力及最佳整体运作模式高度关联的示意图表。

作为研究者，需牢记研究成果永远都应是对问题简明的回答。

（高柳英明）

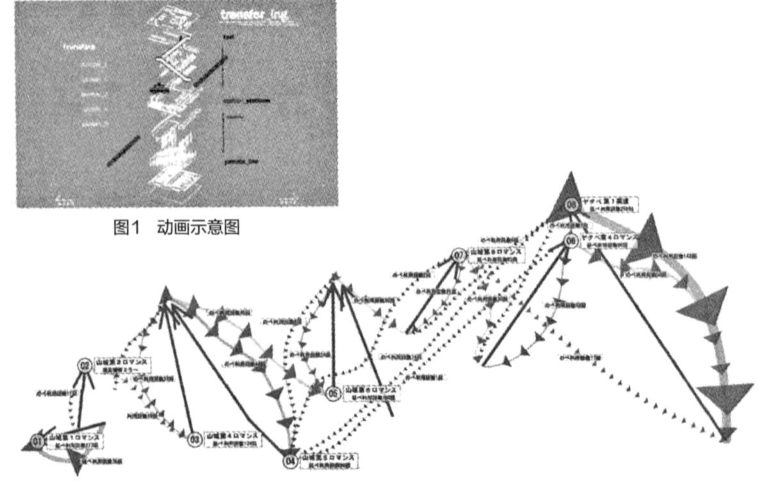

图1　动画示意图

图2　顾客使用特性示意图

# 空间图式

spatial schema

康德认为，“空间”（raum）是人类感知一切外界关系的基础，但仅在人对物体的形态产生感应时方才有所表象。空间的表象将丰富多彩的各种事物模式化，然后对其概念赋予形象。

事物通过呈现“是什么”和“在哪里”，才对人产生不同意义。建筑·城市规划是直接创造物体的工作，但同时又形成被物体包围的场所，这些场所的位置关系形成人类的生活空间。

总平面图或平面图所反映的建筑·城市，其整体同时存在，作为具有固有的形状的物的姿态出现，但作为生活场所的建筑·城市空间，是随人的心理、身体或物体的变化，在时间的流动中被知觉的存在。功能图、组织图、动线图等是将作为个体的人能够感知的范围，或者被生活功能所划分的元素或场所重新构筑来体现建筑·城市空间。

“图式”中的“图”是指不能被分解成元素的作为整体的形态，“式”是指将分解的元素符号化以表示之间的关系。建筑·城市空间的设计中，必须同时考虑上述两个方面。

舒尔茨（Christian Norberg-Schulz）认为，“中心与广场”“方向与道路”“区域与领域”三种图式是各种建筑·城市空间的普遍类型，并且上述概念与拓扑空间概念中的近接、连续、闭合的关系相对应。

（横山胜树）

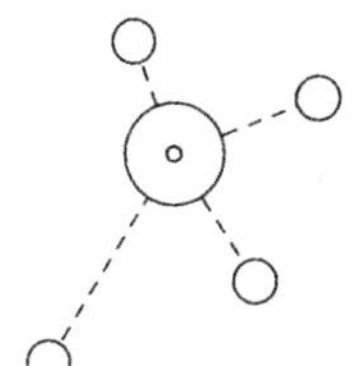

图1　建筑·城市空间中的三种图式（舒尔茨）

# 10 空间概念

conception of space

描述空间关系的几何学当初作为土地测量术产生于埃及。之后在希腊文化中被理论化，其集大成的代表作便是欧几里得的《几何原本》(*Stoicheia*)，该理论一直被认为是由不证自明的真理推导出的绝对理论。

但是，19世纪以后，产生了基于公理理论的非欧几里得几何学，其结果，几何学被逐渐认为是由被称作公理的假设推导而来的相对理论体系。由文艺复兴时期的透视图法发展而来投影几何学，由一笔画发展而来的拓扑学（Topology）等分别是独立的几何学，基于不同的空间概念而成立。

每个儿童的空间概念，是通过对外部世界进行触摸和探索，以及上述行为在脑中进行想象，如此循环反复才建立并逐渐完善发展起来的。让·皮亚杰认为，这种空间概念的建立与几何学的历史顺序正好相反，最初建立的是拓扑空间概念（6～7岁）。根据包含关系、邻近关系以及顺序关系等对物体的属性或位置进行抽象化。

接着建立的是投影的空间概念（9～10岁），能够把握基于某一视点的位置关系，开始理解由于视点位置不同，所见的前后左右的情景也发生变化。

最后建立的是欧几里得的空间概念（11岁左右），能够理解并记忆距离、角度等量的概念并且能够使用坐标。

（横山胜树）

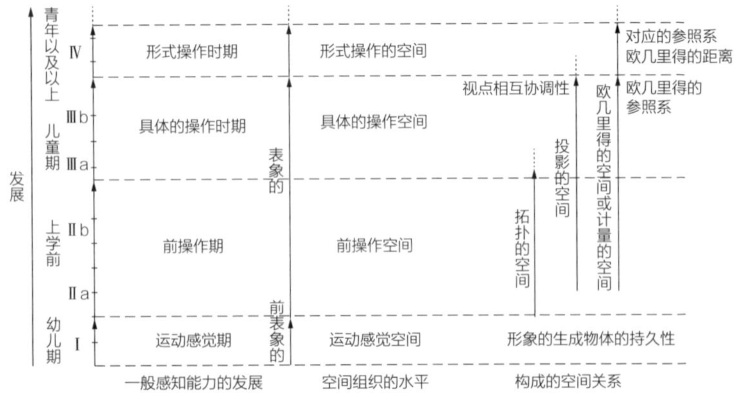


图1　空间概念的发展阶段（让·皮亚杰）

# 空间类型

type of space

在某个集合中，当出现适用于每一个体的共通形式时，采用典型例子进行分类·记述的研究称为分类学（Typology）。

程大锦认为，第一意义上的形态是指圆和与之内接的正多边形，以及由于上述形状的移动、旋转所得到的立体。此外的形态，可以理解为由于尺寸变化而导致的减法或加法式的变形（图1）。其中加法式的变形又进一步分为5种形态（图2）。

向心形态由主导的中央形态与多个二次形态构成，线形形态由并列一排的形态构成，放射形态由中心形态向外侧伸展的线形形态构成。聚类形态（cluster morphology）由相互接近的形态或具有共同视觉特征的形态构成，网格形态则取决于三维的格栅。

另外，形态可以进一步通过相互贯穿与分区扩展。相互贯穿是指不同形态或不同朝向的同一形态间的重叠，相互争夺对该形态的支配地位。圆形与正方形的相互贯穿，以及旋转格栅形态间的相互贯穿均属于相互贯穿的例子。分区是指凸起与凹陷的处理，取决于表面材质的不同。

程大锦认为，上述形态及空间以多种形式形成时也进行同样的类型分化，被称为向心构成、线形构成、放射线构成、聚类构成以及格栅构成。

（横山胜树）

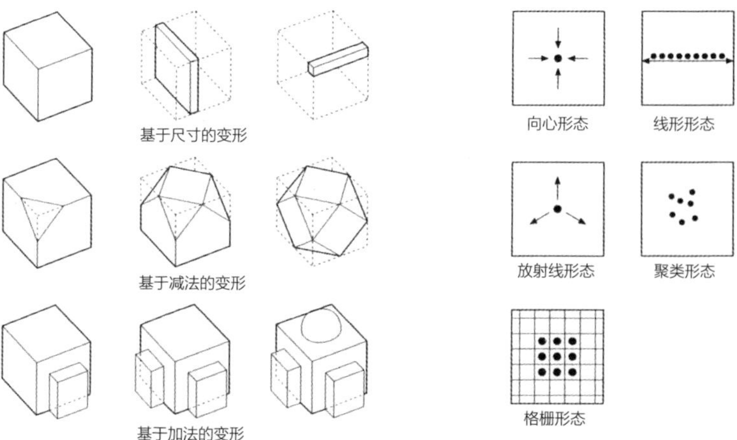


图1　形态的变形（程大锦）

图2　加法变形的种类（程大锦）

# 结构

structure

结构的秩序是超越了元素的聚集，作为整体而形成的独立功能。程大锦列举了将形态以及空间结构秩序化的六大原理，认为“尽管没有多样性的秩序单调无趣，但没有秩序的多样性却是除了混乱别无其他”。

轴线是由两点形成的线，元素排列在其周围。对称是指元素均匀设置在轴线或中心点周围的原理；等级层次（hierarchy）是使其他元素的大小、形状、设置等发生变化而突出一个元素的理论；节奏与反复是通过形式的反复以及节奏构成一系列相同元素的原理。基准线通过线或面的连续性以及规律性形成元素的类型。而变形则是通过一系列的操作及变形而被保持，强调和建立。

然而，凯文·林奇认为，城市印象中重要的结构是现实的城市空间与几何拓扑学的对应关系。人们的印象如同画在橡胶板上的地图，时而会发生方向的扭曲，距离也会被伸展和压缩。但是地图不会被撕开然后在拼接时搭错位置，其序列是正确的。为了满足环境印象中一个重要的路径探索功能，上述连续性至关重要。

（横山胜树）

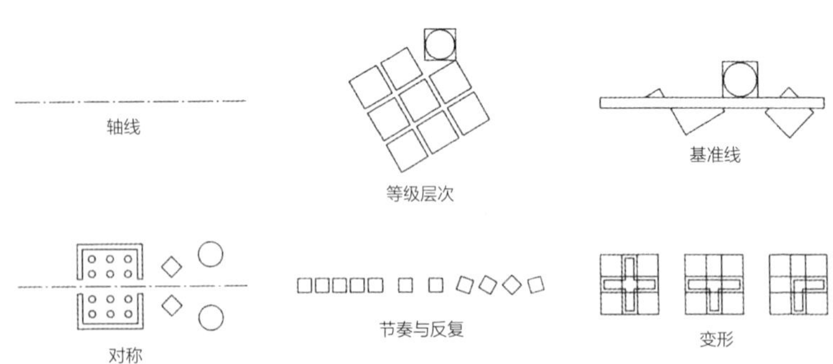


图1　秩序的原理（程大锦）

# 层级

hierarchy

在聚类分析中，通过绘制系统图将各种相互作用的复杂现象按阶段分组，置换成能够直观理解的关系。

C.亚历山大认为，尽管设计的终极目的是形状，但与传统的物体制作方法不同，若试图作为个人对现代设计进行直观的理解，所要面对的问题过于庞大且过于复杂。

因此，设计师需要借助程序来考虑问题。所谓程序是将整体问题分解成局部问题逐步引导进行解决的方法。这样，可以将无限的需求缩小至有限的范围，才能建造由形状与材料所生成的整体协调的完整建筑。

进行分析时，首先要找出妨碍建筑整体性秩序的缺陷，将为避免缺陷所需的条件间的关系进行量化，测量其关联性。这样，问题可由辅助系统分解，形成层级。亚历山大将层级的概念与基于集合论的定义结合，将其称为“树”（参照“半格”）

然而，程序的实现需要对辅助系统赋予各种小的图表，将小图表逐步合成复杂的图表。图表应该同时具有能说明形状性质的功能以及将箭头或人口密度图等编码的功能，必须以图式的方式且需具有建设性。

（横山胜树）

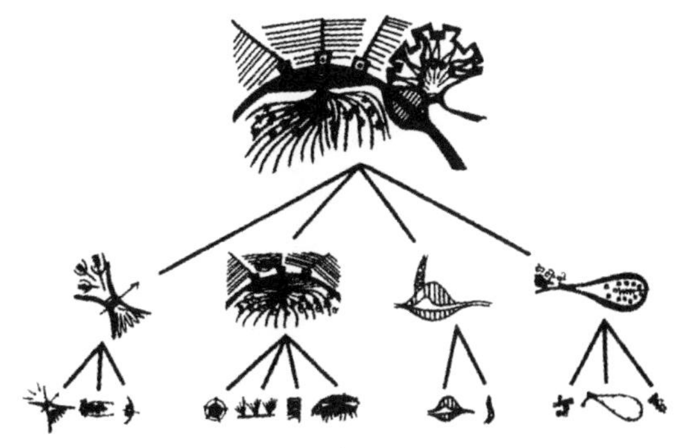

图1　建设性图式的层级

# 半格

semi-lattice

C.亚历山大认为，经过规划设计的城市是树形结构，与此相对，经过岁月沉淀所形成的城市，具有更加复杂的被称为半格的结构。

将构成树的集合合并，不论哪两个集合，要么一方是另一方的真子集，要么与任意两个集合不相交。然而，合并构成半格的集合，无论提取具有共同部分的哪两个集合，该共同部分依然属于合并。

亦即，在采用半格结构的城市里，各个系统中存在共同的部分，该共同部分成为城市的构成元素。然而，树形结构中不存在共同部分。很多人在人为建造的城市中总感觉缺少某种本质的东西，原因就在这里。

例如，假定划分城市空间的邻近住宅区中，相同邻近住宅区的元素之间密切关联，与其他邻近住宅区元素之间，只有以其所属的上级（邻近住宅区）为媒介才发生关联。

但是，在实际社会体系中，作为个人并不同时需要类似青少年俱乐部、成人俱乐部、邮局、中学等设施性质不同的体系。因此，其元素（会员、使用者、学生）空间的扩展相互重叠。这些体系并不仅限于收置在一个邻近住宅区内（空间的扩展）。

（横山胜树）

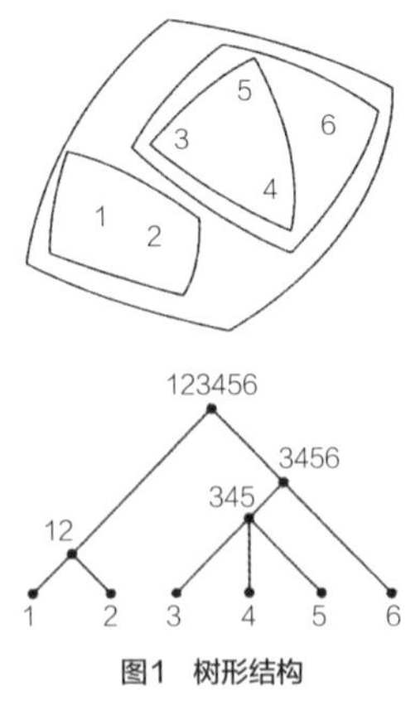


图1 树形结构

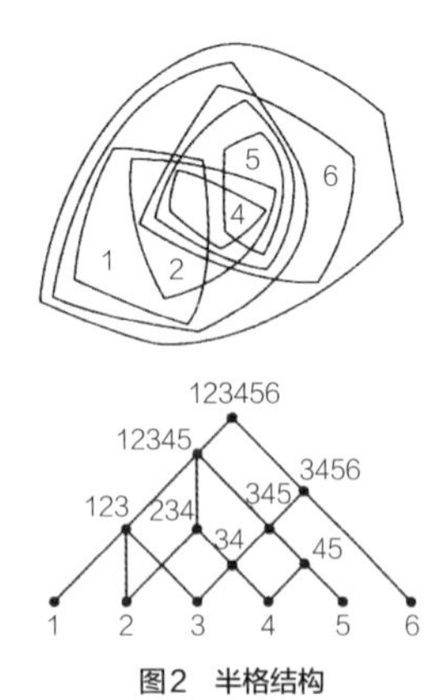


图2 半格结构

# 定位·方位

orientation/direction

人之所以能够到达要去的目的地，是因为在利用局部性参照物的同时，通过建立将上述局部性参照物相互关联的广域参照框，故而总能定位自己的居住地。

尽管凯文·林奇所提出的印象的功能之一可起到上述广域参照框的作用，但奈瑟尔使用的并非印象或地图等使人联想静态结构的用语，而是定位图式（orienting schema）这种主动探索信息的用语。

定位与移动，是在人与环境的相互作用，亦即提取信息与修正图式的知觉循环中得以实现。因此，在获得抽象空间概念的同时，也受到环境本身的物质构造以及人们生活方式的影响。

吉田集而认为，在东南亚某半岛东岸，以渔猎为生的部落语言中，有表达大海与陆地的方向的词汇，以及表达与某个轴垂直的词汇（上、下），海上的船只通过这些词汇确定相互的位置。

上述方位是相对性的方位，如果从西岸出发，上下方向便会逆转。但是，他们的生活范围仅限于东岸，因而没有任何不便。多数的民族都有基于太阳运转和季风方向的绝对方位，上述部落也不例外。但在北极圈，太阳的运转根据季节的不同而异。据说爱斯基摩的一个部落以河流的上游、下游为主要方位。

（横山胜树）

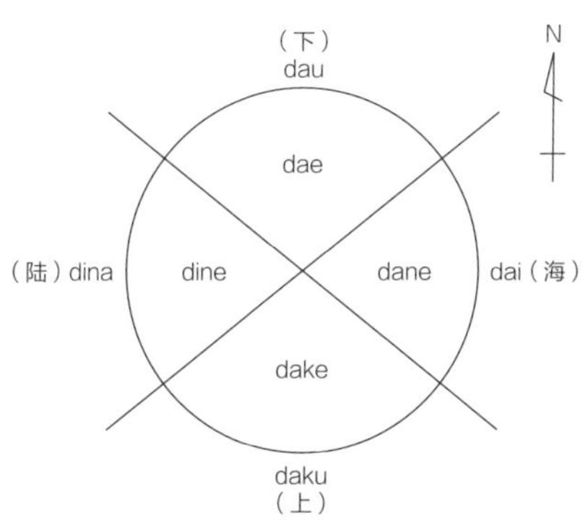


图1　由大海和陆地的方向作为方位

# 11 空间要素

elements of space

空间要素是指将对象空间划分成局部并加以记述表现的单元。

空间研究通常分为物理空间和心理空间。特别对于物理空间而言，根据被记述表现的目的或方法不同，要素的划分也可以多样且繁多。

此处，针对“场所”“中心·周边”“边界·结界（分界）”“出入口”“通路”“地标”“关注点”“通景”（vista）等要素之间的关系加以说明。

上述词汇里的中心概念是“场所”。“场所”根据“边界·结界”的存在方式而被限定其扩展和轮廓。另外，根据“边界·结界”的形态、规模、材质等的不同决定了“场所”的空间特点。反之，“场所”固有的空间特点要求与之相匹配的“边界·结界”。

“中心·周边”是在将“场所”内部及其外侧的特点相互关联进行说明时非常有效的概念。

“出入口”是将在“边界·结界”的切换处建立的“场所”向其他空间开敞，为空间赋予活力的要素，经常成为将“场所”内部的空间特点向外部展示的要素。“出入口”对于“通路”而言同样起到“场所”的作用。

“场所”与“通路”关系密切。像住宅内各居室间的关系那样，某个“场所”因与其他场所的关系而令其本身具有意义。“通路”将“场所”之间联结，在“场所”结构化中发挥作用。

“地标”“关注点”可归于表现“场所”或“通路”的“标记”性概念的词语，是设置于空间特殊地点的要素。“通景”属于“通路”的一个性质，通常在“通景”良好的通路的端头设有“地标”或“关注点”。

（福井　通）

图1
可看到边界、场所、出入口、通路等空间要素的印第安部落原型

图2
空间要素被图示化的文艺复兴的理想城市
帕尔马诺瓦（Palmanova）

柱廊边界创造了一个椭圆形的地方，中心有一个方尖碑

图3
空间要素关系明确的圣彼得广场

# 场所

place

所谓场所是指具有中心且内部可体验的具有面的扩展的要素，是被边界特定化的时空，特点是：有限的扩展和中心性，基本形状为圆形。

场所的意义在于庇护性，是免于外部进犯的据点，是定位的原点，是走向世界的出发点，是成为中心的时空。作为居所的家就是典型的场所。

场所的获得与安全性以及身份认同密切相关。人类在环境中获得场所的过程与生物建立自己的领地一样是个动态过程。如同蜘蛛张网一样，人类也进行同化与调节，对环境赋予意义并形成场所。各个场所的经历成为获得更加安全舒适的场所的重要经验。

场所具有各种类型和大小。如果用尺度加以图式化表示，则依据身体、室内、建筑、地区、区域、城市……的层级而构成。

场所并非单独存在，是经由与其他场所的关系而构成。例如，住宅内的居室相互关联构成家，而家归属于记忆中依山傍水的、亲切熟悉的场所群所构成的故乡，如此，场所形成具有层次和网络的空间结构。

另外，场所与边界、出入口、通路等其他元素一起构成空间结构。这些要素间的关系，对场所的存在方式造成影响，如使场所的中心性发生偏移，为场所赋予方向性等。

（福井　通）

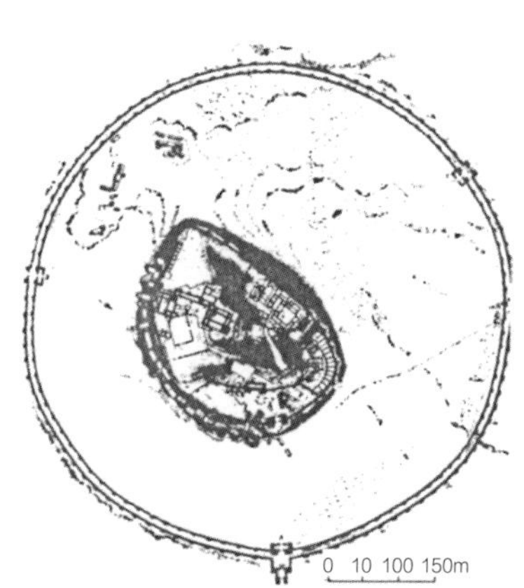


图1　呈现场所原型的古代萨马勒（Sam'al）遗址

图2
场所的中心性在地面图形中可见（卡皮托利诺广场，Capitolino）

图3　特殊场所，印度阿达拉杰阶梯井（Adalaj Stepwell）

# 中心・外围

center/periphery

中心・外围是指与周围、两端等距离的某点及其周围部分。中心是所有事物汇集于此并由此出发的场所；外围是指其周围。

中心・外围是在以某种文化现象为主就空间性进行说明时，作为相互对立的一对概念来使用，是既对立又不可分的一对概念。例如：和谐—混乱、支配—非支配、集中—分散、图形—背景、意识—无意识、明—暗，等等。这些成对概念的共同形象是：中心被一维排序并具有明确价值体系，如明亮的舞台中聚集视线的焦点；外围则是模糊多样、多含义的价值混合状态，是含义昏暗不清、离散无秩序之处。

在空间研究中，中心的概念是场所、领域之核心，与此相对应，外围的概念是指边界、周域。然而，中心和外围的关系并非一成不变。

例如，曾是空间中心的地方随时间的流逝有可能变成外围，反之亦然。而且，观看角度不同，中心和外围也有可能完全逆转。空间的规模随人的意识的意向性而变化，空间的印象以及含义也随之动态地发生变化。而中心・外围的概念恰是解释上述变化的有效工具，其原本也是为了更好地说明上述生动的动态现象而提出的概念。

（福井　通）

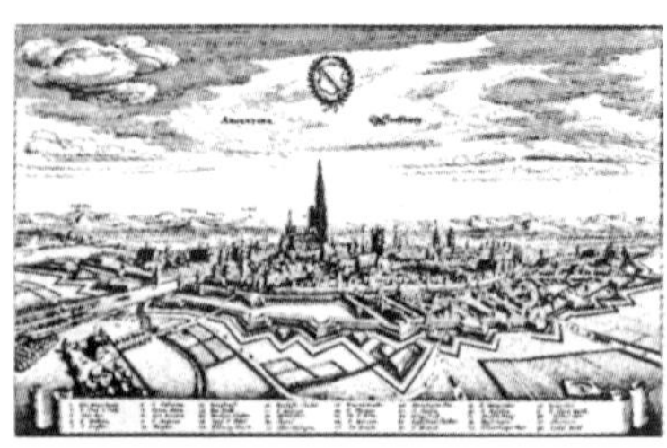

图1
中心与外围关系明确的中世纪城市（斯特拉斯堡）

图3
印度焦特布尔（Jodhpur）的中心与外围

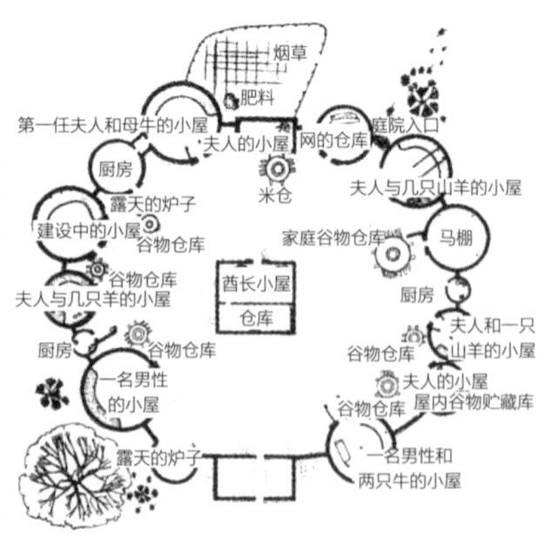


图2　木斯古姆族的住宅平面图（非洲）

# 边界·结界

boundary

边界是境、区域之意，其作用是将无限定的空间加以区分、限定。结界是被连接的边界，通过边界的连接封闭而将空间限定为内、外领域。内侧称为圣域，外侧称为俗域。“结界”是佛教用语的汉译，是边界的一种形式。边界和结界都是限定空间的特定空间，即场所化或领域化的元素，其特性均为“遮断性”。

现实中存在的建筑和城市空间的边界是多样的，就建筑来说，诸如从遮断性强的石墙到遮断性弱的隔扇；就城市来说，从城墙到边界桩，遮断程度多种多样。

山坡、海滨、山峦、河流等自然物体也可被当作边界，其中很多是自古以来生活空间的边界，因富于传说，具有多种形象，故作为“中心·外围”的外围性空间成为民俗学等关注的对象。

由于边界是将空间场所化、领地化时的基本元素，因此是空间研究中重要的概念。尤其在针对人们如何以人体的尺度来构想建筑和城市空间，对居住并使用某场所、领域的人们来说，该场所、领域具有怎样的意义并怎样与他们的行动相关联等的研究中，总会涉及某种边界元素，例如，霍尔的身体距离、林奇的城市印象、舒尔茨的存在空间等都对空间研究产生了很大影响，即使在这些研究中，边界元素也是极为重要的概念。

（福井　通）

图1　万里长城

图2　杰拉什（Jerash）的列柱

图3　旧闲谷学校的石墙

图4　草绳围成的边界

# 出入口

gate

出入口是被边界划分的内部与外部或某场所、领域的出入开口部，是赋予空间转折点并将连续的空间划分并连接的元素。其特性是划分性。

因出入口常与边界一体存在，所以一直被视为边界的形式之一，甚至可视作边界本身。但边界的本质如坚固的墙壁所象征的那样，其特性在于遮断性。与此相比，出入口则如门扉所象征的那样，其特性在于划分性，因此，两者有本质的不同，这种认识也适用于认识论和计划论。

在边界处，时间和空间被遮断，相反，出入口的前提是连续的时间和空间，其作用是赋予连续的时间和空间以转折。

场所和出入口的关系十分重要。在被边界封闭的地方，通过向外部敞开的出入口而获得生机。即通过出入口与外部环境连接。由此，出入口经常起着将场所内部的空间状态展现给外部环境的作用，即象征场所之意义。

从出入口进出或穿行等行为，会使走过的行人意识到空间上质的转换和改变，因此，在空间呈现中也起着重要作用。在通道中也设置出入口，其作用是将通往目标的通道空间进行划分，用以呈现时序连续的空间。

（福井　通）

图1
桑吉大塔塔门（印度）

图2
东大寺南大门

图3　伊势神宫的出入口

图4　巴黎的新凯旋门

# 通路

path

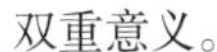

通路是指呈线状连续的人和物的通行的路。其作用是将一个场所和其他场所、其他空间线性连接并结构化，其特性是连接性。

如神圣空间与凡俗空间对立存在那样，由通路连接的场所或空间，通常依据与其他场所的关系而具有意义。通常，这些场所并非均质而是存在层级区别。这些场所之间的层级性赋予通路轴向性或方向性，产生主路和辅路、上行和下行等概念。

由于通路是线形连接的空间，有时起到边界的作用。特别是城市空间里的宽广街道，有时如河川将土地分为此岸和彼岸，将街区一分为二，此时通路具有分离和结合的双重意义。

通路的空间体验是相继发生的，时间性具有重要意义。时间的形式分直线时间和迂回环形时间。前者对应如历史时间般向前方直线前进的时间，后者对应如神话时间般迂回的时间。通路形式大体分为与此两种时间形式对应的空间：一种是从出发点朝向前方目标点的前进型空间，另一种是迂回环绕于场所内部或周边的空间。

在空间研究中，如去神社、寺院的参道空间，去诸设施的引导空间，街道空间等，这些通路在时序空间分析中是重要课题。

（福井　通）

图1　佩鲁贾（Perugia，意大利）的街道

图3　吉备津神社的参道

图2　马耳他岛瓦莱塔（Valletta）的路

图4　长谷寺的参道

# 地标

landmark

地标是象征某地区或场所的标记。通过高山、尖塔、历史性建筑物、纪念碑等与空间中其他存在物相区别来表示或象征某种含义，其特性是符号性。

地标虽是指环境中醒目的物理性的构成元素，但并不仅限于大规模的事物。例如：在低层的城市空间中，高层建筑成为地标；在高层高密度的城市空间中，低层的教堂等反而更可能成为地标。地标有时也可以是纪念某历史事件发生地的小碑。即地标是作为空间中的特异点而被认知、记忆的元素，其重点在于明确的形态、与背景的反差、卓越的空间配置等与周边的差异性，相对于“背景”的“图”式存在是其成立的条件。

地标作为空间中的特异点被认知，具有在对空间图式化的理解中发挥的标识功能，作为具有故事性等特殊含义的存在物被记忆的象征性功能。

地标具有在城市空间成为标记，使人们的视点集中于特定场所从而组织空间的功能。地标是林奇的城市意象构成元素之一，是中心地区空间的关键元素，也是景观研究的着力点和目标。地标是人们认知、把握空间时的重要元素，是在各空间中公认的存在，可称其为空间、环境的“标记”元素。

（福井　通）

图1　布达拉宫

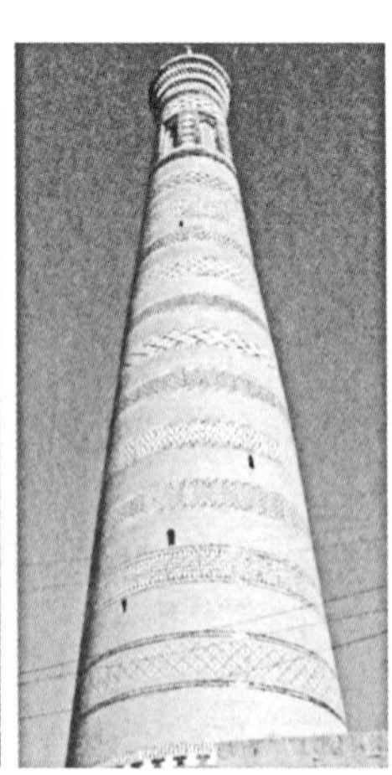

图2　希瓦（Khiva）尖塔

图3　提卡尔（Tikal）的神殿

图4　埃菲尔铁塔

# 注目点

eye-stop

注目点是在视界良好的街道空间的正面或交叉点，以及在庭园景观焦点的场所配置的造型元素，不仅将空间划分结构化，还赋予空间亮点，起到点缀和统合空间的作用。

注目点在集中视线来将空间场所化、构造化这一点上与纪念碑式建筑物、方尖碑、喷泉、雕刻等地标的概念相似。具有在划分空间进行认知时作为空间认知元素的类似性。

不少地标是城市尺度的注目点，但作为知觉的对象，与建筑尺度相适应的注目点如纪念碑和雕刻等相比，具有较强的身体感知特性。与地标的形象作用相比，注目点具有较强的地点标记功能。

注目点的位置多在视线集中的场所、空间的深处或通路的特殊之处。在形态上与其他形态有差异性，符号性强。特别在做街道空间的时序分析、参道空间的引道空间分析，或记述庭园空间中的通路、场所特性时作为重要的概念被使用。

注目点作为外部空间的构成元素被应用于规划和设计中，是做城市设计或庭园等空间设计时传统的规划手法之一，是呈现空间魅力的不可或缺的元素。

（福井　通）

图1
罗马市内的喷泉

图2
阿西西（Assisi）的修道院

图3
西班牙广场的山上天主圣三一教堂（Trinità dei Monti）

图4
冲绳的影壁墙

# 通景

vista

通景特指由某地点看向对象物时，视线两侧由建筑墙壁或行道树形成的大纵深的街道风景。通景手法在城市景观设计或造园设计中，形成轴向性强的眺望式空间结构，是以西欧文化圈为主发展起来的空间规划及设计方法之一。

此手法的特征在于使视线朝向直线的方向，将空间结构化，单纯明快且有效，至今都是城市设计规划手法。

通往城市内重要场所的引导道路或连接重要建筑物的主街道，通常都经过精心的通景设计。历史上，尤其是在通往象征首都权力的中心设施的街道空间构成中，也能看到通景手法的运用。

例如，在16世纪后半叶到18世纪前半叶的巴洛克罗马街道空间构成中，将城市内的主要地点以具有通景的直线道路连接，在轴线的终点及轴线的交叉场所设置作为注目点的西欧风格的石柱、喷泉、雕刻或设置地标性的建筑或尖塔，以此将城市空间构造化。从作为入口广场的罗马人民广场笔直延伸的三条大街；从西班牙广场到台伯河的轴线；从台伯河延伸到圣彼得大教堂的引道空间等，都是留存至今的空间构成实例。

（福井　通）

图1　卡纳克神殿的列柱

图2　帕尔米拉的主街道

图3　美泉宫的庭园

图4　佛罗伦萨市政广场（Piazza di Signoria）的通景和地标

# 空间表现手法

space production

指对建筑及城市空间使用各种各样的规划及设计方法、技法，呈现出特有的充满魅力的空间。由上述空间构成所营造出的空间氛围多姿多态。

日本传统空间的神社参道，就是巧妙运用了多种空间表现手法的优秀例子。

在日光的东照宫，经过涂装的神桥作为参道的起点，成为划分日常空间与非日常空间的边界，神桥的颜色与守护林葱郁的绿色互成对比，很好地和谐统一在自然景观中。树木之间，构成参道空间的塔顶的门等元素若隐若现，每个地点都形成各自的场景，带来丰富的视觉变化。参道空间的氛围连续且统一，但又明显被划分成四个不同的意识转换空间。具有引导连接作用的引道空间给人以空间上的连续感，同时也具有酝酿情绪的功能，随着主殿逐渐进入视野，游客心理上的兴奋感被逐步提高。

在目的地—参道空间的终点出现阳明门，拜殿和主殿根据以正北（北极星方向）方向为焦点的轴线左右对称而立。这种构成元素的变化和心理变化给游客带来时序空间的体验。

空间表现手法与规划设计意图、地形及方向、场所性等周边状况、自然环境密切相关，在设计实践中常被设计者巧妙灵活运用。

（积田 洋）

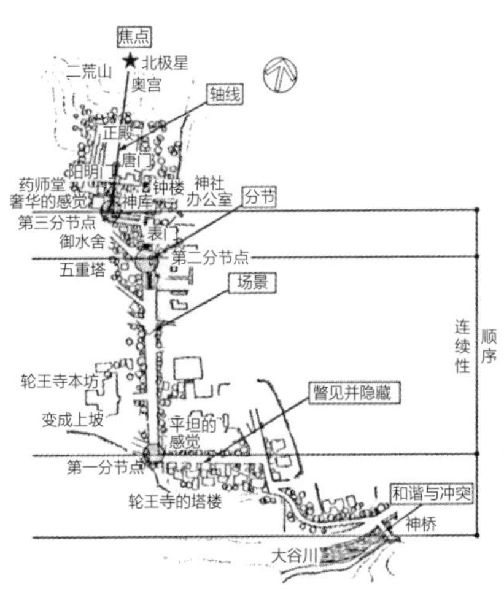


图1　日光东照宫配置图

图2　神桥（同日常空间区分开来）

图3　望向阳明门（分节点）

# 焦点和轴线

focus/axis

在建筑、城市空间中眺望到的山脉或埃菲尔铁塔等象征、地标，作为视线集中的焦点，具有方向性和象征性意义。

圆的焦点是中心，圆形建筑朝向其中心具有很强的向心性和一体感。

阳光从万神殿（古罗马）半球形穹顶的中心焦点处的天窗射进来，与时间同步，时刻变化，呈现出极为生动的空间。

用一条西北走向的直线途径巴黎的卢浮宫、协和广场，穿过香榭丽舍大街坐拥凯旋门的戴高乐广场，一直到拉德芳斯新凯旋门，串连而成非常著名的轴线。

在拉韦纳（Ravenna）的圣阿波利纳雷教堂（Basilica diSant' Apollinare in Classe）廊柱式的教堂中，中庭和主殿为左右对称的结构，具有朝向圣所的方向性很强的轴线，营造出庄严的气氛。

以焦点和轴线为基准确定多种元素的位置关系，将其统一起来呈现空间，是决定城市规划和建筑设计基本形态的重要元素。

在实际设计中，焦点和轴线根据其地形和方位，土地所具的场所性、道路形态、地标、象征、建筑性质等来确定。另外，也有像桂离宫这样无轴线的或不强调轴线的空间构成方法，呈现出有机的空间连接。

（积田 洋）

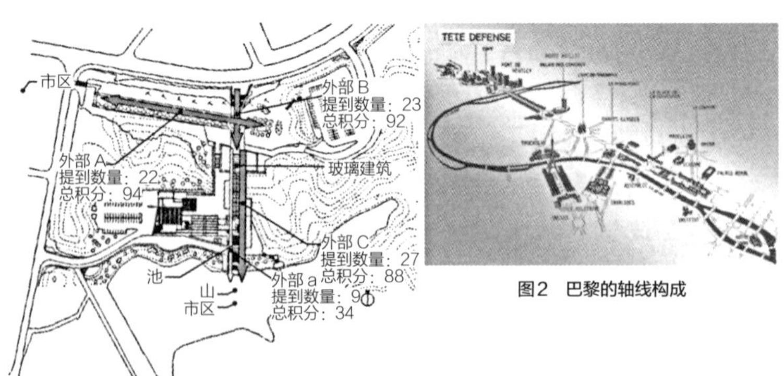


图1 强调轴线（岗崎市美术博物馆）

图2 巴黎的轴线构成

# 分节

articulation

从建在金仓河的大牌坊和大宫桥一直延伸到本宫（金刀比罗宫）的长达1700m的参道两侧，鳞次栉比的特产店和饮食店以及悬挂帐幕的店铺沿阶而列，穿过大门，参道两侧绿色的树木和成排的灯笼营造出肃穆安静的空间氛围。

参道的建筑物、台阶、绿植和曲折的样态如图2所示。可看到其中的各元素有量的增减、变化。这种物理构成元素的变化和氛围的变化，是通过参道空间这种参拜神社时起到引导连接作用的引道空间，在保持连续性的同时，将八个氛围各异的空间连接成一个整体。像这样在整体上具有关联的构成部分称为分节。

船越彻、积田洋把将空间分节（既有整体关联又进行划分）的点称为“分节点”，他们认为：“存在使空间氛围不连续地不断变化的划分，这些分节点的作用中重要的是：不仅划分空间，使分节点前后的空间感产生变化，还要在保持变化感的同时使之具有空间的连续性，使人在感觉变化的同时又被吸引到下一个分节空间。”

将一个单位空间与其他单位空间分节的点（连接点），也是使这两个空间发生关系的“连接”处，其设计具有重要意义。

（积田 洋）

图1　金刀比罗宫参道

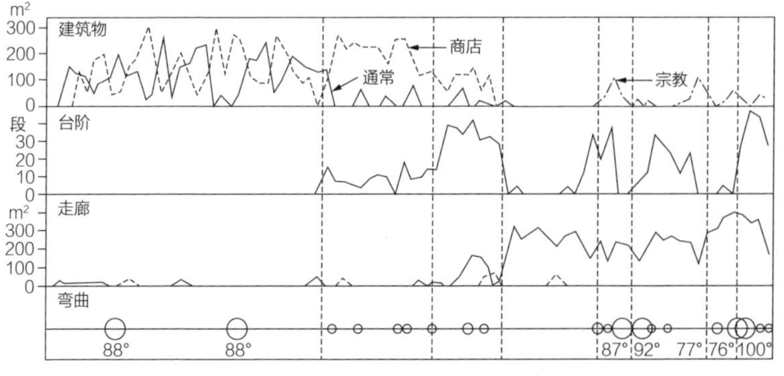


图2　金刀比罗宫（纵点线表示分节点）

# 场景

scene

场景是指光景、风景、电影或戏剧等的一个场面。空间是视觉所见的场景的连续。

建筑师通过手绘各种各样的草图，让设计构想喷薄泉涌来创造空间。这种草图也是将建筑作为一个场景来进行表现。

不仅将建筑的物理构成以二维信息来表现，其中还包括许多使人想象建筑整体形象的信息。

旅行杂志等介绍街道或风景的照片给读者如下印象：街道整体的构成就是照片所呈现的样子。

然而，需要注意的是，场景是从固定的视点获得的短时间的现象、片断性的信息，或是被刻意操作的结果。

空间研究中，在使用心理量分析的SD法等方法时，作为对空间体验者的提问方式，常使用照片或幻灯片，最近也常使用CG图像等。这也是将对象空间的一部分片断作为场景来使用的方法。

当然，这与被实验者体验实际空间所进行的评价相比，其评价结构不同。

使用这种方法时，需要非常注意深入探讨空间的再现性和操作性。

（积田 洋）

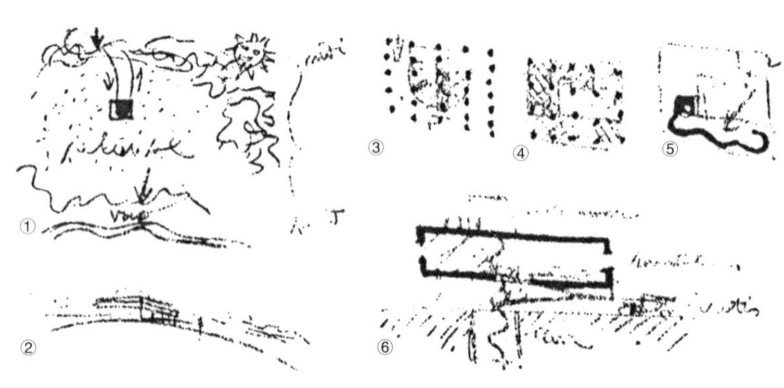

图1　柯布西耶的草图

# 时序场景

sequence

在参道或回游式的庭园中，伴随着沿引道的移动所产生的景观的连续和变化，以及相继出现的展开的场景被称为时序场景。

如巴黎的香榭丽舍大街，虽然在同一样式、同一形态的建筑并列的、同种建构的街区中，建造出了连续的、统一感强烈的空间，但是，单调的氛围也毋庸讳言。

反之，在参道空间等时序场景的空间中，构成元素时而增减，时而变化，空间整体向着目的地的神社或主殿，逐步将人的情绪推向高潮。

图1是针对几个参道空间应用SD法进行评价的内容，可以读取时序场景中氛围的变化。

“感到威严—感到亲近”和“有期待感—无期待感”的评定尺度，是基于将分节点（参照“分节”）的前后和中间作为心理实验地点而进行的评价。

关于威严性，可看到心理量随着逐步接近神社或主殿而发生变化的情形，在各个地点，有的心理量变化很大而有的变化很小，这些变化经过巧妙地建构，使得整体上的威严感和期待逐渐增大。

在这种空间呈现里，时序场景具有重要的意义。

以时序场景空间为对象，希尔根据“运动事件（身体移动）”和“空间事件（视觉空间）”的概念，提出了将具体空间分解标记的方法。

（积田 洋）

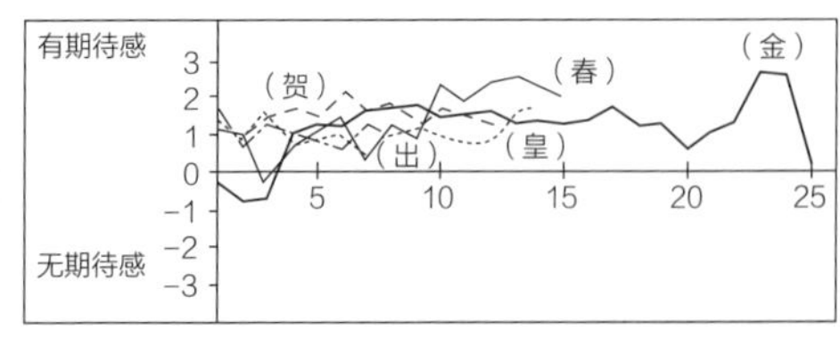


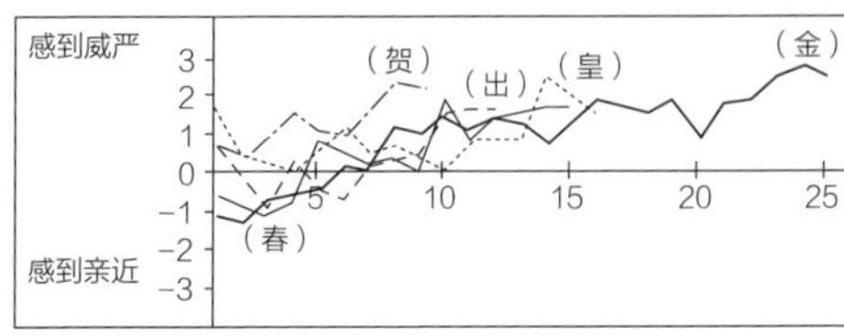


图1　时序场景的心理量图（春日大社）

# 连续性

continuity



连续性是指建筑与建筑、空间与空间具有某种脉络性的关系，它们之间的连接根据某种关联而构成。这些关联中，既有形态的，也有心理的和意识的。

例如在赖特的流水别墅中从入口到居室的连接是通过微妙错位设置的壁柱呈现出空间的方向性，同时，在“有机的”空间构成中还能感受到空间的连续性。

在笔者所做的心理实验中，针对街道空间的“连续性”在心理性评价中究竟与何种评价尺度相关联这一问题进行了调查，其结果如表1所示。

这是针对繁华街道、住宅区、历史性街区等27条街道，将SD法的数据根据因子分析求出因子负荷量之后图表化的结果。

纵向第一栏里归纳了美感度、优质度、高雅度等评价尺度。这些评价尺度是相互关联而进行评价的。

从表中可知，“远距离关系”尚无其他相关评价尺度。在城市的开放空间以及神社的参道空间和内部空间的分析结果中，关于“远距离关系”也显示了同样结果。

可以理解为“连续性”在意识层面上与其他评价无关联，具有独自的评价体系。（积田 洋）

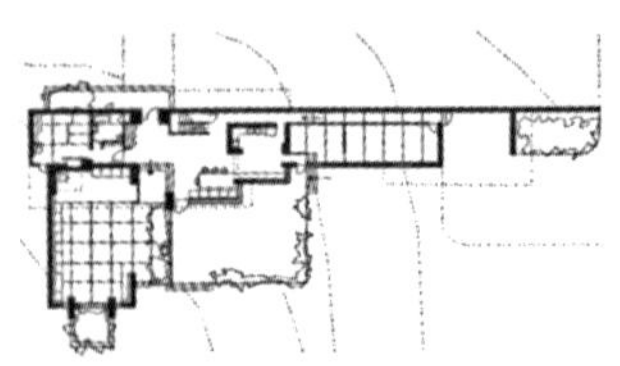

图1　莫斯伯格住宅（Mossberg House）/ 赖特，1948年

图2　祇园新桥

表1　因子负荷图（街道空间）

| | 尺度＼因子号码 | Ⅰ | Ⅱ | Ⅲ | Ⅳ | Ⅴ | Ⅵ | Ⅶ | Ⅷ | Ⅸ | Ⅹ |
|---|---|---|---|---|---|---|---|---|---|---|---|
| 21 | 美感—丑感 | ● | | | | | | | | | |
| 8 | 劣质感—优质感 | ○ | | | | | | | | | |
| 9 | 土气感—高雅感 | ○ | | | | | | | | | |
| 18 | 肮脏感—清洁感 | ○ | | | | | | | | | |
| 20 | 烦闷感—清爽感 | ○ | | | | | | | | | |
| 25 | 丰富感—瘠薄感 | △ | | | | | | | | | |
| 16 | 舒适感—不快感 | △ | | | | | | | | | |
| 27 | 整齐感—杂乱感 | △ | | | | | | | | | |
| 19 | 散乱感—统一感 | ◎ | | | | | | | | | |
| 3 | 荒乱感—有氛围感 | □ | □ | | | | | | | | |
| 23 | 少绿感—多绿感 | □ | | | | | | | | | |
| 11 | 温暖感—冰冷感 | | ○ | | | | | | | | |
| 10 | 开心感—无趣感 | | ○ | | | | | | | | |
| 5 | 欢快感—阴郁感 | | ○ | | | | | | | | |
| 15 | 活力感—沉闷感 | | △ | | | | | | | | |
| 13 | 亲近感—疏远感 | | △ | | | | | | | | |
| 14 | 明亮感—阴暗感 | | × | | | | | | | | |
| 26 | 平面感—立体感 | | □ | | | | | | | | |
| 1 | 狭窄感—宽阔感 | | | ○ | | | | | | | |
| 24 | 开放感—压迫感 | | | △ | | | | | | | |
| 6 | 束缚感—舒畅感 | × | | ◎ | | | | | | | |
| 2 | 陈旧感—崭新感 | | | | ● | | | | | | |
| 17 | 不连续感—连续感 | | | | | ● | | | | | |
| 22 | 有特征感—无特征感 | □ | | | | | | | | | |
| 12 | 不安感—安稳感 | × | | | | | | △ | | | |
| 7 | 复杂感—单调感 | | × | | | | | | △ | | |
| 4 | 嘈杂感—安静感 | × | | | | | | | | ◎ | |
| | 因子贡献 | 8.39 | 4.69 | 1.93 | 1.31 | 1.14 | 0.86 | 0.82 | 0.70 | 0.56 | 0.42 |

● 0.9以上　○ 0.8以上　△ 0.7以上　× 0.5以上　□不大于0.5

# 时间性

nature of time

时间性是指，空间随时间变化所呈现的各种性质的总称，通常指时刻、季节、天气等定点性的变化。在广义上，也可包括因移动产生的时序空间的变化、因不同交通方式所致的时间变化等情形。

在空间呈现中多指，根据与周围的相对变化之不同来突出对象物的表现手法。例如，利用因时间或天气而时刻变化的阴影、风车或水车、喷泉或开花的树木、红叶等与几百年都蔚然不变的历史建筑、雕刻之间产生的对比来呈现空间。

通常，时间性这个词很少被清楚地定义并使用，它是关于抽象性时间流动的呈现方法的词语。

将时间和空间分别作为独立的变量考虑时，不同时刻或季节里的空间是各自具有不同性质的空间。

可是，对于时间性而言，那时刻变化的不同的表情也是空间的性质之一。这是以海德格尔为首并在其后的现象学研究中一直被使用的思考方法，认为人的存在是时间性的，亦即，在以人为中心的世界中，空间与时间的关系不可分割。

在基础性的工学领域，时间已是不可或缺的因素，但是在以空间设计为目的的空间学领域中，明确时间性的含义、开发设计理论及方法的研究仍处于摸索的阶段，实证性研究是今后重要的课题。

（田中一成）

图1　空间的时间变化（季节变化）

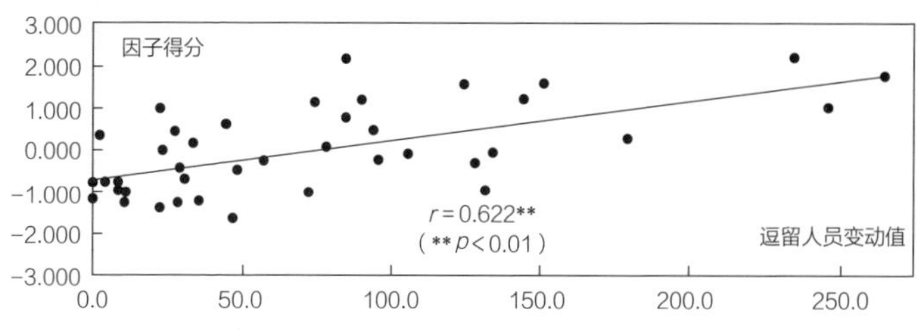


图2　时间变化（逗留人员的时刻变化）和心理量（感受活动性的因子）的关系

# 若隐若现

指随着视点的移动使对象物若隐若现，给游客留下深刻印象的一种方法，是时序性地、戏剧化地呈现空间的方法。

在神社的参道空间和回游式庭园中，通过曲折的道路和高低错落等方法使游客不能直接看到景观的整体，以期引起游客心理上的变化。

例如以之字形登廊闻名的奈良长谷寺的参道，穿过仁王门便可进入笔直延伸的下廊。从列柱和倾斜微暗的石阶下廊，完全看不到主殿的观音堂。

从下廊出来，视线越过陡斜的中廊和树木，能看到观音堂的屋顶，足以引发游客的兴致。

到达中廊后，观音堂在长明灯和树木中展露出像清水寺那样架起的舞台支架，但依然看不到观音堂。进入上廊，舞台支架显出充沛的魄力，逼近视野。在约有400级台阶的登廊的终点左转便进入主殿。站在舞台放眼望去，群山的景色戏剧性地跃入视野。

登廊的结构刻意地制造出使主殿若隐若现的效果，以此呈现参道的引道空间。严岛神社的大牌坊也采用了这种若隐若现的方式，在场景展开中改变所能看到的方向，从侧面、正面观看，牌坊的姿态和大小各不相同，作为标志性建筑给人留下深刻印象，具有象征性。

在回游式庭园中还可采用下述传统的造园技术：不让游客看到庭院树木、灯笼、瀑布、亭等特定元素的全部，将其一部分用树木等隐蔽起来。

（积田 洋）

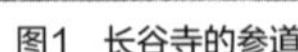

图1 长谷寺的参道

图2 八坂的塔（遮挡）

# 和谐与对立

harmony/contrast

“和谐”是指元素与元素良好地匹配（调和），整体呈协调的状态。“对立”是指元素与元素相互对抗存在的状态。因此“和谐”与“对立”是相反的概念。

研究城市景观时一个重要课题是：新规划的建筑在现有的街道形态、氛围中，怎样与周边产生关系，景观需要“和谐”。

像京都这样的历史性街道，在具有京都特有文化的城市背景中，重要的是怎样使现代建筑与传统样式、设计相协调来保存氛围。虽然景观条例和准则中有对外观设计和色彩等的限制，但现代建筑在历史性街道中常显出“对立”。

在日本传统建筑的空间构成中，如在法隆寺的金堂、五重塔、大讲堂的寺院布局所见的那样，打破对称，亦即形成动态的对称，虽相对于轴线而言是非对称的，但在整体上却产生了“和谐”，这是源自日式美学优秀的案例和处理手法。

文丘里（R. Venturi）就对立性做了如下阐述：“对立性具有在最纯正的构成中所无法看到的丰富性和紧张感，各种元素虽然对立，但以复杂的统一为目标的多样性应运而生。”

（积田 洋）

图1　花见（观花）小路（京都）

图2　母亲之家 / 文丘里（摄影：铃木信弘）

# 波动

fluctuation

波动在物理学中是指某个量在平均值附近变动的现象，或指与平均值的偏差。

树木或稻穗在风中摇曳的样子虽不规则，看着却令人愉悦。在城市街道这样的空间中也能感受到波动。如京都祇园新桥路的商家，看上去排列整齐而统一。图 1 是将街面的照片连接后的立面图。仔细观察会发现，各建筑物的高差、格子的大小、开间的宽度等稍有差异。而且，即便同样是木结构建筑，木色、质地也有细微的不同。

这些波动是在统一感中营造出优美、有趣、和谐氛围的一个重要因素。图 2 是针对街面中的波动元素进行测量的图，从图中可以看到细微的波动。

对波动进行解析求得波谱的过程称作“波谱解析”，关于与频率成反比的“1/f”波谱，武者利光根据对心搏周期、神经元以及莫扎特等人音乐作品的分析，做了如下阐述：“1/f 波动的节奏让我们感到惬意是因为人体内的节奏呈 1/f 波动。人接受来自外部的与体内节奏同性质的波动刺激会产生舒适感。”

在建筑、城市空间中呈现具有波动效果的各种元素，可创造出舒适丰富的空间。

（恒松良纯）

图1　祇园新桥大街立面图

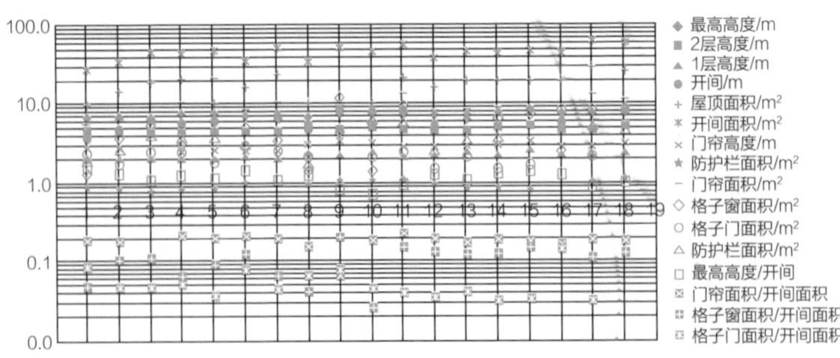


图2　波动要素测定图（祇园新桥大街）

# 天际线

skyline

天际线是指山脉的脊线等地形，建筑或建筑群所构成的轮廓和以天空为背景的边界线。

城市或街道的轮廓线表现出景观的特征，是表达诸如杂乱性和复杂性、多样性等评价的重要元素。

芦原义信认为："西欧建筑中，外观的轮廓线决定了城市景观"；而日本的城市，"由于常具有在外廓线周围生成流转的作为中间领域的冗余（信息理论中的冗余），所以整体形态极不稳定、极不明了"。如此，芦原义信将西欧重视形式的思想与日本城市中肉眼看不见的"潜在秩序"做了对比。

欧洲传统街道中高度整齐划一的一栋栋连续的房屋所形成的轮廓线，与曼哈顿或新宿副中心那些高度错落不同、楼间距纷乱的超高层建筑群所形成的轮廓线相比，在形状、形象上都有显著的不同。

奥俊信等人在表现线的复杂度的尺度研究方面，应用分形理论对心理评价（复杂性）与分形维度的关系进行了分析，发现两者具有相关性。龟井荣治等人应用波谱分析，论述了其波动值大都呈1/f 波动，与舒适性高度相关。另外，对于建筑的轮廓线，船越彻、积田洋等人根据建筑的立面外观轮廓线进行类型分析，分为建筑可识别和难以识别等 4 个类型。

（恒松良纯）

图1　新宿副中心的景观

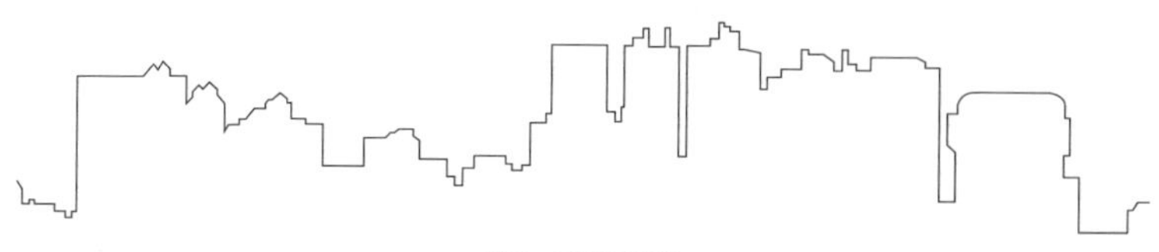

图2　城市天际线

# 夜景

scene in the night

夜幕降临后景致马上变得与白天完全不同，繁华街就是典型的例子。建筑的玻璃幕墙立面，其昼夜的表情也不尽相同。夜晚的空间隐藏细节，突出霓虹彩灯，或是将不愿示人的内部暴露。公共空间中夜景呈现的方式也纷繁多样。

城市景观的设计目标包括“美”“明显”“亲近感”“个性”，城市夜景的设计也是同样，照明效果起主导作用。照明不仅能演绎出“热闹”和“华丽”，反之，通过制造背光处和阴影，能够呈现“安静”和“深邃”。

被称为“百万美金夜景”的六甲山的神户夜景以及从函馆山望去的函馆夜景十分有名。另外，在一些城市中，夜晚会启用灯光照亮历史性的建筑物。

但是，上述方式的观光性因素较强，与市民日常生活的相关性较少。为了改善生活环境形成更好的城市夜景，相关部门将照明规划提上议程，按照城市级别及地区级别，分别根据所定的主题有计划地进行照明规划。作为照明主题，有“百万美金夜景”“夜的地标”“夜生活舞台”等各种构想。

（位寄和久）

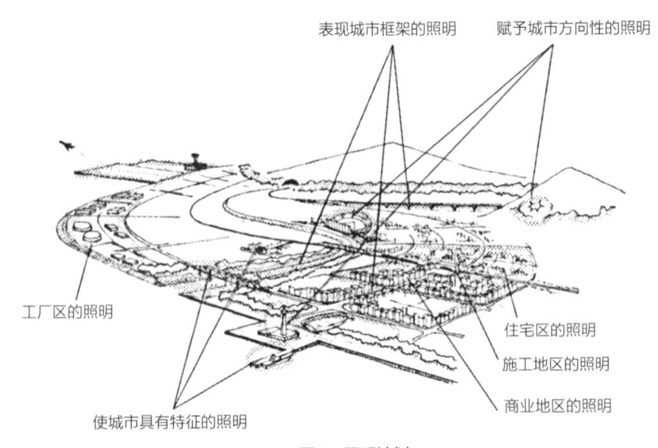


图1 照明计划

# 照明

light up

随着国民生活多样化，夜生活的时间也随之增多，照明成为城市夜生活的一个乐趣所在。作为夜景呈现的重要方法，装饰点亮建筑物在近年非常流行，高层建筑、塔、桥梁、城郭等历史性建筑物、遗址都成为被点亮的对象。

城市照明始于17世纪巴黎的街灯。其后，光源从煤气灯进化到电灯泡，大幅提高了人们的生活时间、生活方式的自由度。另外，城市的光照，通过采用艺术照明和点亮照明等新方法在城市空间中逐步展开。

建筑物的照明始于1889年巴黎万国博览会，埃菲尔铁塔被彩灯装饰点亮，在其后的博览会和各种活动中，凝结了照明技术精华的灯光装饰华丽展开。

照明有如下几种类型：在夜晚的城市空间中，通过给建筑或土木构造物打光来呈现城市夜景；以美化环境和提高舒适度为目的的景观照明；和以确保、引导夜间行动的安全性为目的的功能照明。做景观照明设计时应考虑以下3点：

① 表现其街区的文化和自然环境、表现历史或风土个性，突出其街区的形象（基调）。

② 考虑城市内的边界和城市中轴等城市结构，呈现简洁明快的街道或城市空间。

③ 在空间呈现和空间分节时要考虑季节感、一天内的时间变化等生活节奏感。

近年在日本各地也开始采用照明设计，但多是模仿欧美先进的前例。作为日本传统仪式有火节等活动，但由于在日常生活中偏好用阴影来演绎空间的国民性以及存在红灯区、繁华街、庙会等习俗场所，照明设计略显得杂乱。

在预测照明效果，研究照明方法方面，有使用CG的照明模拟实验。具体方式是：通过使用CG，一边变化泛光灯的配置和种类、性能等参数，一边用眼睛确认照射在对象设施上的色调、明暗、阴影状态等效果。

（位寄和久）

# 修辞

rhetoric

古罗马时期为了有效进行演说所使用的修辞后来成为搬弄辞藻且空有表现技巧的陈腐学问的代名词。但20世纪后半叶以后，修辞作为重建现实世界的工具而再次受到重视。特别是被认为修辞代表的隐喻以“视为……”这种人类基本的认知方式受到瞩目。

在建造的场合，“视为……”是根本。如同在日本传统中有“比拟”这种修辞技巧一样，地形、气象、旅行、植物、机械等这些超越文脉的比喻成为创造的动力。“引用”也是这种技法之一，在后现代主义备受瞩目的时代，西洋的传统建筑样式被引用和呈现。

如今，现代主义、日本传统建筑以及建筑大师的风格都在被引用和转换。

再者，不论设计者有什么样的意图，人们不可避免地将建筑“视为……”。建筑物被要求“像个……的样子”，比如“要像个学校的样子”，“要像个正面入口的样子”等，常给被联想的形象冠以爱称而得以使其被长久记忆。

也就是说，建造建筑物不仅是在建造能实现用途的物体，也是在以各种规模尺度将“被视为……”这种存在不断地投向社会。

（日色真帆）

图2　令人联想到日本建筑的格子式表现方法
（东京国立博物馆法隆寺宝物馆/谷口吉生）

图1　树木似的构造体式的表现
（TOD’s表参道大厦/伊东丰雄）

# 公共空间

public space

住宅这样的封闭（私人的）空间中存在客厅这样的开放（公共的）空间，而酒店客房这种开放的（公共的）空间中也存在封闭的（私人的）空间。开放性的内部空间包括：具有高度公共性及商业性的办公空间、交通站点设施、养老院、体育设施、学校、图书馆、美术馆、博物馆，还包括车辆、船舶、飞机等交通工具的空间。

若以个人的生活行动为中心来观察公共空间，举一个例子，可以把通勤空间看作是点的移动所形成的细线，由这条线编织成的流动线条集合的空间；其以管状内部空间的形式将城市各处连接起来，构成城市交通网络。

换乘站点是其枢纽，枢纽周边会自发地衍生出各种公共空间，形成有机的内部空间的复合体。站台的天井和位于其上的商业设施的天井相连，公共空间通过相互的关联将城市围合，使得城市空间更加内部化。例如隔路相望、中间有拱廊的商店街，被建筑物环绕的市区广场，在欧洲古城可见的风雨商业街廊，以及现代的地下商业街，这些都是城市的公共内部空间。

广场被环绕，街道相接延伸，公共空间从物理性的角度被内部化了。城市的魅力，正是站在人的角度通过使公共空间生理性、心理性的内化而得以实现。

（北浦 香）

**图1　东京港口未来车站地下三层的站台（摄影：寺尾丰）**

刷上色彩的管道贯穿检票口向拱顶（vault）空间延续

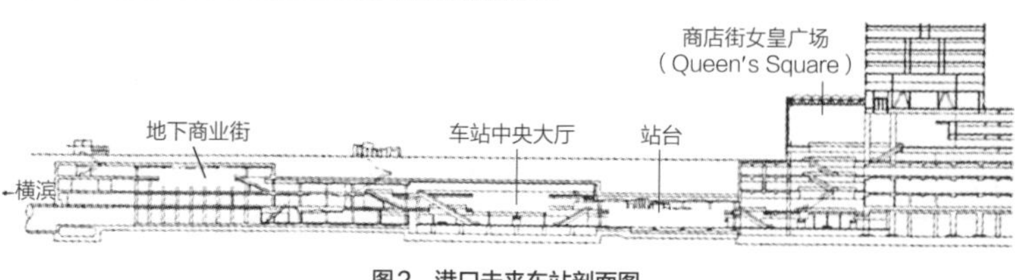


**图2　港口未来车站剖面图**

# 私人空间

private space

具有栖身功能是庇身所内部空间的原点，现代住宅中，通过设置卧室或儿童房等私人空间继承了这一特点。

人们在卧室度过的时间平均每天有8小时，约占人生的1/3。私人空间是为了满足人类获得舒适的睡眠这种生理要求的单位空间，也是为了确认自我独立存在的安静、封闭的空间，需要具有广义的隐私功能。作为能够满足自我确认行为、信息选择和控制等心理需要的场所，私人空间发挥着重要的作用。能够表现并张扬个性和特性是私人空间必不可少的功能。

在日本，儿童房间通常被视为学习的房间。与这种意识不同，在以美国为代表的个人主义文化圈里，儿童房间被视为卧室，定位为孩子的私人空间。

在美国，阁楼上的儿童房间里，倾斜的顶棚和门上贴满了海报和照片（图1）。希望参军的美国高一男生的房间中，摆满了军装和与军队有关的物品（图2）。比利时的15岁高中女生的房间里，摆放着很多棒球帽和毛绒玩具（图3）。德国5岁小孩阁楼间的门上挂有孩子的名字和装饰（图4）。将玩具精心布置摆放的德国7岁男孩的阁楼间（图5）。

（北浦 香）

图1 海报和照片一直贴到顶棚的阁楼上的儿童房间（美国）

图2 高中生自己布置的地下室的房间（美国）

图3 高中生的房间（比利时）

图4 门上的小孩名字和装饰（德国）

图5 精心布置的7岁男孩的房间（德国）

# 象征空间

symbol space

所谓象征空间，能够在其自身固有形象的价值中将整体印象凝缩并表象化来展现其蕴意。在表示身份、权威的空间及宗教建筑中，顶棚的高度和垂直方向的伸展即是其象征。光和影的效果在表现象征性方面是重要因素，如同表现善与恶、神与恶魔、生与死、道德与背信弃义等一样重要。

教会建筑（图1）的采光方法表现了这种空间的象征性。根据空间构成和形象表现，能使人联想起特定形象和文化的空间也可被称为象征空间。

尽管摩洛哥麦地纳的菲斯古城（Fesel Bali）入口处的墙壁和街道（图2）并非是权威象征，但却将该国文化具象化了。

日本住宅的正门和壁龛，也可视为象征空间的例子。玄关前设置了武士落轿后相互行礼的台阶板，是表现封建社会门第的场所。如果是大宅院，访客和主人用的正门玄关（图3上）是象征宅第威严和门第的空间，严格区别于家人及佣人使用的内部玄关。

壁龛存在两种渊源。榻榻米地板（图3下）是将迎接贵宾用的上等房间普及化后的产物；随着挂轴形式的佛画鉴赏的兴起，隔扇画被淘汰，木地板间便是设置一个内置的推板放置佛具（香炉、烛台、花瓶），并作为室内固定设计演变而来。前者是作为门第空间象征权威和身份；后者则成为鉴赏美的空间。

（北浦 香）

图1 普拉哈城的圣彼得教堂

图2 在摩洛哥的麦地那看到的空间

从正门土地房间到台阶板。打开拉门能看见榻榻米走廊，最里边是厨房

户主房间的榻榻米地板，壁龛的柱子是杉树原木（直径5寸）

图3 村长宅邸（吹田市，西尾宅邸）

# 天井空间

light well

感知空间的大小，如果尺寸相同，则感觉上的区别与边界面的扩展及人的接近性、规模感、压迫感、明亮感密切相关。

天井空间是消除压迫感的有效方法。天井空间包括如下两种含义：“房间的柱子间没有墙壁、门窗隔扇，是向外部开放的明间”及“各层建筑内部不设顶棚和地板，是贯通多个楼层的房间或空间”。为丰富或扩大空间常设置天井，正如天井空间（light well）所代表的语义，也常常用于增强采光效果。

在荷兰阿姆斯特丹的博尔内奥–斯波雷堡（Borneo–Sporenburg）地区改造项目中，为了吸引有幼儿的家庭回到市中心，规划了极富魅力宛如独立住宅式的低层集合住宅。每户正面宽度约4m，纵深20m，面积约70～80m$^2$，是三面被包围起来条件较差的狭小地盘，由于天井的巧妙设计，建造出了宜居舒适的现代版河畔住宅（canal house）。

在大量使用玻璃的简洁且功能性的商用住宅中，由于在3层高的天井内栽植了一棵树，有机的绿色树木营造出心理上的松弛和平静氛围（图1、图2）。此外，在年轻的设计师夫妇的住宅里，低顶棚的开敞间将两个天井连接成S形，由此形成的房间既具有大空间的魅力又具有低顶棚所带来的心理上的安定感（图3、图）。

天井可以创造出非日常性的丰富感，也赋予使用者心理上的宽松心态，是一种有效的空间设计方法。

（北浦 香）

图1 天井的有机树木带来了绿色和惬意

图3 餐室成为大空间，由中间的小院可以看到运河

图2 大量使用玻璃的简洁并具功能性的现代风格河畔住宅（外观）

图4 很好地运用了天井空间的具有规模感的河畔住宅（外观）

# 泥地空间

earth floor space

泥地空间体现了曾在此生活的农民的历史，其起源可上溯到穴居的古代。泥地空间在日本农家被称作“院子”，是收获时节以及碾米、做稻草活计等的工作场所，也设有锅灶和盥洗槽等炊事设施及地炉等，是必不可少的生活空间。“院子”里供奉着各种各样的神明，是平静生活和生产的神圣之所。

泥地的组成不单是泥土，是在黏土里混合了稻草和稻壳砸实所制成的，是源于平民生活智慧的特制地面，具有特有的湿度、弹性和保温性，满足了地板材料所应有的几乎所有性能。

在寒冷地区，泥地空间安装有地炉。图1是席地而设的厨房，地面放上稻壳，铺设蒿草垫。图2是突出地面的台式厨房，是几乎占主屋面积一半的宽敞空间。日本关东地区多见这种宽敞的大空间厨房，包含大厅，且内部不设门窗隔断。

图3的“院子”里，有曲线形的七灶口的炉灶。右端的大灶被称为三宝荒神，被当作神圣之物供奉。在回烟梁上拉起草绳，也供奉着三宝荒神。多个灶口并列是日本中部地区的地方特征。这些灶口根据不同的使用目的，分别用于做年糕、味增酱豆、家畜饲料、米饭、热水、菜肴等。

图4是设有五右卫门浴桶的泥地空间，用顶棚的滑轮将竹编的盖子提起或放下，是一种蒸汽浴桶。

（北浦 香）

图1
席地而设的厨房泥地空间（滋贺县）

图2
突出地面的台式厨房泥地空间（群马县）

图3
供奉常青树的有七孔灶的泥地空间（京都府）

图4
有浴桶的泥地空间（三重县）

# 凹室空间

alcove

指西式建筑中使局部墙体凹入而形成的空间。阿拉伯语的al-qoban意指拱顶，泛指在房间墙面上所做的穹窿、拱门，圆顶形的凹室或壁龛（niche，欧美建筑中在局部墙面形成凹陷的部分）。现在也包括在地板的局部形成低于地板的凹陷部分。日本的“床之间”也属于一种凹室空间。

凹室空间原本是为了打破西洋建筑中砖石结构所形成的单调的墙壁，使居住者产生亲近感而创造。较之木制梁柱形成的墙壁，在开口部分更加引人瞩目的日本建筑中，凹室空间一直未受重视，因而在日本的建筑用语里找不到合适的译词。

空无一物的空间和空白的墙面会引起心理上很大的压迫感和不安定感。因此，在客厅（图1）和休憩室等处可通过凹室空间来营造安宁舒适的场所（图2）。墙壁凹进（图3），会增强空间上及心理上的安定感。只要置身于凹室空间中，即便在庞大的空间里，也会觉得自己被适宜尺度的空间包围而感到安心和平静。

欧美建筑的凹室空间采用拥抱人体的形式，与此相对，日本的壁龛（图4）虽也称为凹室空间，却是表现空间向心性的地方。通过确定空间中人体的方向性，来确定人在空间的位置，由此带来心理上的安定感。

（北浦 香）

客厅的凹室空间。在宽阔的空间里，建造出了有安宁感的一隅

图1
希尔住宅（Hill House）的客厅

图3
床旁边墙上做的凹入部

卧室里放床的空间也是凹室空间

图2
希尔住宅的卧室

图4
表现茶室向心性的壁龛

# 室内设计

interior design

室内设计的渊源可以追溯到具有厚重墙壁的西洋砖石结构的住宅以及只有内部空间的洞穴居所。

用厚重的砖石建造起来的开口狭小的住宅，尽管安全，但黑暗阴冷，作为生活空间，不论从肉体上还是精神上都难有舒适感。所以，如同小熊维尼儿童剧里的兔子那样，人们在床上覆盖毛皮和布，在墙上安装具有装饰性的架子（图1），尝试追求生活空间的美感和舒适性，这便是室内装饰（inner decoration），也是室内设计（interior design）的开始。由此，在西方国家，传统的室内设计与清扫和盥洗一样，一直被视为家庭主妇的日常家务劳动。

室内设计的另一个原型是没有外观的洞穴居所。洞穴居所是与环境气候融合的纯粹的内部空间，外部是自然丘陵或山崖等仅有立面的建筑（图2）。即使在这样只有墙壁没有开口的室内（图3、图4），人们也依然追求居住的舒适性。

在日本，由于钢筋混凝土结构的普及以及建筑的批量化和工业化生产而催生了个性化的需求，室内设计成为必不可少的部分。随着地球环境的恶化，人们开始关注资源回收和节能问题，进入了观念全新的时代，室内设计的意义及作用受到前所未有的重视。

室内设计把以生活为目的的人和空间连接，是将空间人性化的手段。

（北浦 香）

图1 由于无法把头从洞口拔出的熊看起来实在令人尴尬，兔子进行了室内设计

图3 洞穴居所的内部——厨房

图2 洞穴居所的外观（西班牙，瓜迪什）

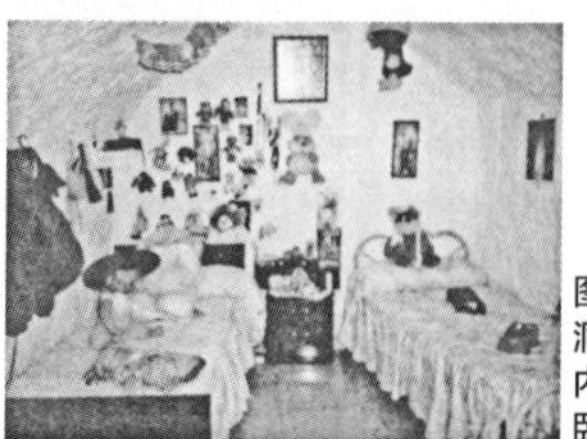

图4 洞穴居所的内部——卧室

# 地下空间

underground space

现在，地下空间的利用不仅在日本，在全世界都备受瞩目。随着采光和通风等技术的开发，地下空间有了飞跃性的进步，但仍摆脱不掉封闭、高湿、不健康的印象。地下空间被定位为将采光、景观、通气、音声、振动等外部刺激隔绝的感觉隔绝空间，很容易失去方向感。但是，正因为隔绝了外部环境，因而能提高工作效率并获得心理上的安定感，作为防灾的避难所极其有效。

地下空间分为地表附近的浅层地下和深层地下两种。深层地下是指① 通常不能建地下室的地下40m深处或更深；② 通常不用于建筑基础的深度，即支撑层向下10m或更深，以较深者为准。

由于2001年实施了《大深度地下法》，在城市改造和城市功能强化方面，扩大了空间利用的选择范围。在大城市，利用地下空间进行铁路、电力、煤气、电子通信、上下水等的建设，从比较容易开发的浅层逐年向深层推进。东京都营大江户线地铁便建在地下50m左右深处。今后随着公路、铁路、河流、物流等优质社会资本的有效建设，同时，充分利用地下空间，人们将越发重视地上空间的绿化以及水资源的再利用。

大深度的地下空间，作为实现城市改造、完善社会资源的宝贵空间而备受期待。

（北浦 香）

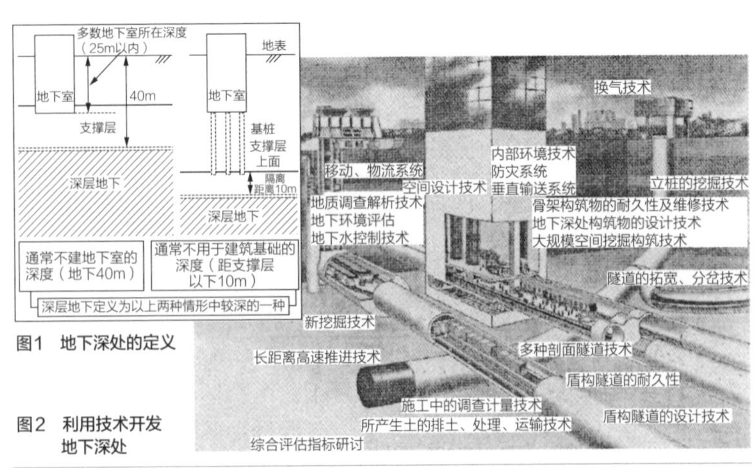

图1 地下深处的定义

图2 利用技术开发地下深处

# 日式空间

japanese style room

通常认为经过镰仓和室町时代的过渡期，完成于桃山时代的书院造是日式居住空间的起点。所谓和风建筑是日本传统的建筑构造形式，以木结构的柱梁构造形成骨架，在木结构框架中构成长方体的纯几何学空间。垂直结构件如墙壁由推拉门、窗楣等构成，具有透光性和可移动性。地板铺设榻榻米（草垫），水平顶棚吊挂在屋架结构之下，与西式建筑的砖石结构不同，室内上方看不到上层的楼板，水平顶棚的出现具有划时代意义。

房屋客厅的一侧，是展示场所，设有被称为座敷（Zashiki）装饰的押板（设在榻榻米上的厚板）、固定几案、博古架等物件，其上装饰有挂轴、花瓶、烛台、香炉、文具、茶道用具等，提示这是该房间的上座。而且，日式空间与衣服一样要进行住宅的“换装”。夏天将拉门换成帘子、将榻榻米翻转等，材料随季节而变换。

日式空间里，人们有独特的生活行为，如换鞋、席地而坐等生活方式，虽不为日本独有，但在榻榻米上端正跪坐、穿戴和服入座的礼仪以及全套穿戴方法等均为日本独有。另外，主、客的会面形式从镰仓、室町时代到近代，随着建筑平面的变化而发生改变，恰恰证明了日式空间与生活方式是密不可分的。

（高桥鹰志、桥本都子）

二条城的二圆木大间现在由2室构成，根据柱子上的痕迹可以推断以前曾是3室

**图2　二条城二圆木大间的会面景象（照片提供：元离宫二条城事务所）**

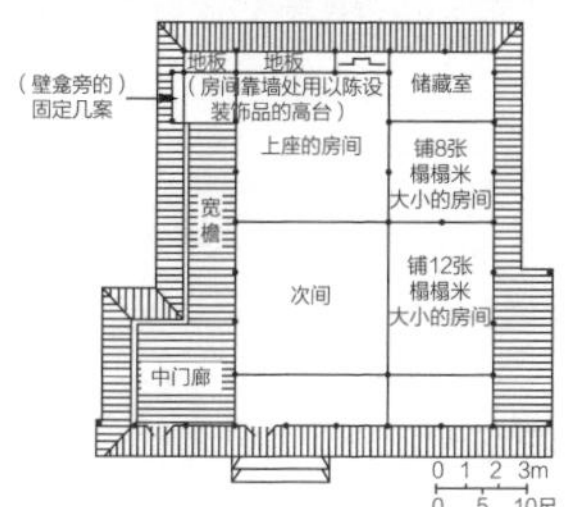


内部铺设了榻榻米，最里边正面有地板和架子，南面有带隔扇窗的固定几案

**图1　光净院客殿**

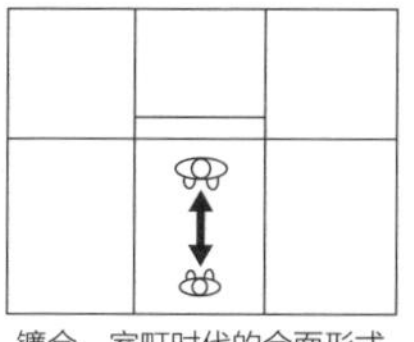

镰仓、室町时代的会面形式

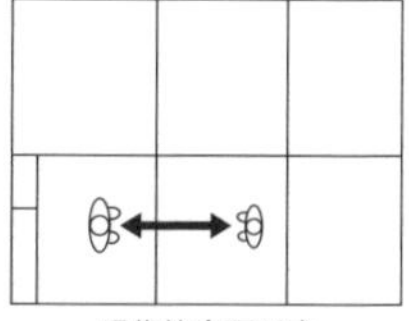

现代的会面形式

在镰仓、室町时代，客人面向庭院坐在房间中央，主人与客人面对面坐在庭院一侧，但到了现代，对面轴线变成与庭院平行了

**图3　随着建筑平面变化而变化的会面形式**

# 13 内部空间的外部化

exteriorized interior

虽在建筑物内部却如同外部空间一样所建造的空间称为内部空间的外部化。例如，室内铺设室外风格的地板、阳光从天窗射入、清风穿堂而过、植物繁茂等，由于建得像室外空间一样，成为偶尔进行运动、集会、劳作的场所。

这种空间的特点是：能够保留内部空间的长处并具有模拟外部的空间。内部空间的优点是不受风吹雨淋之扰，阳光柔和，听不到车辆噪声和街道的喧嚣，不会有陌生人闯入，不会被无礼地窥视，等等，是可以令人忘掉建筑物外严酷纷乱的世界，宛若置身世外桃源的安心场所。

但是，如果建筑物的外部环境并非那么严酷，采取的处理方法会有所不同。如果天气晴好，绿草如茵，鲜花盛开，比置身室内更舒适的话，就会想把建筑物内部设计成和外部一样舒适。在打开门窗隔扇，外面的空气便穿堂而入的日本传统的建筑中，有很多可与外部空间浑然成为一体的构造技法。但是，外部环境千变万化，不可能总使人舒适，内部空间的稳定性依然充满魅力。

在日本的居住空间中还有一个饶有趣味的现象，即一方面虽有很多可与外部空间一体化的构造，但另一方面，依然保持了进屋脱鞋的习惯，恰恰是这一习惯将空间的内外之别明确区分开来。建筑的建造方法不仅取决于环境条件，也与文化习惯密切相关。

（日色真帆）

图2　内部大空间
（斯德哥尔摩市政厅/拉古纳尔·艾斯托拜里）

图1　玻璃大空间
（东京广场/拉法埃尔·维尼奥里）

# 外部空间的内部化



interiorized exterior

这似乎是将“内部空间的外部化”反转过来的说法，但是所谓“内部化”可以有多种解释，可以指搭个屋顶遮风避雨，也可以指空气性的隔绝，将室内环境调控成不同于外界寒暑的状态。

有时仅仅罩上遮阳布，就有如同置身于室内的感觉。在屋檐下避雨也能让人的身心感受片刻松弛。在凉亭下眺望风景，或只是在树下铺上一块布席地而坐，会感到如同在自家那样放松。在屋外铺设甲板似的平台，可以把桌椅搬出来品茶，形成一个室外客厅或室外房间。

如果内部化的终极目的是实现身心的放松，那么采用遮阳布、屋檐、凉亭、小树林、平台、桌椅等道具可以促成目标的实现。

当然也有下述大规模的设计方法：在大型建筑物的院子里搭建玻璃顶棚或帐篷，使之室内空间化；或者将顶棚等设计成可动式，可以在外部空间和内部空间之间随心切换。甚至有人提出用穹顶覆盖整个城市的设想。

人们随着周围环境以及心情的变化，有时想置身于建筑物内获得安全感，有时又想挣脱束缚飞奔而出，这就要求在空间设计时，需要考虑飘忽不定的人的心理变化来提出相应的方案。

（日色真帆）

图1 庭院中看起来很凉快的东屋（左上和左下）
（冈山后乐园酒店）

图2 框架被覆盖的平台
（山梨水果博物馆/长谷川逸子）

# 开放空间

open space

广义上讲，开放空间是指除了公共和私人建筑物占用的建筑用地及交通用地的土地总称，是非隐蔽性的土地和水面的总和。开放的空间可分类如下（日笠端，1977；加藤晃，1994）：① 公园、绿地、运动场、广场等公共空间；② 河流、海岸、河岸、山林、农用地等自然空间；③ 公共设施附属绿地，寺庙、教堂等能公开的空间；④ 公共住宅地、休闲设施、学校运动场等公共空间。

当开放空间是空地时，难免给人以消极的印象，但正是通过采取与密集建筑物相反的形式，为在建筑物内部生活工作的人们的安全、健康和舒适，发挥着如下积极且重要的作用（日笠端，1977）：① 防止城市的扩大化；② 保护自然，确保日照、通风，防止火灾蔓延等；③ 森林和农用地等生产绿地的功能；④ 公园、运动场等休闲功能；⑤ 自然公园、庭园、绿地等的景观功能。为了更积极充分地利用开放空间，在城市规划中需综合考虑上述功能并将其作为城市景观给予足够的重视。

另外，与建筑相关的开放空间指城市广场、高层建筑的公开空地，大学等的室外空间，其中很多内容，包括栽植、造园、铺路、水池和喷泉、雕刻、街道附属设施（如电话亭、路灯及垃圾箱等）等都经过高度的设计。此时，开放空间与建筑物成为一体发挥功能，也可能成为标志性的存在。（宫本文人）

图1 波士顿公园（Boston Common，美国）

图3 维也纳的纳什市场（奥地利）

图2 波士顿后湾区（Back Bay）大道的中央绿地带（美国）

图4 巴黎的国立图书馆（法国）

# 广场空间

plaza, square

在欧洲街道的广场，有高耸的古教堂、林立的露天咖啡馆、露天集市等，可以体验到某种充满活力的气氛。广场作为公共中心，是人们自然聚集的场所。

广场根据文化、时代、国家、气候风土、选址和地形条件等的不同其功能、作用各异，广场的平面形态、所环绕的主体建筑的种类、场所的物理构成等也多种多样。

从历史上看，在欧洲能看到很多如古希腊的市场（agora）、罗马的帝国广场（Imperial forums）等展现当时时代特色的广场。说到广场，可以说原本就是欧洲的产物。在日本有一种观点认为：严格地说日本历史上不存在欧洲风格的广场，另一种观点则认为日本曾有过独特的广场。

从形态上看，广场空间的原型可以分为5种［滋卡（Paul Zucker），1900；加藤晃，1981］，即① 被周围建筑物完全包围的广场；② 在具有方向性的轴线上矗立着教会和市政厅等能成为地标性建筑物的广场；③ 以纪念碑为核心附设喷泉和雕像等的广场；④ 多个广场相连的广场；⑤ 不属于上述分类的，统一性较差的广场。

即便是同一个广场，根据时代不同其功能各异，与形态及环绕的建筑物息息相关。而且，为了提升广场的象征性，美观性也越来越受到重视。

（宫本文人）

图1 巴黎卢浮宫美术馆的拿破仑广场（法国）

图3 安特卫普圣母大教堂的格伦普拉特斯广场（Groen plaats，比利时）

图2 巴黎蓬皮杜艺术中心前的广场（法国）

图4 剑桥的市集山（Market Hill，英国）

# 街道空间

street, avenue

街道通常指城市的道路，但从交通角度看，由城市道路、干线道路、辅助干线道路、区域街道等分阶段构成。其中，特别是城市中心地区的街道空间是城市的脸面，是象征繁华的空间。巴黎的香榭丽舍大街、伦敦的皮卡迪里大道、纽约的第五大道、东京的银座大街和表参道等，形成了大城市的商业区，成为具有象征性的代表城市景观的街道空间。

例如，巴黎的香榭丽舍大街将凯旋门和协和广场笔直地连接，形成城市轴线，有时用于庆祝游行。此处，可以坐在延伸至宽阔街边的咖啡店外，一边休息一边眺望街道，兴高采烈交谈的人们与往来交错的行人构成了热闹繁华的街景。伦敦的摄政街（Regent Street）以缓和的曲线给城市景观带来了变化。

为了展现街道空间的魅力，设计上可操作的处理元素如下：① 车行道表面和人行道表面的宽度和铺设；② 道旁树及栽植种类；③ 店铺色彩、建筑材料等设计元素的统一和规范化；④ 考虑给建筑物留出后退空地和公开空地；⑤ 利用水的空间表演性，如喷泉和水池、雕像、纪念碑；⑥ 使用街头装饰等。正确选择、设计、配置这些元素，可以呈现城市或区域的个性、统一性、象征性，以及空间的层次感和节奏。

（宫本文人）

图1
巴黎的香榭丽舍大街（凯旋门方向）（法国）

图3
伦敦中心区域摄政街（英国）

图2
巴黎的香榭丽舍大街（铺过的路）（法国）

图4
维也纳旧市区的克恩顿大街（Karntner Strasse，奥地利）

# 巷路空间

alley

巷路包含以下两个意思：

（1）通往茶室的通道，在桃山时代称为“路地”，江户时代的元禄时期以后称为“露地”。当时，在茶室周边能看到面向套廊的“前院”和作为通道的“侧院”。到了桃山时代，出现了只剩通道的单纯空间结构的巷路。巷路距离较长时，以中门或便门为界分为内巷路和外巷路，称为“双重巷路”。通道的空间构成随时代的潮流而变化，反映当时茶道人的喜好。

（2）巷路是我们在城市中所见的，从前街通往后街的狭窄的人行空间，在江户时代，原本是在江户和大阪的商业街中所设的通往厨房门和后院的狭窄通道。近年出现的巷路多是由于建筑用地规模缩小所致，多延伸至城市街道的深处。

面积宽裕些的巷路，有时可以用作车辆通行空间、安全的步行空间或逗留空间，有时也可以作为媒介形成小社区这种带有私人性质的空间。如今，巷路的意义被扩大化，具有了可自由通行的公共性，由大街派生出的道路作为巷路颇受关注。

由于通路宽度狭窄，类似的建筑物排列在一起，会营造出具有独特氛围的空间。鳞次栉比的老铺，会令人产生时光倒流的错觉，无数并列的小商店能够带来不可思议的活力。与前街空间不同，如同“巷路后街”这类词的寓意一样，巷路空间是类似迷宫般有着些许神秘感的地方。

（宫本文人）

图1
埃武拉（Evora）市区的小巷（葡萄牙）

图3
维也纳旧市区的小巷（奥地利）

图2
雅典的普拉卡（Plaka）地区的小巷（希腊）

图4
哥尔威（Galway）市区的小巷（爱尔兰）

# 引道空间

approach space

指引导向某个特定地点的路径。不仅具有道路功能，还在引导至目的地的过程中对人们心理发生的变化起着推波助澜的作用。

神社的参道空间是引道空间颇具代表性的例子。实验证明，非日常性以及威严感这种心理量随着人走近主殿而逐渐增加。另外，在住宅设计中，作为从公共空间到私人空间的缓冲，设计师常常会有意识地设置引道空间，意在酝酿一种亲切、安宁的氛围。

从引道空间所获得的心理效果虽依据上一个建筑物的使用目的不同而异，但共通之处是：引道空间所烘托的气氛是时序空间的体验。亦即，随着人的移动，引道空间的构成元素相互连续同时又发生着各种变化和增减，推动着人们心理情绪的变化。

以参道空间为例，路经的曲折以及宽窄、高低，周边树木茂密程度等"地面"空间的构成元素连续变化，加上牌坊、灯笼等象征性的"图形"元素，组合产生独特的时序性，随着主殿的渐进，人们的情绪逐步被强化。另外，除视觉元素外，高低错落的变化以及路面材质的不同对人的运动感官形成刺激，也在很大程度上引发了情绪上的兴奋。

如上所述，引道空间是在一定的距离范围内，将各种空间构成元素融合为一个整体，巧妙地刺激人的各种感觉的饶有趣味的空间。

（添田昌志）

图1　神社的参道空间（伊势神宫）

# 回游空间

circular space

回游空间必须至少具有一个关联性的空间。从A地点到B地点，再从B地点到C地点这样途经几个地方，最后回到A地点的行为称为回游。例如，购物、旅行、拜访寺庙，或者牧民以一年为周期为牧羊寻找牧草而迁居的游牧生活也可以称为“回游”。

回游的路线，除了连接分散在场所的主路线以外，还包括顺道、绕道以及近道，人们可以根据其道路状况进行选择，这样的空间称为“回游空间”。在购物中心（图1）或东京迪士尼乐园这样的游乐园、公园、广场等地，人们能够自由选择回游路线。

与此相反，路线也可能被固定。室内空间的例子，比如展示绘画和雕刻的美术馆；室外空间的例子，比如英国的自然庭园和日本的回游式庭园（图2）。不论哪种庭园，均在中央设置了巨大的水池，使游客沿着水池的环路从一个建筑走到另一个建筑。

在回游式庭园中，湖畔、人造假山之间，有沿山而铺的小路，走过横跨中心岛的小桥，可环池漫步一周。与枯山水等代表的坐观式庭园不同，在回游式庭园中在任何地点均有景可观，而且，沿途随视点的移动，可欣赏到匠心独具富有变化的回游空间景观。

（小林美纪）

琥腾广场中心（Horton Plaza Center）　　时装表演

图1　购物中心

图2　江户中期建造的回游式庭园“六义园”

# 14 亲水空间

intimate water space

发自内心地与水直接接触的空间称为亲水空间。这里的水，多指雨水、河流、湖沼、海洋等来自大自然的水，有时也包括自来水。与水接触所唤起的感觉除视觉外，还有听觉和感受冰凉感的触觉，以及品味清冽泉水时的味觉和嗅觉。

佩雷公园（Paley Park）于1967年根据泽恩（R. Zion）的设计建造而成。在曼哈顿的交通噪声中，瀑布流下的声音柔和又悦耳。靠近自上而下倾泻的瀑布时，飞溅而来的水花带来令人愉悦的清凉和湿润。

严岛神社里的条形木板舞台，是平安时代建在海上的舞台。退潮时舞台矗立在白沙滩上轮廓分明，满潮时则在高于海面20cm的水面上若隐若现。通过木板间通透的缝隙以及没有栏杆的踏板，可以感受到大海的呼吸。

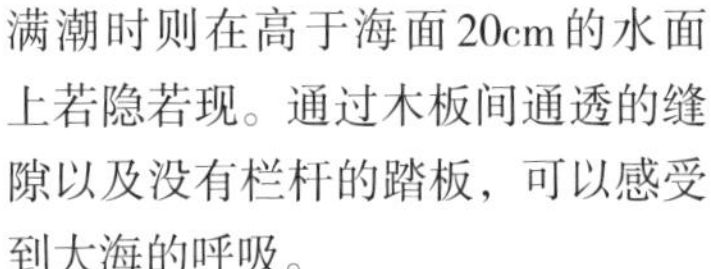

在东京江户川区的综合休闲娱乐公园的彩虹广场，直径8m的球体从地面跃出，球体顶部涌出的清水源源不绝，薄薄地覆盖了整个球面顺势而下，孩子们赤身裸体在水中嬉戏，在球体攀缘。

日本琦玉县根岸台之家的雨水，从阳台透明的屋顶蔓延而下，落进一楼的雨池。坐在餐桌旁，可以欣赏以天空为背景自上而下飘落的雨水及其所形成的千姿百态的图案。

（铃木信宏）

图1 佩雷公园，水滴飞溅的瀑布边的空间

图4 严岛神社，满潮时的木板空间

图2 彩虹广场，不断涌出的水顺球面流下

图3 根岸台之家的室内，餐桌上方的雨水花纹

图5 修学院离宫，从上御茶屋庭园的湖心岛远望浩渺广阔的水面

# 绿色空间

green space

以前的城市，是点缀于茫茫绿色（自然）中的“图案”，但现在的情形发生了逆转，绿色成了广大城市中零星点缀的“图案”。置身于绿色环抱的空间能给人带来舒适和内心的满足，因而需要使绿色重新回到城市里，回到我们的周围。

1. 绿色树木的作用

① 在吸收$CO_2$的同时，也吸收$NO_2$；② 调节气候：绿色树木为了防止叶子升温，在夏季的白天进行蒸发；③ 舒畅心情：树木能使人们更快地消除疲劳；④ 形成城市生态系统：将点状或面状的绿色树木网状化，大城市中也能招来野生的鸟类；⑤ 调节日照：树荫面积大的榉树、梧桐树等被称为绿荫树，落叶阔叶树较适于冬季；⑥ 屏障效果：防风、防火及防灾，珊瑚树一直被用于防火围墙；⑦ 净化水质：河川植物能净化水质，芦苇能够较好地除去氮和磷；⑧ 蕴蓄地下水：栽植性地表土壤的透水性较高，因此增大绿色覆盖面积能蕴蓄地下水，对防止城市型洪水极其有效。

2. 建筑和城市的绿化

① 建筑的绿化：建筑物的屋顶和墙面；② 停车场绿化：停车场地砖接缝处种草；③ 容器绿化：栽植在容器里的植物容易移动；④ 河道绿化：城市河道及供水管道周边的绿化。

（铃木信宏）

图1　哥伦比亚大学（美国缅因州）湖边树下的读书空间

图3　欧洲专利局（荷兰里斯比克，2001年），$2.5hm^2$宽阔停车场上的绿色与水的庭园

图2　雨水由SAG的地砖接缝种草处向地下渗透（德国法兰克福，1998年）

图4　方舟花园（Ark garden，东京六本木），音乐馆屋顶的容器绿化

# 围合空间

enclosed space

被城市主要建筑物所包围，任何人都能出入的广场虽然也属于围合空间，但此处更着眼于具有私人色彩的院落空间。

被围墙围起来的院子古今中外司空见惯。罗马时代的城市住宅有公私两个院子，中庭（atrium）和周柱廊（peristylium）；伊斯兰风格的住宅也有院子；中国普通的民家里也有被称作院子或天井的中庭；日本的民宅中有被称作“坪庭”的日式小院。

除城市空间外，宗教空间中也能频繁看到院落。伊斯兰教礼拜堂的院子十分优美，基督教修道院中以及大规模的佛教寺院中也有被回廊环绕的庭院。围合空间不仅存在于一个建筑物中，位于城市中并被无数建筑物包围的中庭也是其中一种。江户时代之前的日本城市，这种被多个建筑物包围的院子是被称为“会所地”的公共区域。

院落形状齐整与否各有千秋，有的院落植物繁茂，也有的水面静美，还有的干燥之至。周围环绕的围墙除墙壁等建筑物外，也有用树木花草围合的柔性隔断。

围合庭院的共同特征是：隔离于严酷外部世界的、被围合与保护的外部空间。虽被围护，但并非属于建筑的内部，说到底还是一个安宁静谧的外部空间。既是外部，又不是外部，这种似是而非的中性特征是围合空间有趣的地方。

（日色真帆）

图2　夏宅（Koetalo）/ 阿尔瓦·阿尔托

图1　突尼斯城堡的院落

# 口袋公园

pocket park

第一个被称为口袋公园的是1967年建在纽约曼哈顿的中高层混凝土森林里的佩雷公园。由于公园很小，仅13m×30m见方，宛如西服坎肩上的小口袋，由此得名。公园里有小型瀑布，人们来此休憩，用眼睛和耳朵感受顺势而下的流水。在大都市的喧嚣中，这个公园好似沙漠中的绿洲，给过往行人带来瞬间的安宁，所以在当时备受瞩目。最终公园被关闭，至于后来有否重建不得而知。

但是，佩雷公园产生了巨大的影响力，各地都出现了各种类似的公园，口袋公园的含义被人们加以更广泛的诠释并广为流传。口袋公园在美国也被称为微型公园，在日本也有如下各种类似的名称，如：口袋空间、小公园、微型公园、路旁公园、街角公园等。口袋公园存在设计和管理上的问题，出现了很多失败的案例，并非个个成功。

由于口袋公园面积小，所以能有效地利用城市或小区各处多余的土地，资金筹集也较易实现。尽管规模小，但对景观有着很大的修饰效果，作为功能上富于变化的景点，人们可以在此随意驻足或汇聚，空间上蕴含着极大的可能性。

（宫本文人）

图1　法国山之麓公园（横滨）

图2　木偶之家入口前的公园（横滨）

图3　开港广场（横滨）之一

图4　开港广场（横滨）之二

# 购物中心

mall

mall是包括在商店街或繁华街内所建的步行者专用或步行者优先的购物广场道路、游步道、口袋公园在内的道路空间的总称。人们在mall里种植枝叶葱郁的树木，铺设道路，配置休息的桌椅。这里不仅是人们移动的通道，也是人们能够稍作停留饮茶小憩的空间。mall这个词，原意是阴凉葱郁的散步路，包含绿色、空间、愉快之意。伦敦圣詹姆斯公园的mall是其发祥地。如今提到mall，多指购物中心。

美国明尼阿波利斯市1975年建成的尼科莱特购物中心（Nicollet Mall）就是其中一例。曲线的车道控制了车速，在由此而扩大的步行空间中设置了树木、长椅、花坛、照明、电话亭、标识牌、雕塑造型等，形成一个舒适的小广场。另外，日本1972年建成的旭川和平大道购物公园、横滨大规模的伊势崎购物中心也属其例。

购物中心的种类可以通过空间形态和交通形态来分类。以空间形态分类的有：① 开放式购物中心：太阳＋绿色＋蓝天的商业步行街（pedestrian mall）；② 一侧以拱廊加以遮护的半封闭式购物中心；③ 室内型购物中心。

以交通形态分类的有：① 禁止车辆驶入的步行商业街：如伊势崎购物中心、仙台一番町一番街购物中心、高松拱廊商业街、札幌购物中心；② 仅限部分车辆驶入的半封闭购物中心；③ 回游型购物中心：只有公交和出租车能驶入，如尼科莱特购物中心。

（铃木信宏）

图1　在尼科莱特购物中心（美国明尼阿波利斯市）弯曲的车道边所建的步行者休闲空间

# 屋顶空间

roof balcony

屋顶空间是以建筑物的房顶为地板的空间，多是平坦的房顶，这里特指包括露台、瞭望台等将建筑物的覆盖物空间化的情形。

如果观察具有阶梯形结构的建筑物，例如美索不达米亚的神殿和城郭，或墨西哥的金字塔等古建筑，会发现梯形建筑物上均设有向上攀登的台阶，作为从四周可仰视的至高位置，屋顶空间的重要性并不亚于室内。一些中世纪的大教堂可以攀登屋顶，置身于屋顶可与在教堂广场上的人们进行视线交流。通常认为屋顶代表着神明及权利，具有极强的象征意义和防卫目的，具有上方与下方之间看与被看的关系。另外，现代的大规模屋顶也具有广场空间的作用。

20世纪初，巴黎的街道中出现了随楼层增高外墙面后退的建筑。亨利·索瓦热（Henri Sauvage）和马莱-斯蒂文斯（Robert Mallet-Stevens）等建筑师在公寓的上部楼层都设计了外部空间，为了把绿色引进街道，创造了梯形阳台的结构。如柯布西耶5原则中所述，屋顶庭园将成为现代建筑的一个重要构成元素。现代的屋顶空间是能够给日益密集的城市带来绿色的重要元素，强调了居住空间原本的含义。

（那须 圣）

图1 在屋顶建造的泳池和幼儿园（马赛公寓，法国马赛）

图2 梯形阳台（马莱-斯蒂文斯大街的马特尔公馆，法国巴黎）

图3 从地面延续上来的梯形屋顶庭院（京都站 / 原广司，京都市）

# 庭园

garden

人工建造的自然环境中的庭园，从小住宅附带的小规模庭院到城中有园、园中有城的大规模庭园，可谓样式繁多、不胜枚举。要了解各种庭园的特征，不仅需要掌握其构成法、元素、材料等，还需要理解造园的世界观，甚至需要对景观及其体验加以记述。此外，不仅对外部空间，还需要对作为观景点的取景空间，或对庭园元素之一的亭台等建筑物予以充分的思考。

在各种形式的庭园中，英国式庭园的特点是充分利用自然造型的形态，建造风景式的庭园。相反，以几何学式造型为特征的法国式庭园，其空间特点是通过将花坛或庭园道路组合成直线或曲线形状，建造具有人工美感的空间，可以更有效地表现出轴线和透视效果。日本式庭园的特点是，挑选从具体建筑物眺望景观时必需的元素，通过借景手法，将眼前元素和背后元素的间关系构成景观。在枯山水景观中，用岩石和砂粒来表现水流和山峦，以最少的元素建造出具有象征性的空间。

庭园可根据构成法的记述得以呈现。中国苏州常见的回游式庭园（园林）中，园内遍布四处的小路以及作为小路连接点的门洞极富有特色，园林的特点在于动态的时序性。

（那须 圣）

图1　与山合为一体的庭园
（埃斯特别墅，意大利科莫）

图2　按几何学配置的树木
（巴黎皇家宫殿，法国巴黎）

图3　面前的庭园，建造物和借景
（南禅寺方丈庭园，日本京都）

图4　回游式庭园的园路
（拙政园，中国苏州）

# 连接空间

associate space, conjunction space

城市空间由建筑用地和非建筑用地构成，建筑物与建筑物之间有道路、广场、庭院、引道、公共地、公开空地等多种空地。连接空间是通过对建筑物与空地、空地与空地间的边界以及相互关系做设计，将其变成公众可以到达的空间。

日本的城市空间，与“图形－背景”关系中所描绘的米兰的城市空间（图1）不同，由于是在区划的土地上建造建筑物，所以道路与建筑物之间出现了各种空地。

如果将相邻建筑用地的空地连为一体铺设连续的人行道，人们会认为那是道路空间。在道路和建筑物之间设置道路安全岛的柱标或栽植灌木，是阻止人流和车流从道路涌入的设计方法。在店铺前，通过设置开放式的咖啡座或流动服务车等大量带有室内性的用品，会使道路与建筑物间的空间连接变得缓和，虽然办公用地周围的绿植原本是为了缓和视觉疲劳，但实际上也起到了阻止他人进入的作用。

在住宅区，住宅用地周围连续不断的绿化花园形成街道的景观。建筑用地的周边地带将道路（公共空间）与住宅隔开，同时又将建筑物（建筑用地）彼此连接，创造出街道景观的公共性。

连接空间的设计也可认为是对私人空间与公共空间关联性的设计。

（小浦久子）

图1　图形与背景的城市空间（米兰市中心）

图2　多样化地连接道路和商业空间
Big Step（大阪）

# 15 缓冲空间

buffer space

所谓“缓冲”是指缓和两个不同或对立性质间的冲突。对于性质不同的空间之间的连接，有以下两个通过空间建造来实现的缓冲方法：① 设置缓冲来分离；② 设置过渡空间来产生平稳的连接。缓冲空间研究如何将性格相异的两个空间连接起来。

在工厂周围建造的绿化带是缓冲的典型例子。在缓和噪声和污染等物理性环境条件的同时，由于在视觉上看不见工厂因而也带来心情上的缓和。新兴城镇的缓冲绿地，对于抵御周围无秩序的城市化，起到保护新兴城镇不受周边影响的作用（图1）。

过渡型，是缓和变化的中间区域的设计。日本建筑中的“缘侧”处于房屋的内部与外部（庭院）之间，在调节日照、通风、气温等外部环境的同时，通过（作为内部环境边界的）障子隔断的开合，将室外的风吹草动有层次地传递进来。

另外，在过渡型空间中，还含有将人的心情和行为起承转合的意义。酒店的大堂是从公共环境的“街道”过渡到私人空间的酒店客房的，公共空间与私人空间的接点。再如，图2中美术馆一楼的大厅，是从日常城市空间到地下非日常展示空间的过渡空间，也是容纳人们对艺术作品心怀期待之情的地方。

以缓冲为目的的空间设计，在连接性质不同的领域这个意义上，有时也是连接空间的设计。

至于究竟是缓冲空间还是连接空间，要基于空间与空间之间的关系。缓冲空间处于两个空间的划分处，是有意识地将不同性质的环境、行为、心情等连接起来而设计的空间。

（木多道宏、小浦久子）

图1 千里新兴城镇的缓冲绿地

图2 从城市空间到展示空间的过渡（国立国际美术馆，日本大阪）

# 迁移空间

transitional space

有些地方的市场仅在早市或规定的日子出现，这些市场在平时或是街道、广场，或是空地、码头。城市中存在随时间和情景不同而产生不同使用方法的场所。在那里，根据使用需要，场所的一部分或全部被圈划出一个范围，成为具有特定意义的场所。这种场所被称为迁移空间。

迁移空间有两种类型：一种是在特定时间用作特定用途并且广为人知的空间；另一种是自然发生的多种使用方法共存的空间。

“市场”是前者的代表性例子，傍晚出现的大排档也属此类。在福冈那珂河岸，普通的公园到了晚上会展现完全不同的景象。公园内通水通电设施完备。后者的例子比如：由街头表演而自然产生的剧场空间。道路和广场，以及建筑物周边空隙的一部分，被圈划出用作表演的空间。大阪站前等这类人流众多的地方，看似无缘由，却自然、巧妙地圈划出了各种区域。另外，车站的中央大厅和候车场所也可称为迁移空间。或驻足交谈，或等候约会等行为圈划出不同的空间，彼此相异又彼此共存。

在城市中，存在可自发灵活使用的空间，也存在诱导人们自由使用的空间。

（小浦久子）

图1
卡拉奇住宅区的定期早市

图3
蓬皮杜艺术中心广场的空间演艺化

图2
巴黎的早市（在街道上）

图4
福冈公园的大排档

# 间

pause

“间”（日本特有的建筑术语）是根据时间、空间上被截出的距离感所形成的美学意识，经常使用于壁龛和客室等居住空间构成元素的表达里，也被使用在日常生活的语言表达中，例如：“时间不合适”（日语为：间恶）、“时间来得及”（日语为：间合）。

在生活环境中，存在被有意截出的空间“空白”，生活活动中也会产生空间上、时间上的“间”。城市空间里除作为开放空间规划设计的道路和公园等设施以外，也有各种各样的空当，有时在故意留出的空隙处我们可以看到“间”的存在。

在京都街道中，常能看到一种小巷，原本是用于连接内侧住宅与街道的一条狭窄的空当，被设计成引道空间后，便生成了内与外之间时间上、空间上被截出的“间”。对于生活在高密度商业街的店家而言，小巷和庭院等被截出的空间成为生活的“间”。

现在的日本城市，因为是在被道路包围的街区内划分住宅用地来建造房屋，所以城市空间内难以生成“间”，外廊和庭院等宅地内的空白很多。

在欧美城市空间的街区建设中，建筑物面向街道连续排列，在高密度的城市空间内有意识地截取出的口袋空间及通路，成为生活活动方面空间、时间上的“间”。例如，纽约的佩雷公园虽是介于高楼大厦之间不到500m$^2$的空间，却以人工瀑布的水声和人工刺槐的树荫营造出了独立于周边环境的区域。此处的空间自成体系，由此在城市空间里产生了脱离喧嚣的片刻时间。

如果把“间”视为时间、空间上的距离感，那么舒缓的距离感会带来宽松舒适。城市空间里人类尺度的“间”，将人与空间连接起来。

（小浦久子、木多道宏）

图1　一轩小巷

# 辻

crossroad

“辻”在古代指两条道路的交叉点，是进行祭祀的神圣场所。大道的交叉点是庄严之地，也是城市信息交流的场所。在构成日本近代城市的两侧町，村镇边界的接壤处设有“辻”。如果关闭设置在村镇两端的木门，“辻”就成为不属于任何村镇的特殊地带。

因为村镇曾是自治单位，所以“辻”成为管理责任不明确的场所，旧时武士所做的“辻斩”以及“辻盗”就是由于管理责任不明确所致。

现在的“辻”空间是怎样的场所呢？从历史意义上考虑，是城市各类信息交换之处，也是管理责任模糊之所，换言之，可以说是遵循自己的行为自己负责的、自由又自律的场所。

例如，大阪的心斋桥街和道顿堀交叉处的戎桥，是水陆交叉点，各色人等穿梭往来，时有事件发生。在节庆日年轻人会借着兴头跳进河里，如果错过了末班电车驻留此处，可能会遭遇风险。美国村（大阪）的三角公园也是人们邂逅及发生事件的交叉路口，街头派出所很多，这里既非店铺又非街道，似乎谁也不注意，但又是大家都注意的地方。

城市里有性质各异、形态多样的事物共存。城市在维护安全等管理之外，也具有能接纳多样性的特点。

（小浦久子）

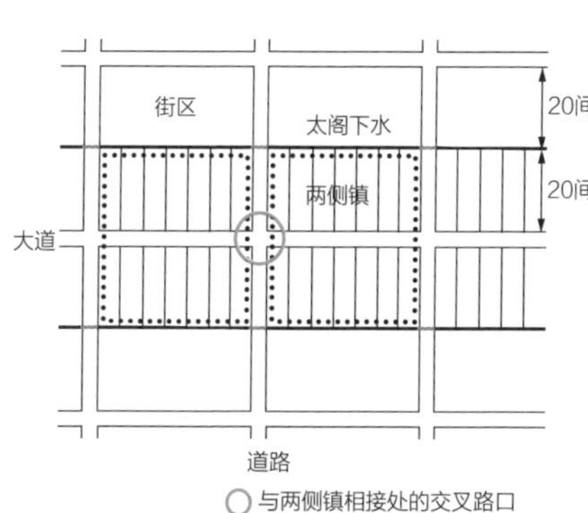


图1　现代大阪的两侧镇和交叉路口

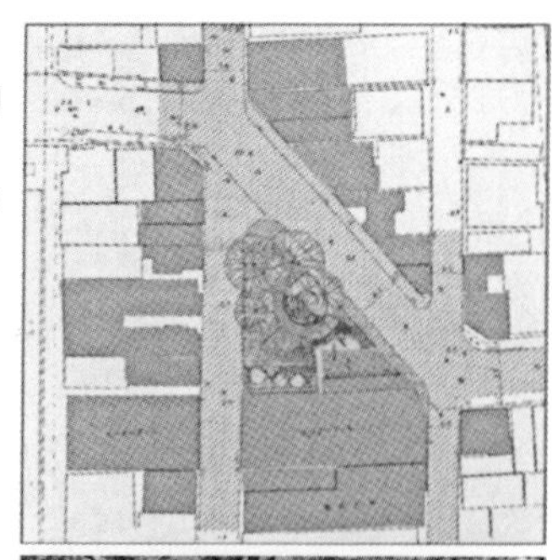

图2　美国村（大阪）的可称为交叉路口的三角公园（右上/右下）

# 邻里

activity space

如伊藤（Teiji Ito）在《日本设计论》中建议将“activity space”译成“邻里”那样，邻里空间的范围不是根据空间的特征和边界所规定的区域，而是基于特定的活动以及该活动所能联想到的丰富形象所认知的区域。

在城市中，有些场所除正式的地名外还有其他被叫惯的俗称，这种俗称所表示的区域的边界十分模糊。

大阪市中心，由许多邻里区域构成。例如，“南船场”虽是街名，但如果提起“南船场”，人们想起的不是街名对应的地区，而是那个商业区域。那里曾聚集过木材、围栏和纺织品相关的中小企业，成为夕阳产业后，房屋空置增多，于是设计相关的公司以及一些有特色的店家等进驻，形成了新的街道形象，由此产生了邻里区域。

如果问街上的人“南船场”在哪里，大家的答案虽看似差不多，但他们内心所指的区域却稍有不同。在这里，名称并不特指某个区域，而是在南船场出现的新工作、新店铺的氛围所营造出的丰富的场所形象。

不仅在商业街，在住宅区也会产生以水畔或有特征的建筑物为代表的区域形象，形成邻里空间。

（小浦久子）

大阪南区有多种邻里空间；
随着时代变迁，邻里空间根据活力的变化而改变

**图1　大阪南区的邻里空间**

# 避难所（庇护所）

asil

asil源于希腊语“不可侵犯的场所”，原意指：① 与世俗世界性质不同的场所（神殿、寺院、森林等），是通常的规范秩序所不及的受神圣性保护的场所；② 如江户时代的断缘寺或欧洲教会那样停止纷争对立的场所。

无论何人，只要逃入并停留在该场所，罪责便不再被追究，纷争也会被叫停，但若离开该场所便不再受到保护，实际上是一种幽禁状态。另外，从不认可通过争辩和实力解决问题的意义上，“市场”也被看作是具有庇护性的场所。

具有这样传统性构架的庇护所，随着现代国家法制制度的确立而从日常习惯中消失了。在现代社会，这种庇护的思想，表现在两个方面，其一特定的法则和国际规则在法制制度的构架中被叫停的空间；其二超越日常规范和规定的救助空间。

其一是指在纷争地区的休战地带或难民营等紧急措施空间，以及免除关税的免税区域或者本国法律所不及的外国使馆领域等，法律框架总是被改变的空间。但是，以上规则都处于法律制度的构架内，均合法进行，因此难以被视为庇护所。

其二包括成为无家可归者临时避难所的教堂，和被硬纸箱板搭的小屋非法占据的地下通道空间，更多的是救助弱者之意。如果上述现象群集发生，会成为逾期不归外国劳动力聚集的市内公园以及“暴走族”聚集的道路，形成社会问题。这些是属于日常规范之外的行为，与教会、寺庙在日常规范之内给予保护的状况不同。

如此看来，在传统习俗的共性变得稀薄的现代社会，原本意义上的庇护所已经不复存在。若在现代城市空间里寻找类似庇护所的状态，作为能够暂停对立与纷争的场所，节日庆典的空间或许可以算作一个。

（小浦久子、木多道宏）

# 15 中庭



an atrium

中庭的原意据说是古罗马时代被住宅包围的有自然采光的庭院。19世纪出现的玻璃、制铁技术，使采用自然光的公共步行者空间的内部化成为可能，尤其在商业区，建造了很多安全舒适的步行者空间，即拱廊。其代表性的建筑是米兰的拱廊商业街。

20世纪是汽车的世纪。在美国，大城市的街道空间成了车道。而步行者空间的连续性和人们自由聚集的广场空间，是将民间设施的一部分作为公众空地开放，或是通过创造出公共的室内空间而得以实现的。其中，玻璃覆盖的大规模的中庭成为酒店、公共设施的大堂及开放的室内空间。

现在，中庭的意思是被玻璃等覆盖的大规模的公开型内部空间。通过采入自然光、绿化空间内部、在室内导入外部空间元素、公共道路的内部空间化和开放民间设施等，成为外部空间与内部空间、公共空间与私人空间相互交错的中间区域空间，作为新的城市空间的可能性得到认可。

中庭虽是内部，但以公共利用为前提，可作为城市居民无目的地消磨时间或邂逅约会的场所，作为道路、广场延伸的城市空间具有特别的意义。

（木多道宏、小浦久子）

图1 米兰的拱廊商业街

表1 近现代中庭

| 作用＼形态 | 街道通路 | 广场式 开放型 | 广场式 围合型 | 建筑物整体是中庭 | 异形 |
|---|---|---|---|---|---|
| 气候控制 | ●玻璃顶长廊<br>●拱廊商业街 | | ●画廊 | | |
| 导入自然元素 | | ❷福特基金会总部大楼 | | | 圣玛丽斧街30号⑮ |
| 功能（写字楼、商业、展示、公共设施、车站） | IBM花园广场④ | ⑤伊利诺伊州中心大厦 | 亚特兰大凯悦酒店③<br>❶古根海姆美术馆 | 大阪海洋博物馆⑪ | ⑦巴黎老佛爷百货商店<br>⑯西雅图中央图书馆<br>⑬柏林巴黎广场 |
| 地下空间和地上的连续 | | 金丝雀码头站⑧ | ⑥卢浮宫美术馆 | | |
| 可持续性的设计 | 日本地球环境战略研究机关⑭<br>伊丽莎白二世大中庭⑩（大英博物馆） | | ⑨德国国会大厦 | | |
| 历史建筑物的再利用 | | ⑫维也纳煤气罐公寓 | | | |

设计者：❶赖特 ❷凯文·罗奇＋约翰·汀克罗 ❸约翰·波特曼 ❹埃·勒·巴恩斯（E.L.Barnes）❺赫尔穆特·扬（Helmut Jahn）❻贝聿铭 ❼让·努维尔 ❽❾❿⓯诺曼·福斯特 ⓫保罗·安德鲁 ⓬让·努维尔+蓝天组 ⓭弗兰克·盖里 ⓮日建设计 ⓰OMA

# 连拱廊

arcade

连拱廊的含义有：拱形连续的明间，或是商店街等人行道上部所设的遮阳、遮雨的道路设施。此处，从城市中间区域空间的意义上，论述的是带有屋顶的人行道。

所谓连拱廊，从物理角度看，是指位于外部空间和内部空间之间，保护步行者不被日晒雨淋的设施。因此，从物的角度能够明确地提取对象空间。其形状包括，建筑物的一层部分为明间形式，或者从外墙伸出屋檐的形式。

在意大利的城市所见到的柱廊（portico）是明间形式的例子。在中国江南的水乡，能看到沿着水路，从建筑物外墙伸出的架有屋檐的人行道，是屋檐形式的例子。

在这些空间中，商店鳞次栉比，一些地方还摆放有咖啡店的桌椅。此处也是作为道路一部分的人行道及具有各建筑物入口，或前庭意义的空间。正在餐馆吃饭的人们，以及从身边快步走过的行人——各种性质不同的行为在这里共存，亦即这个空间允许通行这种动态功能，和安坐、休息这种静态功能混合共存。

而且，这种空间不仅是人们休息、小憩的场所，也构建出了街景统一的美丽城市景观。

（金子友美）

图1　柱廊建筑形式（意大利）

图3　面水的长廊空间（中国江南地区）

图2　柱廊里边的咖啡馆（意大利）

图4　水乡城市的长廊内部（中国江南地区）

# 底层架空

pilotis



pilotis原本指基桩，但现在成为被立于地上的基桩所支承的建筑物一层部分的名称，即底层架空是与地面相接、不被墙壁包围的、仅由支柱构成的对外部开放的空间。

这种形式的建筑物在身边常能见到。例如，为保护收获的农作物使之不被外敌掳掠而建造的高床式谷仓，建在山坡或水畔的建筑物及为了对抗高温多湿气候的房屋等。

这些建筑物的形状类似，关注点多在于地板的形式。与之相反，底层架空是指建筑物下方的空间。

勒·柯布西耶在20世纪20年代提出将底层架空作为“现代建筑五原则”之一。他所设计的巴黎郊外的萨伏伊别墅最全面地反映了“现代建筑五原则”。此处的底层架空作为车与人的引导空间发挥作用，赋予建筑外观设计轻盈的印象。作为由象征20世纪的建材——混凝土梁柱构造所筑成的空间，此建筑的底层架空受到了极高的评价。

之后，底层架空作为一种手法在全世界范围内被应用至今。在日本可见到如下例子：广岛和平纪念馆（丹下健三）以底层架空连接延伸到原子弹纪念馆穹顶的视觉轴线；近年由林立的柱群建造出象征性空间的冈山西警察署（矶崎新）。

（金子友美）

图1　萨伏伊别墅/勒·柯布西耶（巴黎郊外）

图3　广岛和平纪念资料馆/丹下健三

图2　马赛公寓/勒·柯布西耶（马赛）

图4　冈山西警察署/矶崎新

# 缘侧

engawa, veranda

“缘侧”（engawa）位于日本建筑的内部空间与外部空间之间，多数是雨棚下面铺木地板的半个到一个屋檐宽度的空间。根据与户外空间的关系，将位于建筑物外围构件的外侧称为“外缘（湿缘）”，内侧称为“内缘”。

缘侧的形式，在古代奈良时代的高床式住宅中已能见到，是以环绕建筑物外围的方式建造的。在古代日本房屋竖穴式住宅中，从围绕泥地空间和外围的地面以及屋顶的形式上，看不出与外部的关联，由此可以推测，缘侧是随着高床式居住形式产生而出现的。

根据人在缘侧空间的行为也可知缘侧空间的特点。现在依然可见地方农家在外缘晾晒蔬菜或喝茶的身影。外缘虽在外部，却是干净的场所，具有高于地面一阶的台阶功能，还具有不用脱鞋坐着休息的外部居室般的作用。

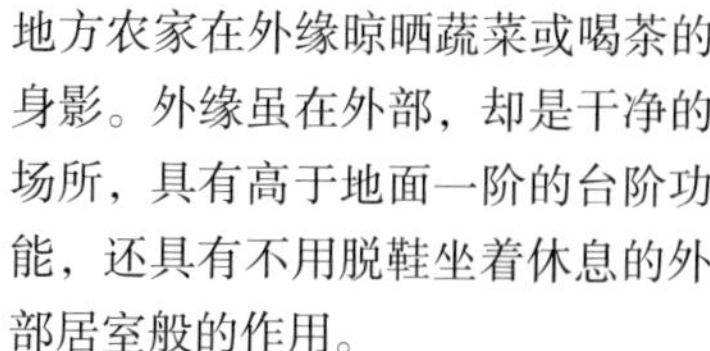

内缘是内部空间的延长线，比如在喜庆的日子，将坐垫一直铺到内缘，可作为榻榻米间的延伸，容纳更多客人。另外，内缘和外缘都具有动线空间的功能。

外缘到内缘的形式变化，从空间使用方法的角度，体现了扩大内部空间的希望，通过缘侧这种边界空间，可以探索外部空间与内部空间的差异及其各自的意义。

（那须 圣）

图1 内缘
（夕张鹿鸣馆，北海道夕张市）

图3 与庭园相关联的外缘
（南禅寺方丈庭园，京都市）

图2 外缘
（南禅寺三门，京都市）

图4 作为街道构成部分的缘侧空间
（鸭川河岸，京都市）

# 村落空间

settlement space

可以将村落空间看作：① 具有独自的风土、历史、习俗积累的场所；② 居住者对村落有共通的认识，并是以自力创造的空间；③ 受自然环境强大制约；④ 赖以谋生的手段与生活领域相重合；⑤ 各空间元素相互关联；⑥ 根据历史连续性和社会共同性的空间认知被“物象化”了的空间。之所以这样规定，是因为在自然、经济条件之外，社会构成和宗教因素也潜在地支撑着村落的生活方式。

关于村落从建筑领域角度可分为以下三派：① 从农村规划角度，为了规划村落而试图加深对村落空间的理解；② 从城市规划角度，将村落空间作为现代资源积极定位；③ 建筑师进行设计活动时将村落空间作为理念模型及设计的基调。

在农村规划中所期待的是建立灵活的规划理论，亦即：将村落社会所理解的对环境的架构明确化，并通过其与新变动元素一体化来发挥作用。在城市规划中，“主体性”“场所性”“亲近自然性”的村落空间范例得到好评。作为城市建设的关键词，主体性—“居民参与”、场所性—空间的“身份认同”、亲近自然性—“与环境共生”正被持续普及化。对于建筑师来说，关注村落空间的理由是，在历史的、社会的永续性之中被物象化的，匿名性的空间充满魅力。

（镰田元弘）

图1　聚居村落（茨城县，樱川村）

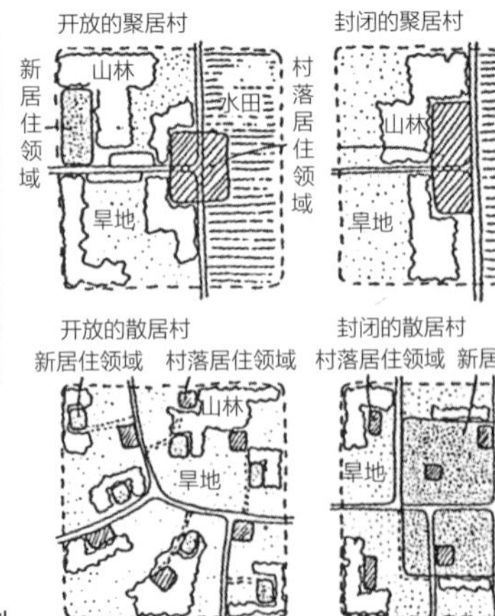


图2　混住化村落的建设规划

# 传统空间

traditional space

此处仅限于日本的传统空间。传统空间的基本特性，可以归纳为以下两点：既是一元论空间，也是暗示空间。以上二者都不是抽象空间，重视现实性、感觉性是传统空间的特点。

一元论空间有如下侧面：① 在主体与对象一元化方面，在传统画法和造园法中常见的让视点自由转移的空间呈现，或不将对象合理区分的模糊空间等；② 在人为与自然一元化方面，对缘侧或外缘等亲近自然的空间以及对自然曲线形状的偏爱等；③ 在时间与空间一元化方面，通过“破调”（偏离既定形式）产生和谐，或者在关注元素间相互关系的同时，错开各自的中心并进行统一的“天、地、人”的手法等；④ 在将空间与人的行动一元化的方面，有“邻里空间”“若隐若现”等空间表现手法。

暗示空间是指重视隐藏在纵深处的美（“奥”空间），从分散的象征中领会虚幻的空间（“间”空间）。空间象征性地表示身份、门第等地位关系，如茶室就是将空间运用到极限并加以凝缩来表现的空间实例。

传统空间并非一定是古老的空间，要点在于：着眼于至今仍具有生命力的传统空间，了解其成立的条件，特别在设计活动中，寻找从传统空间通往创造的可能性。

（镰田元弘）

| 宅地前面的状态 / 围栏/住宅/背面的位置 | A 只有围栏 | B 植物/树木+围栏 | C 植物/树木+围栏+突出部分 |
|---|---|---|---|
| 1 墙面和围栏接近 | A1 | B1 | C1 |
| 2 墙面和围栏距离远 | A2 | B2 | C2 |
| 3 背面有林木 | A3 | B3 | C3 |

图1　村落表层空间

图2　通道空间

# 风水

feng-shui

风水是从中国秦汉时代传承下来的术数的一派。其原理是根据可视现实中的现象来判断肉眼不可见的自然的“气”，为使“气”的吉福能庇佑人们的生活以及死者和神灵而调整生活空间的实践体系。其阴阳的世界观认为：阳界为生的世界（城市、村落、房屋）；阴界为死的世界（墓地）。

风水由环境测定法和用于建造的模型构成，综合考虑了作为环境评价的地相或城市选址以及家相和墓相。判断吉地的方法，主要基于山、水、方位这三个元素。由被称为地师、风水先生等的风水师进行测定，判断神秘力量的所在。

所谓吉地，是指根据地势能判读出神秘力量的地方。在合适的地方决定象征空间（都城、住宅、墓）的建造方法，具体是指以活力集中的点（穴）位前的空间（明堂）为建造空间。理念型（被作为选址）的“活力”与人为的（建造形式）“明堂”相对应而得到神秘力量的建造空间成为象征空间。

在中国产生的风水学，传到了韩国、日本、东南亚。从超越这些地域和文化的建造空间的类似性，以及在同一地域从城市到房屋、墓地等各种生活空间的同一化、体系化这两方面来看，受到极大的中国风水学的影响。风水的本质意义，并不是得到科学的普适的解答，而是要呈现出“经验性的个别体系”。

（镰田元弘）

图1　理想的风水图

图2
受风水影响的冲绳的民宅
（摄影：阪本淳二）

图3
受风水影响的冲绳的墓地
（摄影：阪本淳二）

# 家相

physiognomy of a house



家相是指住宅的布局与方位间的关系，基于阴阳五行说来判断宅地方位、房屋形状等的吉凶。此处判断的吉凶不仅限于房屋，也包括居住者的吉凶。在基于阴阳五行这一点上和风水相通，但风水相地有些偏向地理学领域，与此相比，家相则是以固定的方位观为基础判断房屋自身的构成，更偏向建筑学领域。例如，认为鬼门方位有厕所和厨房则为不吉利，如此，是以特定方位为凶。

家相虽有占卜的一面，但就家相学整体而言，是以经验的法则为基础归纳事例来预见未来，这一点上，可以说与现代利用统计数据预测未来是同样的。

清家清在《家相的科学》中尝试从科学的角度重新审视家相，从“环境”“用地”“平面设计”“结构”“材料”“设备”六个方面整理出100条思考，将采用吉凶描述的家相置换成建筑学的语言，从建筑学的角度对家相进行了解读。

例如：“南有空地的宅地为吉”，是日照和通风等规划景观时所必须考虑的因素。“壁龛设在西间和北间为吉”，是由于作为吉向的西北方向无日照，且用于防止热损失的墙壁较多，因而适于设置壁龛等，家相中也有合理性的考量。

（那须 圣）

41 从外面能看见厨房的火为大凶

31 主人的房间在房屋中心为吉

21 房屋大，住人少为凶

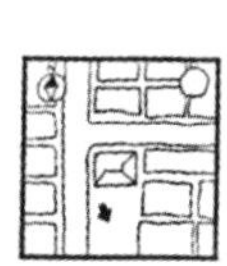

11 南有空地的宅地为吉

1 住在山脚处的崖下或山谷出口为大凶

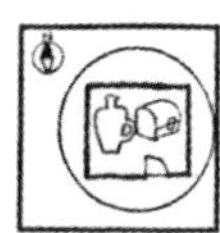

42 壁龛设在西间和北间为吉

32 正门和门口不成一直线为吉

22 在小房屋里住很多人为吉

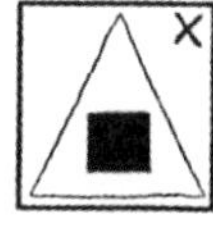

12 三角形宅地为凶

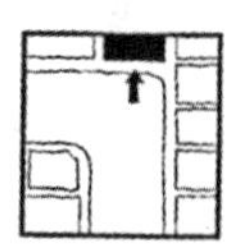

2 在道路的顶头处建房为大凶

43 老人房间在东南方向为吉

33 商店开在东北或西南方是大凶

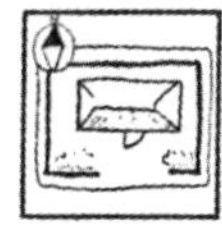

23 房屋面南为吉

13 在狭窄的地皮上建大房屋为大凶

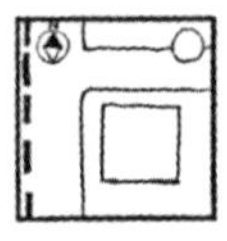

3 房屋西侧有大道为吉

**图1 以清家清《家相的科学》为参考的家相图表**
**（札幌市立高等专门学校专攻科 / 住宅形态特论作品摘选 / 指导：八代克彦副教授，制作：铃木千穗）**

# 场所之神

Genius loci



Genius loci（地区的守护神）是古罗马的概念。古罗马人认为，世上存在的所有事物都有其守护神，它们将生命力赋予人和地区，决定他们的性格或本质。据舒尔茨的*Genius Loci：towards a phenomenology of architecture*所述："人类自古直面场所之神，或称之为'场所之灵'，是在日常生活中必须调整妥协的具体现实。"

东方的泛神论中相信神灵无处不在，相信诸现象都是由于神灵的作用，地神是土地之神。现代的开工奠基仪式（地镇祭）只是形式性的，而以前却是镇压地神防灾避害的大型庄重仪式，可见对于场所之神的高度重视。

但是，现代的理性主义精神采取的是轻视甚至践踏地区之神的态度。

相反，也有通过规划和建筑设计呈现场所之神的例子。查尔斯·穆尔（Charles Moore）的"The Sea Ranch"建在海岸高台上，与周边环境十分和谐，俨然是其中的一部分。路易斯·康的"萨尔克生物研究所"面向太平洋敞开的中庭广场充分发挥了地形特色，创造出了戏剧性的空间。这些例子，在某种意义上与场所之神有所关联。

舒尔茨还曾这样说："建筑这件事本身就是将场所之神视觉化。"

（高木清江）

**图1　热田神宫参道（上），消失的表参道（下）**
江户时代，从宫渡到热田神宫是以表参道连接的热闹的地方（上图）；"二战"以前保留了地形，但现在由于大干线道路网导致参道消失（下图），这是"二战"后名古屋有名的现代城市规划的结果，估计此地的地神是彷徨无着的

**图2　萨尔克生物研究所的庭院（摄影：濑尾文彰）**

# 地理学的空间

geographical space

地理学用语中所指的空间，是指地表面的一部分，是将三维空间转到地理元素分布的二维的扩展中。地理学空间通常被称为地带、地方、地域、地区、领域等。地理学将土地空间作为人们生活的场所，是着眼并研究自然、人文诸事物现象的空间配置的学科领域，分为系统地理学（或称一般地理学）和地域地理学（或称地志学），进一步，系统地理学分为自然地理学和人文地理学。

在以被抽象化的广域空间和被特定的具体空间为对象的方法论方面，与建筑领域有很多共通点。近年来，地理学研究方面也导入了计量方法，例如，近年基于航拍与遥感技术的图像处理、地域网状数据解析等计量方法，计量地理学得以发展。

地理学和建筑学均是教给我们空间因果关系和空间模式的科学。但二者的区别在于：地理是在二维空间的扩展中被记述，而建筑是以二维式表达为工具，关注三维空间的主体和未来形象并加以记述。但是，在从地图和设计图这种二维式表达来读取三维空间的意义上，建筑和地理有极强的类似性。

而且，在地域规划领域，地理学空间被视作选址空间，在土地使用和土地所有权分布、房屋分布、道路网、景观等基础调查方面，也在很大程度上直接使用了地理学的手法。

（镰田元弘）

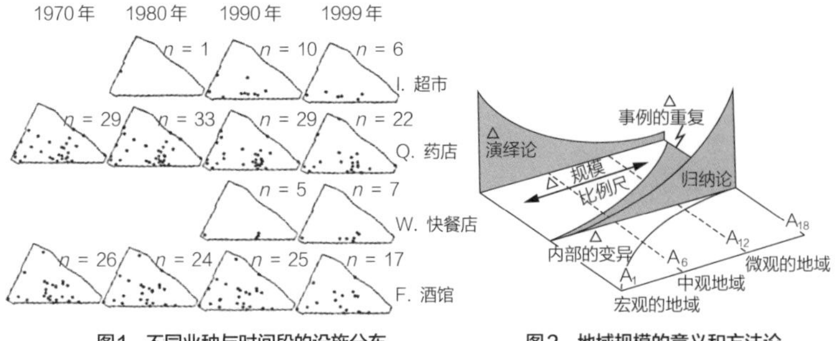


图1 不同业种与时间段的设施分布

图2 地域规模的意义和方法论

# 地名

toponomy

地名是赋予某特定土地的固有名。古时的人们，为了与地形、动植物等互动，避开危险，利用一切可用之物以及使生活富足而起了地名。这样，人类通过经营日常的生活扩展了与自然的关联，地名也丰富起来，基于辨别的需要，越发被固有名词化，最终成了共有名称。

通常在研究地名时，不仅指正式地名，也包括不出现在官方资料里的、地方居民共同的约定俗成和存在于意识中的传承性地名（口承地名）。地名分为自然地名和人文地名。自然地名是关于地形、地质等自然形态以及动植物生息、分布的地名。还有，容易发生自然灾害的地方有灾害地名。人文地名是与人们多种多样的活动直接相关而被命名，例如：开拓、产业、职业、条里（长方形土地）市场、交通、姓氏、建筑物、传说、文艺（诗、小说、戏剧的总称）、民族、信仰等。

地名的主要研究对象分为以下几个方面：地名的起源、地名的变迁、地方史和生活诸般。在空间形成领域，有根据地名分析进行针对居民的空间认识、生活构成、空间构成原理等方面的研究。在建筑领域涉及地名时，多采用以下方法：将迄今一直在狭窄领域范围内使用的地名规定为“空间语言”和“生活地名”，在日常生活的情景中加以把握，由遗留下来的地名类推并再现地方原景观、提高土地利用及对再塑土地的意识构成等。

（镰田元弘）

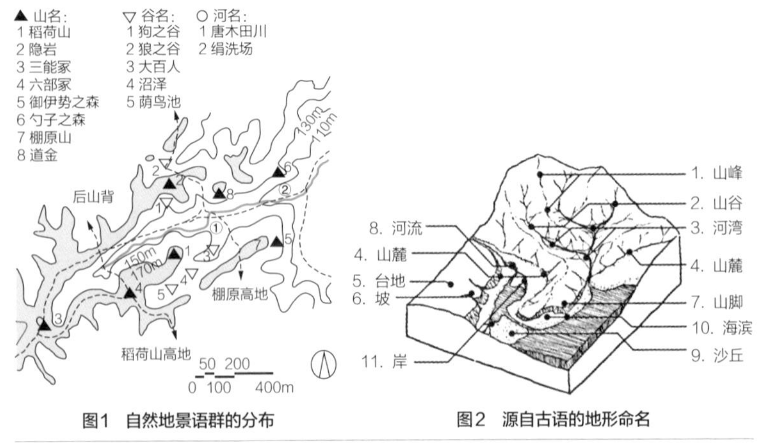


图1 自然地景语群的分布

图2 源自古语的地形命名

# 地形

topography

根据所掌握的规模大小，所了解的地形内容会有很大不同，通常根据地形规模分为大、中、小、微地形。在建筑和土木、造园等有关空间形成的领域为对象的研究中，几乎都是小地形和微地形。

空间研究领域中地形研究的方法论多采用以下程序：① 根据观察及判读地图、照片所得的地形分类，及其与地名的对应关系获得地形类型；② 由居住者的空间利用或空间意识（均包含历史性的）来验证地形类型的准确性；③ 构筑空间形成的形象。

在与风景、景观的关联方面，以错综的山岗、冲积低地和岛状的山丘、高地的斜坡等作为骨架的地形及其相似性是重要的考虑因素。从与村落的关联角度来看，主题是聚居形式与地形的关系，以及村落空间构成与地形选定的关系。作为居住地的地形，应该对其自然选址的居住性以及空间认知方面共同进行评价。

随着现代化的推进，为了追求土地使用的效率化，人们一直在大力实施平均化的建设。其结果，乱建了一些完全不考虑地形变化的均质空间。经过反思，开始转换思路，让看得见地形变化的城市空间复活，不是让地形适应建筑，而是让建筑适应地形。例如：保留坡地及绿地，尊重原初形态的土地整治，突出地形特点的建筑设计等。

（镰田元弘）

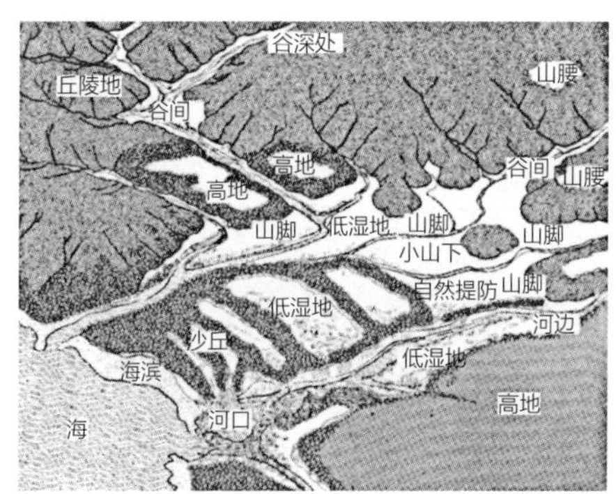


图1　村落选址的种种

图2　地形富于变化的公园（右上）
图3　建筑物和地形（右下）

# 地域性

regional characteristics

综合地势或气候、动植物、建筑和文化所创造出的地域个性称为地域性。

以下元素决定地域性：

① 地势：山地和丘陵以及降雨的水流形成的山谷等所形成的地势可创造有特色的地域；② 气候：有寒冬和酷暑的地域，房屋多朝南；湿度高的地方通风很重要，干燥地区的洞穴内也很舒适；③ 地域独特的生态；④ 历史性建筑物和街道；⑤ 有个性的文化。

菲律宾帕拉湾岛的巴朗圭海滨是充分发挥小气候特点的海上村落。位于北纬10°，接近赤道，全年平均气温为28℃，平均湿度是80%，海上比海边陆地气温低2℃左右。由于很好地发挥了风道的作用，该村落的小气候十分舒适。雨季的西南风和旱季的东北风由于建筑物和甲板的巧妙设计很好地发挥了作用。

希腊米克诺斯岛沿海而建的蜿蜒排列的二层住宅群，在冬天能遮挡寒风。这里湿度低，夏季日荫下的外部空间很舒适。可以将脚浸泡在水里享用餐食，海边的阿雷夫康德拉餐馆，利用了极小的潮位差，始终保持与海水近距离的接触。海边建造的5连座风车，充分利用了全年来自东北方向地中海的海风。

（铃木信宏）

图1　菲律宾的帕拉湾岛，活用海风的海上村落（左）；通道与平台的间隙成为风道（右）

图2　希腊米克诺斯岛的海边餐馆

图3　意大利的阿尔贝罗贝洛，将屋顶和房檐的雨水储存到地下水槽，再抽取使用

# 风景论

theory on scenery

人类出于对环境的关心而产生出想了解大自然样貌和节奏的冲动，以风水思想为初始的各种人类智慧孕育积累，发展至今。随着文明的进步，风景鉴赏作为对环境的文化态度而逐步出现并发展起来。

大自然及人造物的一部分成为风景，人们主要根据美的感性对其进行评价。其结果，风景升华为绘画、文学乃至音乐等艺术形式的同时，作为调剂生活的手段被引入日常生活中。在日本的山水画和浮世绘、和歌和俳句、茶道和庭园、插花和盆栽等领域受风景鉴赏态度的影响之大超乎想象。

在被称为日本最早的现代风景论著作《日本风景论》（1894年）中，志贺重昂挑选出如下五个形成日本风景特色的因素：气候、海流、水蒸气、火山岩的多样性、流水侵蚀的激烈程度。

在《日本风景美论》（1943年）中，上原敬二首次将景观视为一种关系，将视点、视界、方位、主景、距离这五项，作为眺望景观的人与景观之间关系构成的要因。

小林亨在《逐变的风景论》（1993年）中，再次将风景视为属于人类感性方面的事物，阐述了基于人类五感的风景的意识化以及风景的时刻变化所带来的微妙的认识等。如此，近来的风景论，由曾经是主流的现代特有的对对象的关心，回归到了对主体，即对人类的关心。

（土肥博至）

图1　浮世绘中的风景（部分）[左：歌川广重；右：葛饰北斋（东京国立博物馆藏）]

# 心像风景

mental scenery

人们行动于现实空间，感觉、认知各种各样的风景。认知的风景或作为记忆留在脑海或被彻底遗忘。所记忆的风景在心中酝酿形成心像风景。心像风景属于由视觉、嗅觉、味觉、触觉等感觉作用形成的印象中的视觉印象。最初虽是茫然淡薄的印象，但各个元素若具有相关性并形成“像”之后，就形成心像风景。心像风景可谓是人们为了将空间作为有意义、有价值的风景来把握而在心中重新构建的风景。

如果将空间视为对象物与人相互作用的产物，那么心像风景可分类为：源自人们带着某种意志作用于空间的能动的视觉，和空间作用于人的被动的视觉两种。

所怀的心像风景虽因人而异，能动的视觉带来更个人化的心像风景（个人怀有）；被动的视觉带来受场所特性影响的更群体化的心像风景（来自任意群体）。

一般心像风景具有心像位置（自己在风景中的位置）和心像方向（风景的视觉方向），具有场景性质。但是，也存在心像位置和心像方向不定的、作为空间或场所的扩展的心像风景。

从很多人共有的心像风景的观点看，存在如下心像风景：任何人都能忆起的同一方向的具有强烈场景性的心像风景；对个人而言有方向性和场景性，但其他人各自所忆方向不同的风景；或者对于场所扩展的心像风景，任何人都没有一定方向的场所性强的心像风景（心像风景的多方向性）等。

（松本直司）

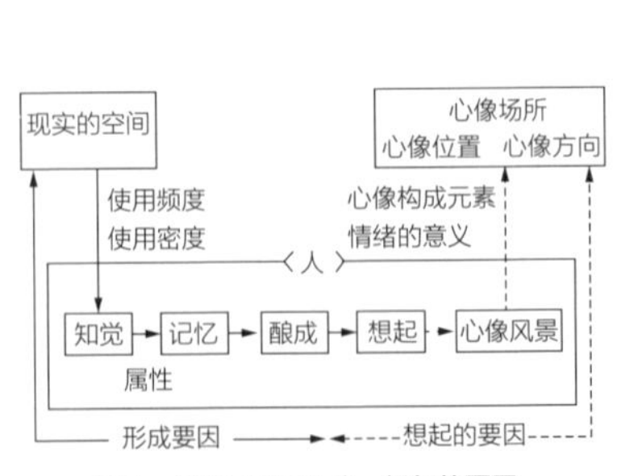


图1 心像风景的形成、想起的要因

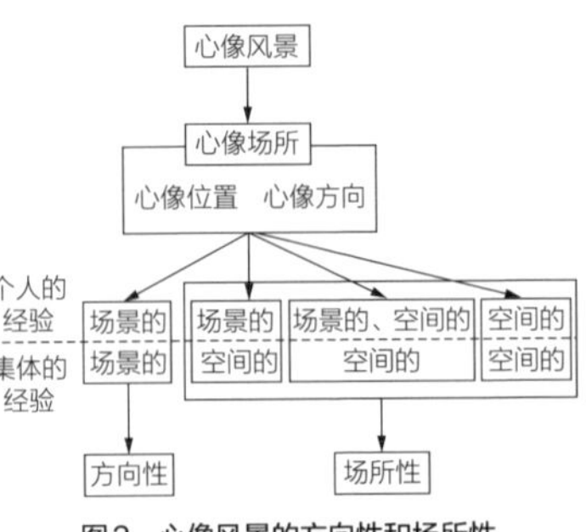


图2 心像风景的方向性和场所性

# 原风景

primary psycho-scene

我们对于初次去的场所或电视中出现的风景，有时候不由得会有某种亲切感或安心感，又或者产生某些不适感、厌恶感等。

这种感觉虽可能与各种社会的、个人的元素相关，据说其中一个原因与婴幼儿时期体验的情景相关。人在孩童时代反复体验所形成的潜在印象，又在后来的场景中被唤醒而成为判断、评价的一个因素，这样的情景称为原风景。

原风景原本是个人化的。人们各自成长于海边村落、大城市的公寓、悠闲的乡村、深雪的山村等，各自不同的环境造就了人们各自独有的原风景。但也可以想见怀有类似原风景的群体存在。绿色的群山和清澈的河水以及在山水间一望无际的水田风景大约是作为日本人的原风景。

试图提取原风景的研究尝试有很多。泽田幸枝和土肥博至（1995年）以60多名青年男女为对象，让他们画原风景的印象素描，并对其结果进行了分析，如图1所示，分为4种类型。其中3种是日常生活中的情景，只有1种是离开日常生活范畴的出乎意料的体验。

上述研究在类型化的要因中，明确了如下事实：在成长环境以外，还与行为体验和情绪的意义等相关联，进而，根据类型的不同，人们未来在选择居住地时也有不同。

（土肥博至）

（1）自然景观型（15名）

（2）城市玩耍场地型（17名）

（3）田园玩耍场地型（19名）

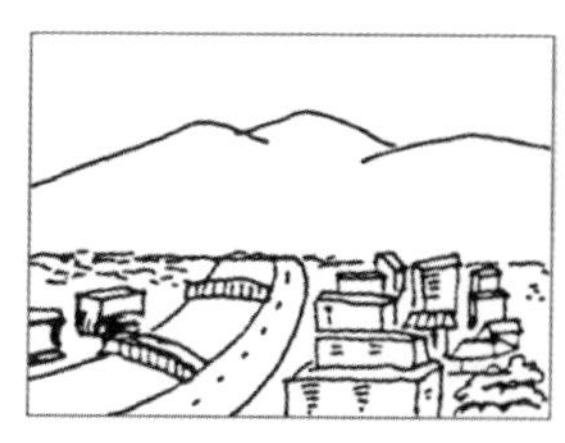
（4）居住地鸟瞰型（12名）

**图1　原风景的类型**

# 景观论

theory on landscape

景观这个词，在建筑或城市规划领域以及地理学和生态学领域中所使用的含义存在相当大的差异。前者是针对表现形态上的特色和美学价值的视觉性层次的表达；后者作为和谐生活空间的生态秩序概念来使用。此处，仅限于前者的用法加以阐述。

城市景观的概念通过1959年出版的F. 基伯德的《城镇设计》和卡伦（G. Cullen）的《城市景观》等论述被明确，景观成了规划和设计的对象。芦原义信在《外部空间的构成》（1962年）中，论述了城市中建筑与空间的秩序与和谐，提出了PN-空间、$D/H$等基本指标，接近了城市景观的构成原理。

另一方面，自然景观受到关注是始于樋口忠彦的《景观的构造》（1975年）。樋口将作为主体与对象之关系的景观，从关系成立的元素和作为成立结果的景观类型两个角度进行阐述，在揭示景观研究的构架方面具有重要意义。

篠原修在《景观设计的基础研究》（1980年）中，基于樋口的理论，将包含人工元素的对象与主体的关系以图1所示的景观理解模型来表示。而且，通过明确分析指标、揭示规划制定程序等，将景观研究向规划方法论方向推进了一大步。边留久（Augustin Berque）在《日本的风景与西欧的景观》（1990年）中，批判了产生于现代的景观论，论述了新的景观设计的必要性。

（土肥博至）

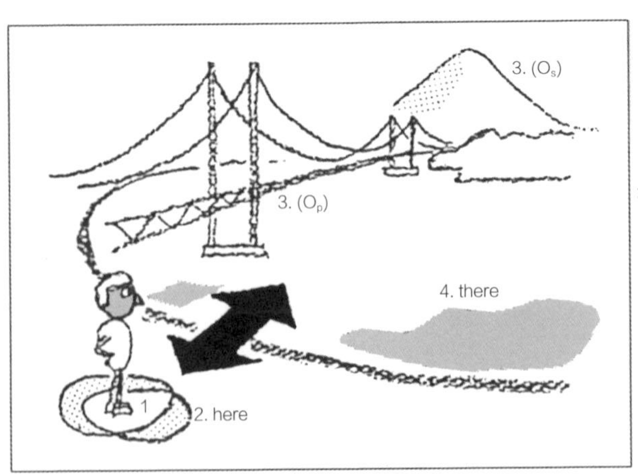


**景观构成元素**

1. 视点
2. 视点场 $L_{SH}$
3. 主对象（主对象 $O_p$
副对象 $O_s$）
4. 对象场 $L_{ST}$

**元素的相关性**

1. V-$L_{SH}$
2. V-O
3. V-$L_{ST}$
4. $L_{SH}$-O
5. $L_{SH}$-$L_{ST}$
6. O-$L_{ST}$
7. $O_p$-$O_s$

图1　景观把握图

# 景观构造

structure of landscape

所谓景观构造，是指成为景观对象的空间性环境所具有的构造的特点。空间环境由各种元素综合组成，在这些元素中，与其他元素建立关系并给空间以秩序和方向性的元素即为构造元素。

构造元素在多数情况下比周围显眼或呈连续线的形状。多通过提取这样的元素来表现景观对象的特性。

之所以提取构造元素，是因为各个微小的或非构造性的空间元素在与主体（人）的关系方面区别性很强，而构造性的元素给众人带来共通的意义。

景观构造，特别是就自然景观而言，其决定性的重要元素是地形。群山、盆地、溪谷、高原、海岸线等这些极有可能将景观构造化的元素，几乎都是地形或地形与地质、气象、植被等自然元素组合结果的呈现。

对于城市景观而言，地形的影响略有减小，但在处理城市整体景观时，依然是重要的元素。同时，商店街或校园这样小范围的景观，建筑物或开放空间等地形以外元素的重要性会增加。

图1是冰岛北部维克村的风景。图中显示在严酷的自然条件中经营畜牧生活所创造的美丽的景观和清晰的构造。

（土肥博至）

图1　地形和畜牧构成的景观构造（冰岛维克村）

# 景观评价

evaluation of landscape

景观评价有各种方法。鉴赏优美的风景，用文章或写生描绘获得的感动和印象，这在某种意义上也是景观评价。但是现在对景观保护和建设规划的必要性呼声日渐高涨，仅以这种主观的、情绪化的记述显然不够，要求有更客观的结合规划方案的评价。具体评价方法根据目的而异，大体上按以下步骤进行：

（1）客观记录、评价对象地区的物理性空间特性。

（2）将其结果按种类、区域等进行分类整理，提取构成景观的主要构造、元素等。

（3）虽然在此阶段，调查者或规划者多针对各构造、元素进行价值判断（评价），但有时也会由地方居民和普通实验参加者进行印象评价。

图1显示日本水户市城市景观基本规划制作过程中进行景观评价的一部分结果。首先，从以下各方面对景观元素和构造中所发现的景观特性进行理解，包括地形、水系、绿地、眺望等的自然景观；城址、寺庙、街道等历史景观；以铁道、道路为中心的移动景观；包括村落、街道、核心设施的社会景观。其次规划者对各元素和特性进行评价，提取景观单位和景观类型。最后掌握市辖区全部地区景观构成。

（土肥博至）

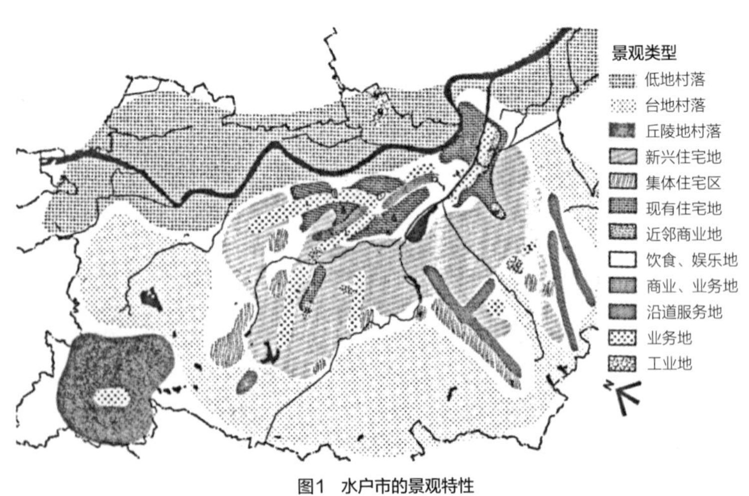


图1　水户市的景观特性

# 景观设计

landscape design

景观设计是指从住宅的小庭院，到包围建筑物的外墙部分、公园和绿地、配置有建筑群的校园等的土地利用，以及地区整体的土地利用等，设计范围广泛。以下从与建筑的不同之处举例说明其特征。

与主要和水平地面打交道的建筑不同，景观设计需要通过挖土垫土建出倾斜的坡地。再有，考虑到日照情况、气温变化、雨水流、土质等因素，需要针对地面装修材料和地表被覆植物、树木、水流和积水进行规划。

不仅要熟知气候和土壤因素，还要进行包含维护管理的规划设计，否则，景观很快就会荒芜。

与水、植物打交道，也意味着要创造出清凉和温暖。与各种用途相互重叠的建筑物不同，有时景观设计的目标就是建造一个专门用于休息的地方，有时被要求具有艺术性，有时以顾及生态体系的设计为目标，设计师需要具备广泛的知识和经验。

景观设计中有时要制定建筑物的布局、形态、色彩等方面的规则，对横跨长时间的变化过程进行设计，因此也有与城市规划和城市设计相近的部分。

由于景观设计要处理的是各种规模易发生变化的对象，所以想要“在任何地方都适用的设计”是难以实现的。

（日色真帆）

图1　连接楼群的长广场（品川中心花园）

图2　与风景一体化的美术馆（右上）
路易斯安那美术馆/乔根·波
图3　与艺术相融合的大公园（右下）
（莫埃来沼公园/野口勇设计事务所）

# 声景

soundscape

声景，是声音的环境或声音的风景，此概念是在20世纪70年代初由加拿大作曲家兼思想家谢弗（R. Murray Schafe）所提出。其含义是，整体性地捕捉来自自然界的声音、城市的噪声，甚至音乐等包围我们的声音，将其作为风景来考虑，并作为一种文化加以升华。

谢弗同时也提倡声景设计。其含义是在既有的城市规划和环境设计领域，导入听觉这个侧面，对地方的声音环境加以保护、修复并加以想象。不止于导入新的声音，还提倡包括噪声管理和空间规划、教育等内容的跨学科领域的发展。

声音反映城市和地方、国家等的固有的文化特性，有好恶之分。有研究表明：与喜欢虫鸣的日本人相比，欧美人对于虫鸣只觉得是噪声。

另外，声音环境和人们行动、行为的场所紧密结合。例如机场周边喷气式飞机的噪声问题，对于旅行者而言，在机场听到如此巨大的声音，也许反倒激起旅途的兴奋甚至产生愉悦感。

关于构成令人愉悦的刺激元素，有1/f分布之说。多出现在由自然现象引发振动的波形中，频率（f）越高能量会越大，但是自然界的声音分布与频率成反比。作为自然界声音代表的水流声即是其典型例子。

ambient原指“包围”“周围”之意，近来在音乐领域，出现了关于充分发挥环境之声这种不扰人的噪声的动向，有些类似环境音乐，但应用在声音雕塑（sound sculpture）中，亦即播放基于完全不同的别处场景所产生的声音。例如，在横滨的西鹤屋桥，以树林为主题的栏杆能奏出满天星般的金属音。

饱含自然感觉的水流声和鸟鸣、波浪等的声音作为环境音乐的声音效果已得到承认。近年也有在办公室里播放BGM以使员工注意力集中或放松的例子。而且，在城市空间里也会进行声音的控制和演绎，以烘托场所氛围。

（位寄和久）

# 公共艺术

public art

公共艺术是在城市公共场所制作的环境造型作品。城市空间与艺术相结合的现代潮流发端于20世纪60年代美国的市民运动，是与市民参与的城市建设紧密相关的城市设计的一部分。

在城市广场和大道设置雕刻的做法历史悠久，但几乎都是纪念碑式的，相比之下，公共艺术的特征是环境性的造型物。

所谓环境性，是指与所置场所和空间的关系十分重要，美术馆里的作品，或者不知置于何处才合适的批量产品不是公共艺术。最近出现了与建筑物或广场的一部分一体化的作品，以及将具备功能的物体或场所直接作品化了的艺术作品。

图1所示的事例是设置在市中心高密度再开发地区的新宿安全岛的独具特色的公共艺术尝试。在作为甲方的住宅城市建设公团（现：城市再生机构）和作为设计方的日本设计的共同策划下，通过建筑师与艺术家的紧密协作，探索了公共艺术应有的形态。

来自世界的10位著名艺术家参与了这项活动，展示了象征性的作品、概念性的作品、与建筑物墙面或道路一体化的作品等，显现了公共艺术的多种可能性。

（土肥博至）

图1　新宿安全岛 / 左：R. 印第安纳（Robert Indiana）；右：R. 利希滕斯坦（Roy Lichtenstein）

# 现代建筑空间

space of modern architecture

所谓文化，是个人及其集体行为中被相对性的价值观所支撑的部分，即便为了彰显其相对性，思考一下长期以来被相当绝对的价值观支配的我们今天生活中的现代建筑空间，也十分有意义。

众所周知，城市和建筑中的现代空间概念蓬勃发展于欧洲。其萌芽已在文艺复兴时期初露端倪，在古典主义和东方视野以及知识普及的基础上，在对教会教义的自然观察和理性主义胜利的思潮中得以成长。这种对于世界认知的现代化，从大航海时代经过殖民主义、帝国主义、资本主义、地理大发现、多种异文化的刺激、城市与产业发展时期，以时代为背景，以宇宙和基本粒子的数学性的空间为基础，形成了现代空间概念。

如此，在现代空间概念基础上建立起来的是现代建筑形式，它以19世纪以后城市高速发展所带来的对功能性空间的大量需求为契机，以产业革命后的工业技术为工具，特别经由沃尔特·格罗皮乌斯，勒·柯布西耶，密斯·凡·德·罗等人所建立的，作为现代主义典范的国际样式，以趋向普遍性的时代的集大成者赫然登场，普适空间设计的概念正是现代空间的象征。

（若山 滋）

图1　国际样式和普适空间的典型（新国家美术馆 / 密斯·凡·德·罗）

# 文化空间

space of culture

人类的建筑，与其他动物巢穴不同之处在于：空间实现的技术随着时代的进步而不断复杂化、高度化。并且，如宗教建筑发展为象征其教义的复杂形式那样，建筑被赋予了文化的含义。

所谓文化空间，不仅指基于人们生存条件的空间，还指人与其集体营造所有“意义”的空间，特别在现代，指在与现代文明空间对峙的意义上，有关民族群体固有的习俗和礼仪、宗教等相关空间，或处于文明中的、脱离主流科学技术的艺术或审美意识的空间。无论从哪个角度，文化空间都是被赋予了某种“意义”的空间，就建筑而言，必须承认其多少尚需伴有技术或形态上的“样式性”。

所谓文明，总是朝向功能性和交换性，在不断否定当今样式的过程中前行的普遍性潮流，文化就是这潮流中作为沉淀物留存下来的样式的层层累积。

另外，若在人类文化、文明的历史基础上加以解释的话，所谓文化空间存在于从古希腊、古罗马时代直到今天一直孜孜不倦构筑的西方（其中包括地中海型城市文明）的现代文明的浩瀚历史中，以及有些偏离、有些对立的价值观当中。

（若山 滋）

图1　伊斯兰文化空间（卡萨布兰卡）

图2　印度教文化空间（巴厘岛）

# 空间的秩序

discipline of space

文化空间也存在“秩序”，正因为不具有普遍的价值交换通道，其内部的秩序形成力反而十分强韧。作为人们生活空间的城市和建筑，明显意识到的秩序概念有：中心与外围、内与外、表与里或表与纵深等。

在意义的场所中，必然存在其“中心与外围”，在某空间中，离中心的距离与此空间中人的社会排序有关。而且，中心与外围，在二维磁场中，以正面与左右，中央与末端、上下、前后的秩序呈现。

如果把建筑看作是将内部空间围合而成的存在，那么，建筑或城市的“内与外”也对文化空间的秩序具有重要意义。中心与外围表现空间意义的阶段性秩序，与此相比，“内与外”以极端的方式表现是否属于某个空间。

“表与里”或“表与纵深”这个概念，是关于其空间社会性的存在状态，“表”是指面向被社会正当化的权利或制度的空间，“里”指面向其反方向的空间。此外，“纵深”是指隔离于社会的隐蔽的私人空间。

关于城市和建筑中作为物理形态的空间秩序，直角格子是最普遍的秩序形态，其次是放射状或同心圆形态。前者表现均质的标准性，与此相比，后者强烈地表现出前述“中心与外围”的序列意义。

（若山 滋）

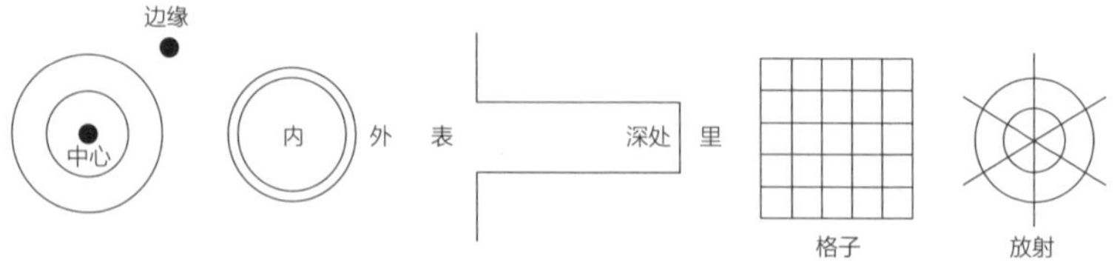


图1　空间秩序的几个基本概念

# 空间的多义性

ambiguity of space

文明这个词所意指的人类的生活经营行为，具有某种价值尺度。随着分工产生，专门职业出现，商业贸易发达等，逐步向高度组织化的社会前进。货币或许是最普遍的尺度。但是，文化这个词所意指的生活经营行为，不存在不同形式间变换的尺度，形式与形式总是相对地、多意地存在，即便有基于符号差异产生的“含义”的交换体系，也没有基于尺度的普适的价值交换体系。

就像“universal”或“宇宙”，都来自“唯一的”这个词源一样，现代建筑空间作为普遍的，即单一的、均质的事物存在。与此相比，考虑文化空间意味着首先要考虑其相对性和多义性。

在康德的认识论中，空间与时间是先验的直觉形式，之后的哲学对时间与空间概念的认知进行了彻底的反思。梅洛·庞蒂以“身体住进空间里”这样的表达，论述了空间也是借由人类身体被相对感知的存在，精神和肉体单纯地不可分离等，展开了多义性哲学研究。多义性哲学以胡塞尔之后的西方认识论哲学中的现象学方法论为基础，与黎曼（B. Riemann）和克莱因（Felix Christian Klein）等人研究的现代数学中的非欧几里得空间，以及爱因斯坦和海森堡（Werner Heisenberg）等人在物理学方面的相对论式的世界认知的进展处于同一条轨道上。

（若山 滋）

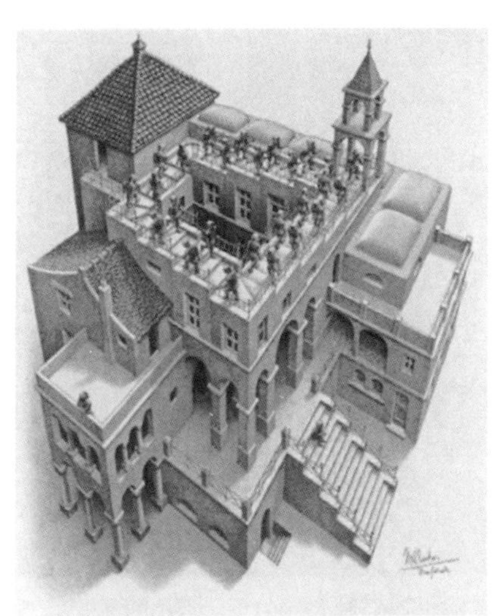

这也是由于视觉问题而产生的，与原本的多义性虽有些离题，但具有象征意义

**图1　M. C. 埃舍尔（M.C.Escher）描绘的空间**

# 被记述的空间

noted space

建筑在成为绘画或文章母体的同时，也是被绘画或文章所表现的对象。如果说前者是由符号赋予了意义的空间的话，后者则是在符号中以意义的方式出现的空间，恰是在被如此记述的空间里，我们看到了文化空间的身影。

绘画中的空间表现，曾经是画面主体神（圣人）、人或动植物的背景，仅为配角，从文艺复兴时期开始，阴影法和远近法得以显著发展，风景、城市、建筑成为重要的绘画素材。帕诺夫斯基（Erwin Panovsky）将远近法当作象征形式，使之与文艺复兴时期世界观的变化结合起来。在日本的绘画故事中有一种被称为“吹拔屋台”的建筑描绘方法，这是一种俯瞰画法，通过移动视点并连续俯瞰的方式配合故事的进展使空间变化的一种手法，表现了连续性的、开放性的、漂浮性的内部空间。

用文章来记述空间，则表现出与绘图记述完全不同的状态，所表现出的不是空间的物理学、几何学的形态，而是经过了人的认知和语言过滤后的空间性的表象，应该用与梅洛·庞蒂和博尔诺等人所说的“被生活的空间”概念相近的“被书写的空间”来表达。

（若山 滋）

图1　被文字记述，后又被绘画记述的空间（源氏物语画卷的一个场景）

# 奥·象征

oku/ symbol

“奥”(纵深处)是由外向内深入的地方。“象征”主要是用以表示抽象事物时的标志。“奥”和“象征”虽是不同的概念,但常在记述日本传统空间时被联系起来使用。奥·象征这对概念与西欧的中心·象征的概念相对。中心给人的印象是明亮、宏伟、形态明确,与此相比,“奥”的印象是昏暗、收缩、轮廓模糊。

在西欧,从古代时起,城市就在中心设置神殿和广场等象征性的建筑。随着时代变迁,神殿被教会和市政厅替代,但中心和象征的形象却保留了下来。与此相比,在日本,如住宅深处的壁龛、村落深处的神域等,“奥”一直被视为具有象征性的场所。在西欧,中心经常是人们汇集的公共空间,日本的“奥”多是无人的神秘之处。

世界遗产“熊野”是日本奥空间的代表之一。这里有诸如修验道(日本宗教)的吉野、大峰;神佛习合(日本宗教)的熊野三山;密宗的高野山等,是起源、内容均不相同的山岳神灵之地的纵深之处。在熊野古道土修建了多条参拜道,成为人们从全国各地来拜谒的秘境。

研究“奥”的代表性著作之一是槙文彦等人所著的《若隐若现的城市》。书中,将西欧的“中心-分隔”,与日本的“奥-围绕”视为区域建构的对立概念。另外,“奥”不像中心那样被建造而成,而是被多褶皱的区域包围形成,其根基是深植于当地风俗信仰中的对土地的敬畏。

(福井 通)

图1 那智的瀑布

图3 熊野神社

图2 熊野古道

图4 深院,玉置神社

# 环境的诗性

poetic-imagery of environment

诗性这个词被使用于空间规划学领域，始于笔者及同僚所作的一系列“关于环境诗性的研究”。但是，其基本思路在很大程度上来自以下两个文献。

一是濑尾文彰的《作为诗的建筑》，书中有如下论述：由建筑美学观点将超越美的充满活力的价值称为诗，诗即是感动，无法由通常印象的代码带来，只有“脱离代码”才能唤起感动。

另外，濑尾文彰和坊垣和明在《关于舒适性的构造的基础研究》一书中，以神经生理学的观点为基础，在comfort，pleasant之上设定了pleasure阶段。这是超越了以维持活体机能为目的的阶段而进入追求精神快乐的阶段。作为pleasure的事例，比如：将接触寒气和浸泡温泉交替重复的行为提升到文化层次的露天温泉浴等。

以上两者所指出的是，脱离或违反印象代码（文化、民族和特定集体内部共通的感受方法和产生印象的方法）的意识现象。脱离或违反印象代码会带来感动，并给我们的生活带来生机与活力。

针对这一点，上述研究者们基于印象构造的思考方法（由特定的物的元素想起印象，将其展开，直至得出最后印象为止的因果连锁性的过程进行整理、记述的思考方法）展开了调查研究，研究认为诗性的印象构造的特征是：印象构造被切断，切断后的构造一部分相互间以特殊关系相连接。因此，通常的印象表现方式为“像……”“感觉……”，但诗性的印象多以“啊”“震惊”等语言来表现。调查研究中所得的诗性的印象构造的事例如下图所示。

（高木清江）

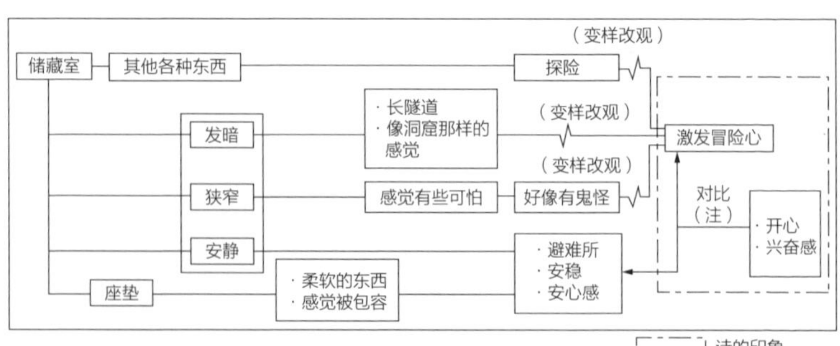


**图1　诗性印象构造的事例**

注：能躲避的场所带来的安心感和激发冒险心的兴奋感的对比性一体化

# 非日常的空间

non-everyday space

非日常与日常是对照性的、成互补关系的一对概念，一方为前提，另一方才能成立。所以，所谓非日常空间，不是由其空间具备的固有性质和特征所能解释，而是在与日常空间的对比中根据差异效果所产生的空间。

与非日常和日常类似的成对概念之一，比如“hare（晴れ）”和“ke（穢）”。在民俗学中，对于日本自古而来的生活文化有如下解释：“hare”表示庆祝仪式和年内的各种节日、婚丧等非日常性的时间与空间；“ke”表示日常劳动等的时间和空间，如此循环往复。在城市化的现代生活中，随着曾经非日常的特别的服装、饮食等逐渐日常化，“hare”和“ke”的区别变得模糊不清。因此，非日常和日常的边界不是绝对的、固定的，会根据时间和场合变化；同样，也很难将非日常的空间看作不变的事物。

例如，居住空间因拉了稻草绳（祭神时用）转而成为神圣的空间；道路和公园会成为被临时占用的节日庆典空间；建造在隔离日常生活场所的主题公园等，都可称之为非日常空间，其与日常空间的物理距离、样态都有很大不同。在年末吸引很多人去观赏的“东京千年节”是在市中心路上临时搭建的彩灯装饰的拱廊空间，是平时体验不到的稀有空间，其与平时的商业街形成的反差呈现出了更强的非日常性。

（乡田桃代）

图3　临时搭建的彩灯装饰空间吸引了非常多的观赏者（照片提供：Valerio Festi / I & F inc）

图1　丸之内商业街的日常空间（左上）
图2　非日常空间的节日活动“东京千年节”（左下）

# 祭庆活动空间

festival space

“祭”在日语中是“奉”（意为“侍奉神”）这个动词的名词形式，通常表示供奉神明的行为。祭庆活动这种非日常性活动的形式和内容，反映参与者所属共同体的生活文化、社会状况以及社会定位。祭庆活动的非日常世界是对日常世界的反映和再认识。

近代以前的日本社会，村落共同体形成了以氏神（地区守护神）为中心的祭祀集体。在现代，神和人们日常生活的关联变得稀薄，祭祀出现了商业化、观光化的倾向。

现代的祭庆活动根据宗教色彩和观光化程度区分为：“宗教祭庆活动”“地方祭庆活动”“家族祭庆活动”“大型庆典活动”（图1）。祭祀空间中有象征或舞蹈场所等核心焦点空间，使人们向心性地聚集（图2）。宗教性祭庆有很大的核心区，强调神秘性。地方性祭庆活动在大核心的周边存在附带的庆典活动或露天店铺等小核心区，以增加娱乐元素。大型庆典活动没有大核心区，分散存在着多个异质或同质的小核心区，商业性元素增多。

祭庆活动空间的领域，随着核心的存在和行为而变化，非常模糊且具有流动性。加上作为次位空间的装饰道具等烘托出祭庆活动的引导空间，引导人们逐步从日常空间到非日常空间，直至进入神圣空间。

近年来，祭庆活动的象征在非祭庆时期也被赋予独立空间来进行展示，这种将祭庆空间的一部分切取、保存使之日常化的现象可见于面向游客（观光化）的庆典活动中（图3）。

（田中奈美）

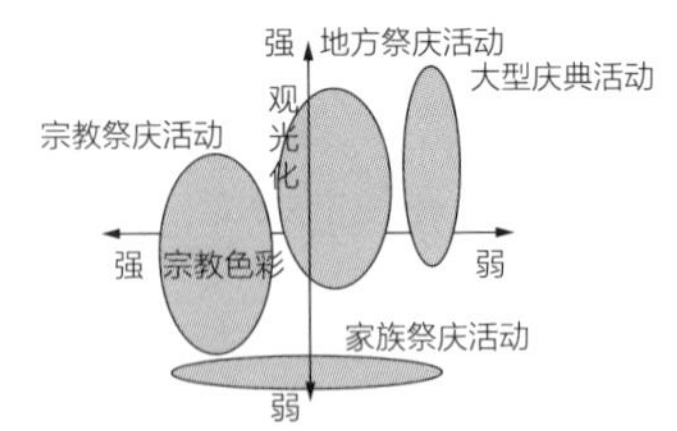


图1　现代祭庆活动空间的类型

图2　神户南京街中秋节

图3　博多山笠山车

# 送葬空间

funereal space

送葬，是吊唁死者，将他（她）由这个世界送往另一个世界的仪式。虽然仪式的方式依宗教和传统文化而不同，但送葬时不举行任何仪式的文化是不存在的。

大部分日本人举行佛教的送葬仪式，由包括守灵和告别式的葬礼、火葬、埋骨、扫墓等一系列仪式组成。还有头七日、第四十九日、新盂兰盆节、周年忌日、忌辰纪念日、春分周（彼岸）、盂兰盆节等佛事，广义上构成送葬活动的延长线。

送葬不单是与死者离别，将死者送走，之后也会和死者保持精神上的关联，是确认一体感的过程，也是让死者继续活在家属、亲族心中的一套形式体系。

和送葬仪式直接相关的空间，是葬礼场所、火葬场及埋葬和扫墓的场所（即墓地）。葬礼除了在教会和寺院等宗教设施和集会设施举行以外，也可在死者住所举行。这种情况下，设置祭坛张挂幕布，点上蜡烛或灯，将住宅这种日常生活的场所，转换为神圣的、象征性强的空间。

图1是建筑师阿斯普隆德（Erik Gunnar Asplund）设计的斯德哥尔摩郊外的火葬场、礼拜堂、墓地结合的陵园（略称为火葬场）。这是一个优秀的设计，建筑师细致地体察了扫墓者的情绪波动并由此设计出了卓越的空间结构。

（土肥博至）

图1　陵园（斯德哥尔摩）

# 宗教空间

religious space

宗教是人类对于不可知的自然和自然现象的恐惧，以及希望相信有左右人类生存的超越能力存在的、由人类的想象力创造出来的信仰。特别是，对死后状态的未知的恐惧，萌发出对永生、对没有劳苦疾病的世界的憧憬，希望自己的人生走在通向梦想王国的道路上。

宗教空间是绘画和雕刻、文学和音乐等人类所有文化活动的孕育之地，与此同时，宗教空间也有其原点，这里是恐惧和希望被直接投影的地方。

宗教有时会支配人们的全部生活，所以不论在住宅或是街道、山野，所有的环境都可以成为宗教空间。只是这种情况下，必须加些装饰和陈设使之转换成神圣的空间。

作为常设宗教空间的教会和寺庙等宗教建筑，是极尽各个时代的知识与技术的精华而建造成的最高品质的建筑，迄今为止在人类文化遗产中占据压倒性的比例。

图1是科尔多瓦清真寺的内部。在8世纪作为伊斯兰寺院开始建造，收复失地运动以后被改造成基督教会。圣堂内部林立着无数的圆柱，由白色岩石和红砖相间构成的双层拱门连接。走进种有许多柑橘树的敞亮的中庭，会被一种超凡脱俗的感动包围。

（土肥博至）

图1　清真寺（Mezquta，科尔多瓦）

# 艺能空间



folk entertainment space

艺能产生于人们生活的基础之上，在地方被培育并被继承。但是随着艺能的专业化，其空间的特色化和固定化，它作为地方文化的特征出现了淡化的倾向。

艺能原本在与其他人住在某个特定区域从而获得共性来确认现实生活确定性的过程中产生。这是以明确自身及周围环境的起源、组成，来确认自身存在的世界观的概念。

这种承担地方生活文化的艺能的存在，在体现当地社会新的连带感（协作感）以及当地固有的文化特性方面具有深远的意义。此处介绍山形县栉引町黑川地区的黑川能的事例。黑川能接纳猿能乐这个支流，有大约400年的历史。在各个季节的转换时节举行供奉活动，最大的祭祀活动是在2月举行的从凌晨开始长达约一天半的王祇节（图1）。

王祇节的准备时间长达一个月，代表神的王祇从神社被请出来，请到地方最年长者（即头人）家。头人家里成为神的住所，于是家里设置能舞台。为了设置能舞台，将所有墙壁撤下，甚至有时还需取下顶棚板，增设临时房间。这样，日常的居室空间会戏剧性地变为非日常空间（图2）。

黑川能很受当地居民重视，整个家族的约三分之一人口要扮演能的角色，由于角色需要人手，有时妻子不得不代替丈夫在冬天外出打工。在艺能融入当地社会的同时，显然存在通过艺能来确认居民间的协作及确认相互存在的世界观。

（田中奈美）

图1 王祇节（摄影：伊藤真市）

图2 日常空间的转换

# 休闲空间

leisure space

人们的生活时间分为：睡眠、饮食这种为维持生命所必需的时间；工作、学业、家务等为维持、提高家庭、社会水平的约束性时间，以及自由时间。休闲活动发生在自由时间段内，包括：休闲活动、交谈和交际、使用各种媒体、休息等活动。

用于这些休闲活动的空间涉及以居住空间为中心的日常生活圈和非日常生活圈。在日常生活圈里，维持居住空间和地方生活环境的社区所需的空间即是休闲空间。

在居住空间中，上述必需时间、约束时间、自由时间断续性反复进行。虽然也存在用于个人爱好的房间等专用的休闲空间，但通常各居住空间根据在其场所所做的休闲活动也可成为休闲空间。在家庭内招待客人的空间也是休闲空间。

还有，日常生活圈的社区所需空间包括城市公园和儿童游乐场；游泳池和健身房等各种体育设施；市民中心和社区中心等集会设施；图书馆、美术馆、剧场等文化、学习设施。

非日常生活圈包括繁华街区的商业、娱乐设施；温泉和疗养地、休闲场地的各种设施；野外公园或自然公园等。近年，在日本各地建成的主题公园也属休闲空间之一。

再有，街道对于居住者来说，属于日常生活圈的休闲空间；但对于访客来说，是属于非日常生活圈的休闲空间。

（金子友美）

图1　散步

图2　购物

图3　体育场

图4　温泉

图5　家庭菜园

图6　咖啡店

图7　美术馆（1）

图8　美术馆（2）

图9　游戏、体育

图10　购物（市场）

图11　图书馆

图12　观光（寺庙）

# 群体活动空间

event space

群体活动是指各种策划活动或节庆、运动竞技或体育比赛等活动。关于举办这些活动的空间，要有预先确定活动内容而规划设计的空间，包括室内、室外体育设施和剧场、会堂、展厅等。另外，近年出现了不限活动内容的多功能空间。

日常空间有时会由于非日常的事件而成为举办群体活动的空间。公园和广场由于节庆和举办活动会转化为群体活动空间。禁止了车辆通行以举办的日本各地的节庆和胜利游行、街头演艺和街头杂耍所聚集的人流，也将其场所变成了群体活动空间。

无论在海内外，市场空间（此处主要指室外进行的定期和不定期的集市）也属于一种群体活动的空间。在欧洲的城市广场，有每天不同的集市，也有一年当中只举办几次活动的广场。在日本，以寺庙、神社里举办的古董集市和旧货市场为首，公园和广场的自由市场也属市场空间。

还有，近年的日本，在商业设施、车站等不同用途的设施里设计的公共空间中，也能看到很多举办群体活动的事例。

作为现代的群体活动空间可归纳为以下五种：专用设施、广场、公园、道路、设施内公共空间。

（金子友美）

图1　节庆

图2　自由市场

图3　室外会场活动

图4　禁止车辆通行的节庆活动

图5　国外的定期集市

图6　商业设施内的演唱会

图7　广场上举办的奶酪集市

图8　神社里举办的古董集市

# 环境艺术

environment art

环境艺术是指根据与环境的关系而制作的艺术作品或表达行为。近义词有“地景艺术”（earthwork）和“公共艺术”（public art）。“地景艺术”兴起于20世纪60年代的美国，是直接以自然界作为制作素材的表现形式。“公共艺术”也是20世纪60年代产生在美国的词汇，指被永久性设置在公园等任何人都可自由出入的场所的艺术作品及其规划。

上述作品都是设置于美术馆以外空间的艺术作品，由于它们的出现，“艺术作品只陈列于美术馆这种专用空间”的概念被改变了。

所谓环境艺术，是指通过导入场所、空间这种意识，将作品与鉴赏者之间的距离也作为了表现空间的艺术。即，不仅表现制作物自体的外形，还将与周围环境的距离也包含在内来表现的，该空间固有的艺术。

在日本各地，为了振兴地区经济和完善景观也导入了环境艺术。例如：举办节庆活动等时，展示与城市、山区固有风景相融合、相呼应的作品，采用三年一次或隔年一次的举办形式，使其成为扎根于当地的活动。

还有，以观众参加的表演、艺术家的表演为媒介，使空间成为一个艺术作品的环境艺术；以及通过观众、听众参与制作行为所完成的参与式作品也属于环境艺术的一种。另外，我们自己时而也会通过揣测作品的意图这一行为参与艺术作品之中。

（金子友美）

图1
莫埃来沼公园/野口勇（左上）
图2
“祈愿作物成熟的山地五雕塑”/伊利亚&艾米利亚·卡巴科夫（Llya & Emilia Kabakov）（左下）
图3
在街区举行的活动（荷兰）（右）

# 社区

community

社区（community）一词很早便使用于社会学领域，用在共同体、共同社会、地方社会等各种含义的场合。美国社会学家马季佛（R. M. Maclver）认为社区是：在某一特定领域所经营的共同生活。社会学家希勒里（George A. Hillery）将94个社区定义进行了分类，指出其中较多的共通项是：地方、共同体感情、社会的相互作用三点。社区是极其多义的概念，但大致可以理解为是依据“地方性”和“共同性”这两个要件的社会。

针对现代社区进行思考发现，从具有较强地缘、血缘的人们定居的村落社会进入由流动性居住者构成的城市社会，以及生产场所和居住场所的分离，这两点给社区带来了质的变化，需要重新审视社区的含义。

另外，在今天的信息化社会，与现实生活中的社区相对应，产生了由互联网虚拟空间形成的网络社区，参与者可通过网络论坛和群发邮件、聊天工具等实现相互交流。这种由不特定人群的参加者自发形成的社区，其形成不受距离限制，与物理性的“地区性”也无关，但相对地，由于存在参加者匿名性及信息可信性、伦理等方面的问题，对于其今后的发展趋势，在现阶段尚无法推断。

（乡田桃代）

生产及居住场所一致的村落社会，是连带感比较强的共同体

图1　渔村
（照片提供：长坂大）

图2
通过BBS进行信息交换的社区网站

城市社会社区出现人际淡化问题

图3　郊外新开发的住宅区和市中心的住宅小区

# 领地

territory

领地，作为动物生态学用语，其含义是：对同种或异种的其他个体或群体，以单独或成群防御来进行防卫的区域。

领地遭到入侵，除以威吓和斗争来击退对手以外，还可通过“留下气味”“刻树为记”“啼叫”等发出禁止进入的信号（势力范围的表示），或者像猴子以“骑马行为”的仪式来表明占有权。这些行为都是为了尽可能避免直接交战。

人类社会中的领地可用拉绳定界来说明。拉绳定界原本是在地面上拉起绳子划定边界，以区别自我与他人，或者对特别的区域加以标明的一种行为。它成为占有土地、区域的声明，发展至今成为占有区域本身。人类的拉绳定界行为，其圈划的范围有时会超出实际需要的大小，领地意识也会随时间被强化。

研究课题方面，在住宅方面有针对房屋空间占有意识的研究；在村落研究方面，有关于对散居村落重视个人自给自足性和对聚居村落重视群体排序性等的研究。上述概念与动物领地概念十分相近，并非都与生存和权力斗争相关，但排他性、团结性、封闭性等相对于外部凸显了领地内部密度的空间研究受到瞩目。另外，边界装饰或表示个人空间占有的各种标识，以及进入他人领地时的寒暄方式等都属于占有领地行为的研究范畴。

（镰田元弘）

图1　表示占有领地的物品

图2　表示占有领地的设施

# 生活领域



living area

生活领域是指个人或集体持占有意识所支配的特定空间。支配是指在此领域内进行监视他人侵入、表现自我、维持管理等行为。虽多与行动圈、认知圈重合，但与此二者不同之处是，行动圈未必由自己支配；认知圈即便不伴有支配或行动，也是基于个人所知能够说明的领域。类似的概念还有“领地”，但不同点在于生活领域里不伴有防卫和斗争。

生活领域的分类如下：① 根据支配时间；② 根据支配主体；③ 根据空间规模；④ 以与认知圈或行为圈的关系来规定，等等。根据时间可分为暂时空间支配和恒定支配；根据主体可分为个人领域和群体领域；根据空间规模为可分为日常生活圈、行动圈；根据认知圈可分为确定的领域、潜在的领域、非领域等。生活领域形成的意义在于，孕育人们对地方和空间的感情，有利于社区的形成。

研究课题有：第一，作为个人生活领域的多种“场所”，连接个别单位空间和领域的手法，将土地、地形、地名等领域固有的空间象征共有化；第二，作为支配生活领域，对环境调查及规划制定的具体参与；第三，作为应对生活变化的措施，如何把握随着信息化所带来的认知空间扩大的生活领域，以及流动性或多据点生活中的生活领域。

（镰田元弘）

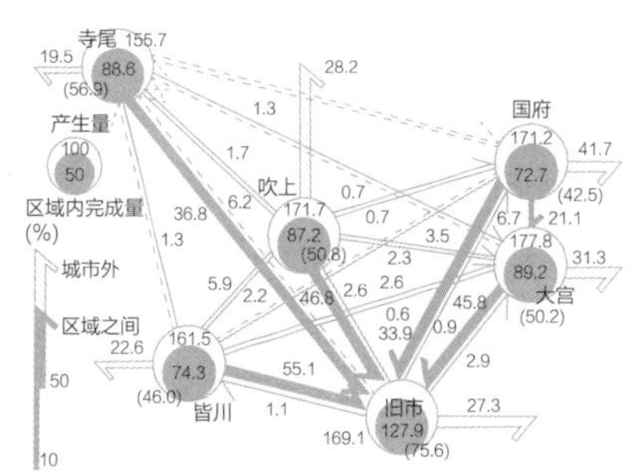


图1 生活行为的区域内完成和区域间移动

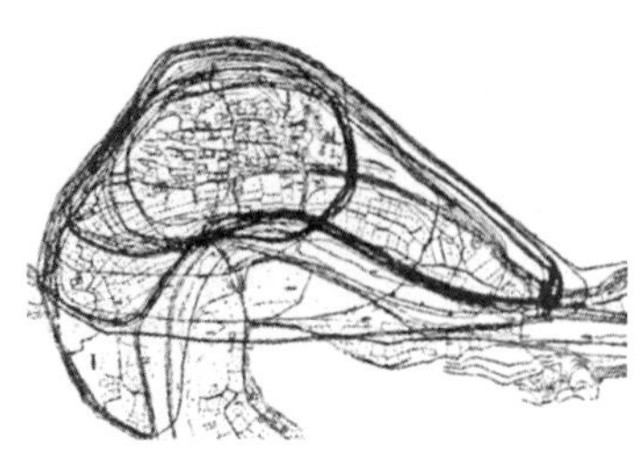

图2 对村落领域的认识

# 共用空间

common space

共用空间的共同性具有共同所有、共同使用、共同管理的特点。这些条件重合时可称之为真正的共用空间，但现实中多是分化的。实际状态的共用空间可从内部空间和外部空间两方面来看。

作为内部空间的共用空间，主要指住宅里的客厅、茶室或老年设施里的沙龙等，家人及共同生活的居住者所共同使用的交流空间。在建筑设计中多采用与个人房间或单人房间相反的处理手法。

对外部空间而言，农村和城市的情况颇为不同。前者的中心课题是根据居住者的变化来维持和重新构筑共用空间；后者则主要聚焦于集体居住中共用空间的形成。

村落的共用空间涉及以下很多空间：道路空间、水路空间、广场、生活设施、农地、林地、祭祀空间等范围广泛，也多与持有、使用、维护管理相关联；在城市的集中居住区，作为日常交流场所的开放空间和楼内大堂及通道等属于共用部分。

集中居住区的共有空间依照如下一系列的循环程序来满足其共同性：① 通过促进使用共用空间来强化群体凝聚力；② 由凝聚性获得归属意识及促进向共有意识的发展；③ 由形成共有意识带来共有领域化；④ 由共有领域形成而产生的空间支配（监视、个性化的空间装饰和陈设、管理等）；⑤ 由监视和管理获得安心感及进一步促进共用空间的使用。

（镰田元弘）

图1　村落的共用空间

图2　慈善机构的共用庭院

# 协建和共居

cooperative/collective

研究现代居所与社区的关系时，协建和共居是不可或缺的居住模式。

协建在欧美称为“cooperative housing”，是主流居住模式；在日本通称“コーポラティブハウス”（对应co-operative house，为日本造英语），是指由希望自己建造自家住宅的人们设立协会，共同来获得土地并进行建筑设计、施工招标等共同获得房屋，建成后作为管理协会来进行住宅的管理和运营。这种方式具有住户可自由设计及削减多余经费等优点，也可通过共同建造及入住后共同管理和运营，在住户间产生连带感（协作）和信赖感，对社区的形成可起推动作用。

共居（collective house）允许多个个人和家庭在维护个人及家庭隐私生活的同时，将用餐等日常生活的一部分共同化，由独立的住宅单元和共用空间构成。共用空间的内容根据共居的主题而不同，可以是食堂、客厅、盥洗室、工作室、菜园等。

20世纪70年代以瑞典和丹麦为中心开始很多这方面的尝试，在欧美可见很多这样的共居实例。在日本，是以阪神大地震后建成的面向老年人的复兴公营住宅“爱心互动住宅”为契机而受到关注。在很多家庭及个人共居的东京“坎坎森林（Kan Kan Mori）”住宅，是以参与和共生为理念追求自主运营的居住模式。

共居是在低出生率及高龄化、核心家庭化、单身者增多这样的潮流中，在探索居住及社区的应有模式方面所做的一个投石问路式的尝试。

（乡田桃代）

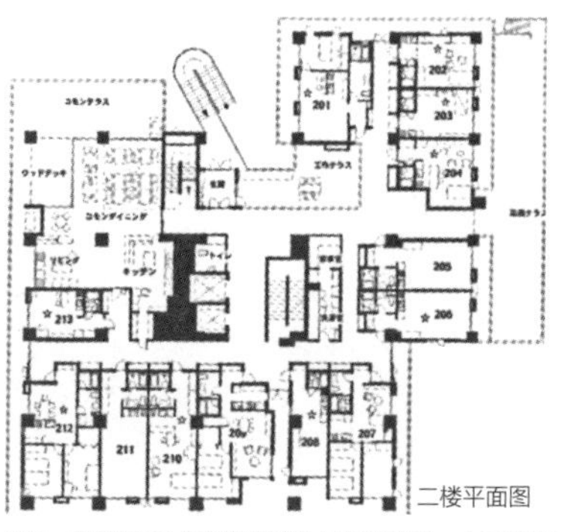

二楼平面图

在宽敞的厨房做饭

在公共餐室用餐

图1　集体住宅“坎坎森林”（照片提供：木下孝二，图片提供：NPO Cooperative住宅公司）

# 街区保护和改造

townscape conservation/rehabilitation

街区保护的条件是：其一要具有符合其地方风土的建筑形态或样式，其二要能代表地方文化，在此基础上加以保护并使后世继承的行为称为街区保护。而街区改造是指当城镇街区不符合当今所需的使用方式时，在保留其价值特征的同时，进行修复和改造，使其可以重新利用的行为。

街区保护的实例有：多雪的高田雁木町屋；金泽的白木与垂帘的街道；小樽运河畔以及各地的明治时代西洋风格的建筑物。1975年，文化遗产保护法修订后，建立了传统建筑群保护地区制度，以保护其外观为目的，根据条例可以限制对现状进行更改。对于特别有价值的街道，由大臣将其选定为重要传统建筑群保护地区，截至1990年，弘前中町、京都产宁坂、仓敷市仓敷河畔、冲绳县竹富岛等29个地区在选定的名单中。

改造方面，在以伊势神宫闻名的伊势町，1993年，政府和民众共同努力对江户至明治期间的伊势路进行了改造，建造出了充满伊势风情的街景。位于其间的御荫横丁有27座包含店铺和资料馆在内的建筑物，占地面积2700坪（一坪约为3.306m$^2$）。改造工程采用了传统的施工方法，显现了妻入式正门、雕刻式外墙等传统建筑特征。

（铃木信宏）

图1　金泽市东町历史悠久的白木、垂帘的街道

图3　京都市产宁坂的街道；有特点的道路、墙和低矮的房顶

图2　仓敷河边贴瓦的仓敷考古馆

图4　御荫横丁（Okage），复原了从江户时代到明治时代的伊势路建筑（摄影：金子友美）

# 城镇发展协定

agreement on cultivating a town

是指居民间缔结的城镇建设方面的协定。此协定多基于法律和法规。大体上可分为地方规划协定、建筑协定、绿化协定、任意的城镇建设协定。

（1）地方规划协定：是市镇村和居民联手制定的地方建设规则，经过市议会等的决议来实施的城市规划法方面的协定。

（2）建筑协定：是为了维持或改善住宅区、商店街等的环境或便利性，有关建筑基准法内容的规定。该协定是针对建筑物的位置、结构、用途、形态、设计、设备等的规定，在协定区域内土地所有者和建筑物业主的全体同意以及市镇村的决定基础之上成立。

（3）绿化协定：根据特定区域的土地所有者全体一致同意，针对绿化的对象区域、栽植场所、树种、围栅的构造、协议有效期、违约条款等事项缔结的协定。经市镇村长同意后实施。绿化协定是基于1973年公布的城市绿地保全法而实施。

（4）任意的城镇建设协定：是地方居民的任意协定。由于没有法律上的保障，实施时需要在运营上下功夫。

三岛市的源兵卫河畔及街区建设是充分发挥市民协定的作用再现了街道原风景的成功例子。该项目由静冈县东部农林事务所发出倡议，市民、企业、市行政一同出谋划策，完善了设计者的设计构思，建造出了充满魅力的城市。工期从1991年到1997年。在其过程中，为实现城市协定而创建了各种基层组织，例如地区规划制定恳谈会和协议会、河畔垃圾捡拾会、河畔花卉基金会、萤火虫会等。还有13个市民团体联合起来设立了“地方工作三岛实行委员会”（全国最早的实践例子）。

（铃木信宏）

图1　在三岛市源兵卫河里的飞石道写生的初中生们；这是根据协定修建的作为管理道、散步道、河净化道的河中道

图2　源兵卫河下游的散步道和花圃式河畔

# 工作坊（居民参与）

workshop

workshop这个词的原意是“工作间”“车间”，最近也常被用作“参与者进行自主活动的工作坊”。工作坊常见于戏剧演出和美术活动，在城市规划和市镇建设、学校教育、企业培训等诸多领域中，工作坊备受瞩目并被广泛应用，可称之为“参与者自愿参与、体验并学习、创造的场所”。

在城市规划领域，20世纪60年代美国的环境设计师哈普林（Lawrence Halprin）是提倡工作坊的先驱，反映了他对人们自主参与设计过程的重视。另外，美国建筑师萨诺夫（Henry Sanoff）提出了在建筑规划、设计领域可有效反映居民意见的工作坊方法——“设计游戏”。

在日本，伴随居民参与城市建设的潮流，工作坊作为居民参与的一种形态被固定下来。城市建设方面的工作坊，是地方相关的各种职位工种人士参加的，以协同方式解决课题、进行规划的方法，其对象涉及公园建设、道路建设，公共设施规划，小区改造和共居建设等有关居住的规划，市镇村城市规划的主方案制定等诸多方面。

东京世田谷区以积极推进居民参与城市建设而闻名。在北泽川绿道改建规划中，实施了居民参与的多种形式的工作坊，包括规划方案的现场测量确认、细流的剖面模拟游戏以及实际尺寸设计游戏等。

（乡田桃代）

在现场进行的基本设计方案实际尺寸确认

研究绿道的细流

在小学校园进行的实际尺寸设计游戏

完成后的绿道细流

图1　北泽川绿道改建规划的居民参与式工作坊（照片提供：世田谷城市建设中心）

# 通用设计

universal design

消除妨碍残障人士、老年人、儿童等被称为环境弱势群体自由活动的障碍物，被称作无障碍（barrier free）。这个词不仅含有排除物理性障碍的意义，也有排除心理、社会性障碍的含义。

无障碍设计在最初仅限于排除物理性障碍，基于“只要能到，绕点路也无妨”的想法。但这种做法显然不理想，主流（取消特殊性）思路逐步趋向于“应该和正常人走同样路径”。之后又更进一步，由消除为特定人群排除障碍的负面思路，发展到更加积极的、追求对任何人（包括环境弱势群体在内）都更加体恤更加便利的环境、设施建设的通用型设计思路。

例如：扩宽检票口方便乘坐轮椅的人通过；入口和出口设在相反方向的电梯便于孕妇、推着婴儿车的母亲以及携带大件行李的旅行者出入。考虑到将来看护的需要而为老年人设置的宽敞的卫生间也是基于同样的设计思路。

通用型设计是基于如下基本认知：即便是健康的年轻人，也会发生诸如在体育活动中受伤、怀孕、携带大件行李、酩酊大醉等对环境的反应能力暂时下降的时刻，另外，任何人都不能避免由于衰老而逐渐步入环境弱势群体行列这一事实。

（大野隆造）

图1　斜路横切台阶中央

图2　保障所有人安全的设有安全门的车站月台（左上）

图3　电梯门可双向开启关闭（右上）

图4　宽敞的自动检票口（右）

# 正常化

normalization

以1981年的国际残疾人年为契机，正常化的理念在日本迅速普及。该理念在20世纪50年代初，兴起于被称为高社会福利的北欧诸国，以“人类尊严”“人类平等”“以人为本”等视角重新审视当时的残疾人福利，具有划时代的意义，因此被各国相继接受，现在作为世界残疾人福利方面的基本理念而深入人心。

正常化的理念，如班克·米凯尔森（N.E.Bank-Mikkelsem）所述：“并不是将残障正常化，而是将残障人士的所有生活条件尽可能等同于无残障的人们的生活条件”。该理念的意图是理解人的多样性，以期实现基于人的尊严的平等社会。亦即：在恰当的支援下，任何残障人士都可以和正常人一样过自己所期望的生活，这是正常的生活，我们必须为它的实现而尽可能改善残障人士的各种生活条件。而且，基于该理念的正常社会，绝不是在保护残障人士的名义下将他们隔离在区域社会之外，收容到偏远的地方，而是使区域社会成为残障人士与无残障人士共同生活的场所。

正常化的理念，明确了本那杰（Bengt Nirje）提出的正常生活“八原则”，其中作为与空间学相关的原则有“区域中正常的环境形态及水准”，此原则主要说明了物理性环境的建设目标。由此，作为通用型设计和无障碍设计等具体环境建设方法的设想，被公认为是实践正常化理念时有效的方法论之一。

正常化的理念，对生活在当代的我们来说正逐步成为理所当然的思想。其实，这一理念自产生后仅过了50年左右，提请我们重新认识到，在那之前，许多残障人士是在怎样严酷的条件下不得已地过着勉为其难的生活。不应忘记正常化理念是那些在严酷条件下过活的人们长期忍耐才结出的果实。

（赤木彻也）

# 无障碍设计

barrier free design

1974年，联合国召开了有关无障碍的专家会议，全世界的建筑师汇聚一堂做出了如下宣言：“迄今为止的建筑师的设计对象仅是平均性的成年男子，今后要打破这个固定概念面向更广范围的人类群体”（Challenge to Mr.Average）。“无障碍”这个词从此不仅指除去建筑物的阶差、拓宽出入口的宽度等物的障碍，更扩展至消除社会待遇差距和偏见等方面。例如，出现了消除对颜面损伤者区别对待的名为“独特的脸”的组织运动，“消除内心的障碍”也成为活动目标。

在空间性能方面，首先，在“accessibility”（任何人都能到达建筑物）亦即保障移动（access for all）的呼吁下，从20世纪70年代开始，英国、北欧、美国制定了残障者相关法案，接下来以“reachability”（任何人都能操作的设备）为目标，设计了操作按钮的位置和形状，开发了可升降洗物槽、升降讲台等设备，改良并普及了电梯、自动扶梯。现在，我们正朝着“usability”（任何人都能运用自如的产品）的阶段迈进。

在空间设计方面，扩大了用于轮椅操作的尺寸；基于残障人士的使用试验将地面高差和倾斜道路的坡度等尺寸标准化；针对视觉障碍和听觉障碍，开发了追求触感和可视性的引导地板材料和指引标识，还开发了声音引导装置和字幕、图像转发等技术。

在法律方面，以1990年制定的美国残疾人法（ADA）为契机，日本也制定了交通障碍消除法（2001年）、方便老年人及残障人士的“heartful+building建筑法”（2002年），从法律上将无障碍设计制度化了。

吉田亚子（ako）

图1　对于轮椅老人来说，路面不方便的问题很严重

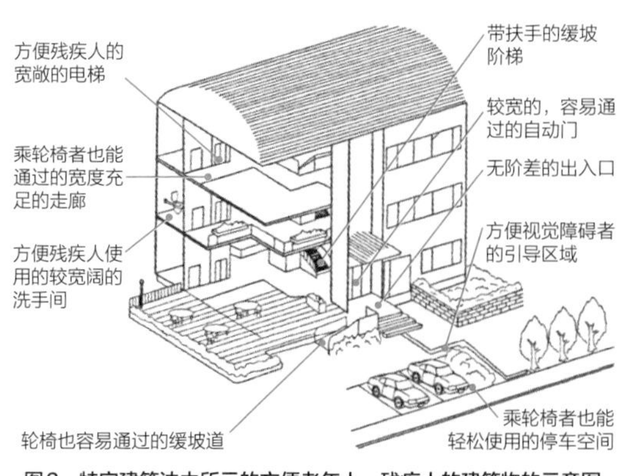


图2　特定建筑法中所示的方便老年人、残疾人的建筑物的示意图

# 环境迁移

environmental relocation

空间学研究中的环境迁移，多以人类的迁移行为为媒介，是用以表示从某个环境变至其他环境、发生环境变化事态的词汇。因而，人们研究环境变化的目的是：阐明由熟知的环境迁移到未知环境时人们的环境适应过程，将研究结果应用于实际的建筑与城市空间的品质改善中。为了实现上述目的，探讨人与环境的相互关系变得尤为重要。因此，关于环境迁移的多数研究都导入了环境行为学（分析人与环境的相互作用关系）的观点。

近年来，环境迁移成为很大的研究课题，其背景在于试图提高因某种残疾而导致环境适应能力低下的人们的生活质量（QOL: quality of life）。这些人由熟悉的环境迫不得已迁移到未知环境时，如何使他们在新环境中软着陆成为重大课题。假设，环境适应能力低下的人们没有得到恰当的支援和关照，被迫由熟悉的环境急剧地迁移到其他环境时，急剧的环境迁移会造成过多的肉体和精神上的压力，通常会对其身体状况造成负面影响。

环境适应能力下降是指，例如任何人都将遇到的衰老问题；痴呆症、智障等空间认知障碍等。

因此，上述人群迫不得已进行的环境迁移，包括居住设施内的居室迁移（由多人间到单人间，或由单人间到多人间等）或老人护理单元之间的迁移，甚至是地方级别的设施间迁移（从某设施到另外的设施，从自家到设施，从设施到自家等）。

环境适应能力下降群体的环境迁移状态，与提高QOL不可或缺的重要环境支援目标之一的“生活持续性”紧密相关。进行平稳的环境迁移从而实现“生活持续性”，可以减轻人们对未知环境的不安和慌乱，同时也会使他们有稳定的精神状态，维持并提高他们固有的能力，帮助他们更自立地自由行动。

（赤木彻也）

# 残障者空间

space for the disabled

除去地面的高低差、安装扶手、洗漱台下采用可推入轮椅的款式、使用宽大的推拉门，如此等等，便于轮椅、手杖使用者使用，是符合heartful+building建筑法的标准空间，且是法定最低的标准空间。

但是，世界卫生组织（WHO）提出的国际残障者分类（ICED），修改了之前的损伤部位分类，将本人的达成机能水平即个人活动能力（activities）和社会参与实绩（participants）作为残疾功能的级别。

与此对应的空间设计，分为对应个别要求的设计和考虑社会整体的支援体系两个方面。日本的法律也规定了最低标准和高等级的推荐标准，用以启发进一步的发展。

“安全、安心”空间不仅适用在公共空间，也应用于观光、娱乐设施中。例如，东京迪士尼海洋公园的空间达成目标是面向“所有人”，针对孕妇、婴幼儿、老年人、残障者及外国人等，细致地回应游客的要求，在充分确保安全的基础上，尽情享受游玩的乐趣。例如，内部模型设置方面，乘坐海底及湖上的交通工具前让乘客充分了解船内构造，能预先充分了解自己座席的位置和安全带的使用方法，特别服务于带孩子的家长和视觉、听觉障碍者。

近年制定了导盲犬法，配置了可以让导盲犬、导听犬同行的住宿设施、饮食店、交通机构。同时，关于与导盲犬共同生活的住宅研究也有了很大进展。下图所示的住宅改装项目中，设计并铺设了防止狗股关节脱臼的地板材料，还设计了防止狗爪抓破榻榻米的台阶等。

吉田亚子（ako）

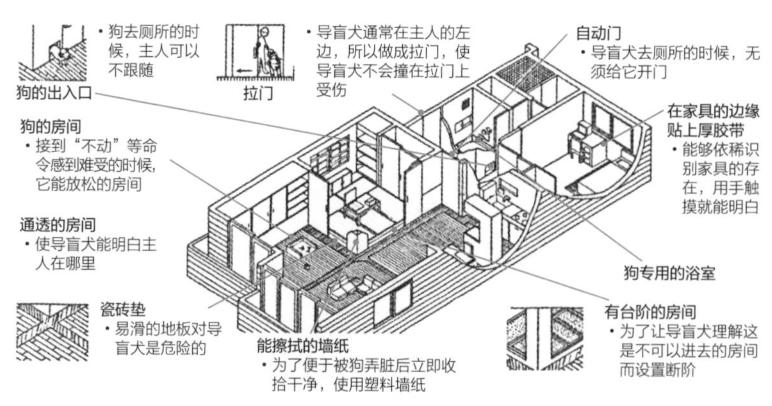


图1　与导盲犬共同生活的住宅设计

# 老年人空间



space for the aging

在21世纪，20世纪的少数派成为多数派，空间设计的常识被逐步改写。“人生50年”的常识止于1947年，其后的50年里日本人的平均寿命延长到了80多岁，现在百岁以上老人有数万人，65岁以上的老年人已占人口的20%。但是，并非人人都可以在80岁前平安无事，调查同龄人的生存率发现，50岁时已有17%死亡，其后死亡率急增。寿命还是以50岁为起点。

身体的变化随着衰老而开始，40多岁时出现眼花，50多岁会出现白内障，视界开始黄变，椎间盘突出、老年性肩周炎，60多岁时，中风的危险性增大。

人们对待这些退化会用老花镜来弥补，或使用IT技术使生活自动化，以此让生活运转起来。再有，为弱势群体改造住宅和城市，构建结合人道支援的社会体系。如此，打造一个即便身体机能减退但实际生活效率并不降低的支援体系环境。

例如，对于因道路上的台阶引起的跌倒骨折，通过模拟老年人的眼睛所看到的色彩环境来重新审视街道，将台阶处的颜色改为容易辨别的色调。图1是白色大理石地面，台阶垂直面为黄色，如果老年人视界发生黄变则无法判别。对表示警告的黄色图画也很难判别（图2）。

另外，随着老龄化，听觉会发生变化，低频和高频声音会消失。为此，在音乐厅将磁性环状天线埋设在地板里，可与助听器联动享受音乐，重新回味年轻的时光（图3）。

吉田亚子（ako）

台阶上下都是白色，垂直处是黄色（难分辨度为82%）

表示危险的图是黄色（难分辨度为88%）

图1 台阶警告

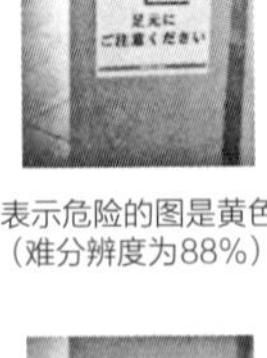

垂直处的黄色和白色地面同色化（亮度比1）

黄色图和白背景同色化（亮度比1）

在老龄黄变视界中看不清这个地面台阶。白色大理石地面，台阶垂直面是黄色，白和黄看起来像是同色

图2 老龄黄变的视界

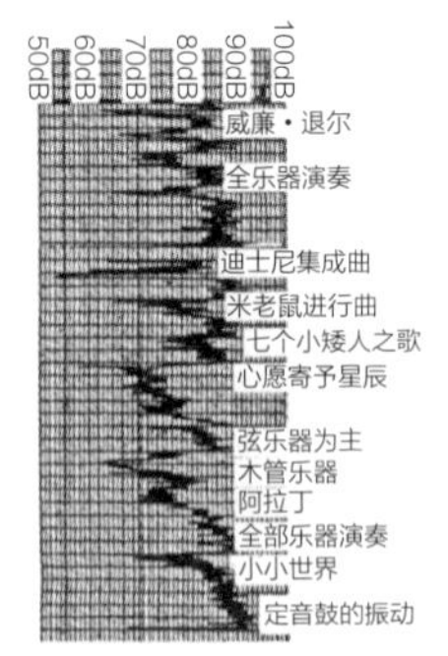


听力损失70dB的时候会断续听到曲子，助听后达到50dB时便能听到全曲

图3 乐曲分时间段的音压和助听效果

# 儿童空间

space for children

随着少子化状况日趋严峻，针对方便育儿的住宅、城市建设的研究备受瞩目。

成家并进入育儿期后，便于婴儿的无障碍空间需求开始受到关注。对于从蹒跚学步起快速成长的活泼好动的婴幼儿，会因微小的台阶而跌倒、受伤。因此需要消除居室内的高低差，削去台阶的转角，换成稳定不倒的家具，消除住宅内的隐患。然而对于幼儿来说，有时也需要构筑障碍，例如防止幼儿从阳台或楼梯跌落的护栅，以及将火炉等明火围起来防止幼儿烧伤的围栅等。

还有，住宅内部死亡事故最多的发生地点是浴室，多为幼儿和老年人（图1）。原因是日本特有的入浴习惯：浴槽里留着准备加热的洗澡水，幼儿进入白天不被使用的浴室，爬到浴槽盖子上，会落入水中溺亡。通过提高盖子的安全标准，减少了幼儿的死亡事故。推荐的做法如图2所示，将浴槽上方也围起，不仅利于幼儿，对防止老年人入浴前后血压变动所致的心脏病发作事故也有效果。

幼儿感音性耳聋患者中有一半原因不明，被解释为幼儿期失聪。频繁地处于音压80dB以上噪声环境之下，会导致逐渐失聪。居所内有很多例如电视、闹钟、玩具等超过90dB的机械音（图3），可能会无意间遗忘在熟睡的幼儿耳边。改善居所内的声音环境已在世界范围内得到重视，ISO的安全标准中也有严格的规定，有必要从空间角度思考解决方法。

吉田亚子（ako）

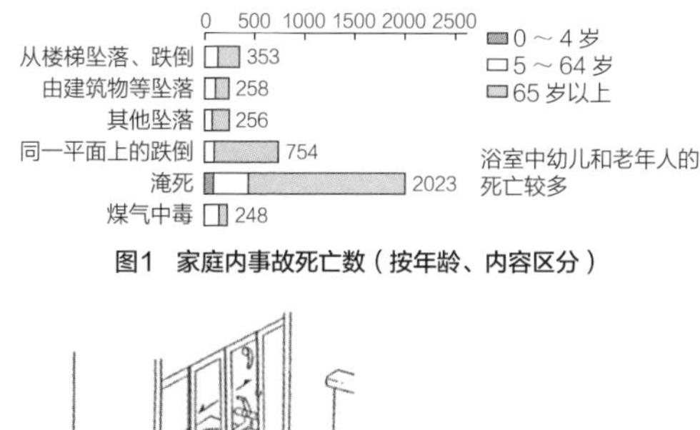


图1 家庭内事故死亡数（按年龄、内容区分）

对幼儿及老人都安全的浴室

图2 安装了安全隔扇的浴槽的例子

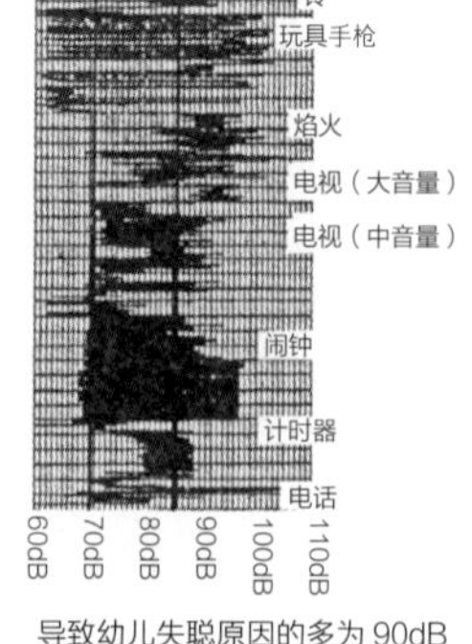


导致幼儿失聪原因的多为90dB以上的声音

图3 室内生活环境音的音压

# 23 环境共生

human and environmental symbiosis

随着对地球环境关注度的提高，对于身边环境的启蒙活动也日益增多。为了实现可持续性的社会，需要戒除人类的任性行为，为了减轻地球环境的负荷，必须思考与生态系统的共生。环境共生的概念意指：站在人类是环境一部分的认识基础上，将其作为一个整体加以保护和培育，创造可与其他生物共同生存的环境。

在建筑界，先进的实例有学校的生物空间和环境共生住宅等。生物空间是生命（bio）和场所（topos）的合成词，是指生物的生息空间。所谓环境共生住宅，是指：充分反映地方的特性，与周围绿色的自然环境协调，使用太阳能发电等自然能源的住宅。再有，最近在市中心地区，以环境共生为目的的楼宇屋顶绿化等措施也逐渐增多，这种趋势与景观绿三法（景观法以及与之相关的其他两个法律）同样受到瞩目。

即使在没有倡导和歌颂环境共生的江户时代，其街道也曾有过极其优良的包括粪尿再利用的循环型环境共生系统。话虽如此，也没有人愿意放弃现代化的舒适生活，重返江户时代。当热气变冷，就算是一个小的生物空间也可能变成一个水坑。

创造建筑和空间，并不只是创造物体，根本目标是为了丰富居住者的生活，人类与环境的共生也是如此。

（横田隆司）

图1 由水和绿植构成的集体住宅的外部空间

图2 小学校的生物空间

图3 环境共生住宅（世田谷区深泽住宅）

# 环境设计

environmental design

环境设计是从人类、生态的角度出发，对太阳、水、风、绿、土等自然元素和城市建筑群这种人工物理元素进行基础规划以及形态赋予行为。

积极谋求与自然环境的有机和谐，以此为目的来进行设计是环境设计的一个重要部分。

另一个部分是，以人工建筑群为主元素的高密度的城市环境设计。

对生态和建筑群这两个部分的兼顾，对于建造健康的城市环境必不可少。例如，美国西雅图关于湖景视线确保条例即是一个好例子。为了更多地展示西雅图独特的湖景，禁止在街道尽端修建建筑物，根据《街道尽端公园条例》将那里建造成了小生态公园。

另外，在德国的曼海姆市沃尔斯塔特（Walstatt）地区的城市建设中，市里举行了以夏天的风道为条件的设计比赛。最终实施的设计方案是：收集各家屋顶的雨水使之沿着小学的上学路流淌成小河，以城市的低洼处作为生态共生池来蓄积雨水，利用植物进行净化，根据地下渗透和蒸发来调节气候，并且在这个水池上方确保了风道。

（铃木信宏）

图1　根据西雅图市的《街道尽端公园条例》被保护的联合湖公园的景象（左），观赏湖景的人（右）

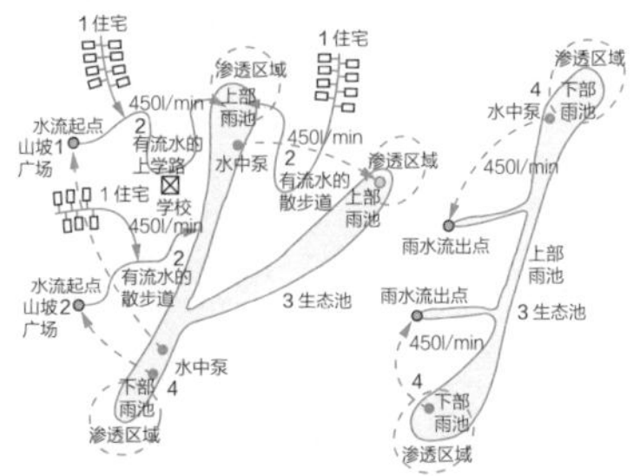


图2　曼海姆市沃尔斯塔特·诺德地区（Wallstadt Nord）的雨水循环系统图

图3　雨水在旁边流淌的上学路

图4　在低洼处雨水蓄积成的生态共生池

# 23 环境评估

environmental impact assessment

大规模的开发行为，必然会导致自然环境的破坏。而环境一旦被破坏，就很难恢复、挽救。“环境评估”是一个综合过程：以阻止超过限度的环境破坏行为为目的，在城市开发规划等大规模开发项目着手之前，从规划阶段开始调查、预测此项目对预定实施地和其周边环境可能带来的影响，为保护环境考虑各种替代方案，谋求与地方居民的协调。

环境评估的想法最早出现于美国。1969年制定了国家环境政策法（NEPA），对联邦政府的开发活动附加了如下义务：制作环境评估书以及居民参与的手续等。

日本汲取高度发展期环境污染方面的教训，首先于1972年仅在公共事业领域导入了环境评估，根据1984年“关于环境影响评估的实施”的内阁会议决定，形成了统一的框架。1997年重新研究了制度，制定了《环境影响评估法》。

现在，在自治体级别上，环境评估作为条例被制定、实施的例子有很多。但是，也存在如下批评意见：作为达成同意的工具，其所起的作用还很不够；一旦做出决定就不能变更，无法适应长期项目。期待今后能够确立：以实现包括居民参与在内的，以合理决断为目的的环境评估方法。

（横田隆司）

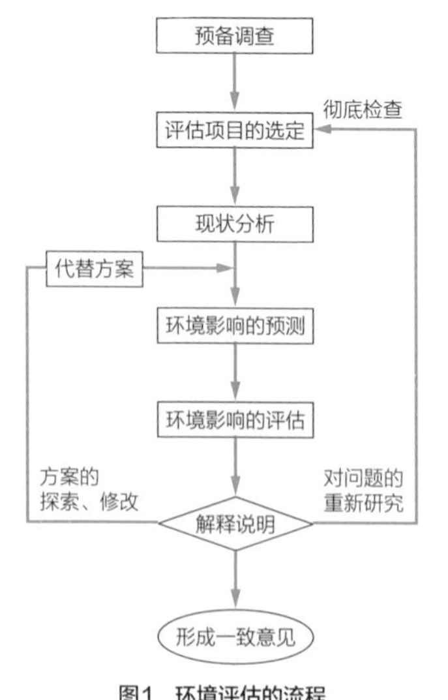


图1　环境评估的流程

表1　关西国际机场的选址候补地比较评估

| 比较项目＼候补地 | 泉州冲 | 神户冲 | 播磨滩 | 分配率（比重） |
|---|---|---|---|---|
| 1. 方便乘客使用 | 82.1 | 89.4 | 56.2 | 0.217 |
| 2. 管理、航行 | 80.1 | 72.9 | 91.2 | 0.199 |
| 3. 环境条件 | 84.1 | 70.0 | 82.9 | 0.188 |
| 4. 建设 | 78.2 | 70.0 | 85.3 | 0.124 |
| 5. 与既有权益的协调 | 85.2 | 66.8 | 61.8 | 0.089 |
| 6. 与地方规划的整合 | 86.5 | 65.3 | 77.9 | 0.092 |
| 7. 开发效果 | 85.1 | 64.4 | 75.0 | 0.091 |
| 合计（综合评估） | 82.7 | 73.6 | 76.0 | 1.000 |

注：评估分数是将投票委员（17名）的平均分以百分满分换算所得

图2　依据环境评估进行的开发事例
（惠比寿花园街区，涩谷区）

# 可持续

sustainable

这个词是在1987年联合国世界环境与发展委员会起草的报告书《我们共同的未来》中被使用，以可持续发展这一表述而广为人知。

对于污染、地球变暖等人类环境方面的威胁，从政治、经济、社会立场提出问题是在20世纪70年代。科学家指出二氧化碳的增加与气温上升的关系，则可上溯到19世纪20年代。科学和社会同时展开讨论的场所是斯德哥尔摩召开的第一次联合国人类环境会议（1972年），在这次会议上国际社会确认了地球的有限性。之后，在约翰内斯堡召开的第四次会议（2002年）的正式名称是“关于可持续发展国际首脑会议”，由此也可看出，可持续发展已成为国际共识。

今后需要展开：推进日常生活和产业、建筑活动方面3R（削减reduce、再利用reuse、回收利用recycle）；开发自然再生能源；着手木材的二氧化碳固定使用。还有，改变“摧毁和重建”的方式，进行如下普及：延长构筑物及其空间的物理性、社会性寿命的方法，即改建（再生、提高性能、改变形象），也可变更（建筑物用途变更）。另外，在生活方式方面，要对只追求舒适的一边倒做法进行反省，有必要努力去形成如“重返江户”这个口号所倡导的节俭生活等可持续环境伦理。

（桥本都子）

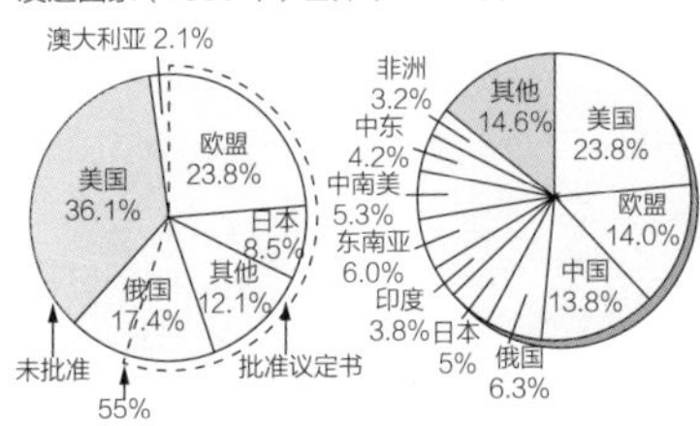


为了防止地球温暖化，规定了发达国家温室效应废气削减义务的国际议定书是《京都议定书》。议定书中关于二氧化碳等的温室效应废气排放量，对各国规定了如下义务：在2008—2012年，与1990年的水平相比，欧盟要削减8%，美国要削减7%，日本要削减6%等

**图1　世界各国、各地区的二氧化碳排放量**

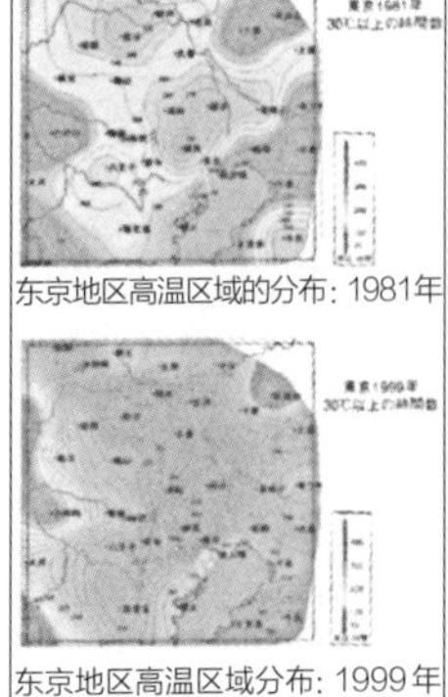

东京地区高温区域的分布：1981年
东京地区高温区域分布：1999年


市区部分的气温比郊外要高的热岛现象以大城市为中心出现；因此，夏季热带夜的出现日数增加，致使空调等的排热会令气温上升，就出现了空调消耗能源越发增多的恶性循环

**图2　东京地区高温区域的分布**

（来源：日本环境部《热岛现象实际状态分析及对策报告书》）

# 家具、陈设观察调查

人们所生活的建筑空间，通常都会配置家具。通过给空间配置家具以及陈设家具的方式，表现出生活者对于空间使用方式的意愿。将家具实际的陈设方式实测后绘入平面图，可生动地呈现在该空间中的生活状态。可以据此来考察、分析居住者的空间使用方法及生活与空间的对应关系。如果能加上对居住者的采访，研究的内容会更有深度。

以住宅为对象的这种调查被称为“居住方式调查”，在集合住宅中，通过反复进行这种调查，发现了平面布局与居住方式，即有关空间与人类行动的对应关系的各种规律性。

关于在小学校的开放空间中场所、区域空间的形成，上野淳（1988年）抽取了以开放空间为基调的小学校的典型例子，详细测量了学校的设备、用具配置的实际状态。同时还收录了各种学校设备、用具的主要使用方法以及教材、教具的收纳方法，还有展示、布告等的实际状况等。通过上述调查发现：在开放空间中，通常会共通性地、常设性地设置具有固有目的的几个学习区域。

（上野 淳）

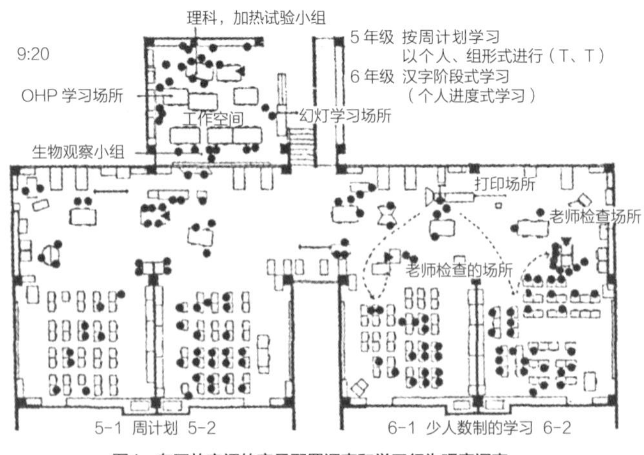


图1 在开放空间的家具配置调查和学习行为观察调查

# 行为观察调查

指对空间里人的行为状态进行观察。如果可能，在如“家具、陈设观察调查”词条所示的绘入了实际家具配置状态的平面图中，定时记入人们的活动，会更有效果。

空间里的人们的行为和生活除了借助墙壁和窗子等建筑硬件之外，还需借助陈设的家具得以进行。通过重复这些行为，可以更清晰地掌握空间的存在方式与人类行为之间的对应关系。

通过持续标注是谁、在哪里、什么行为内容、与谁一起等项并画入平面图，就可读取什么样的人类行为以什么样的空间元素为媒介被诱发。这种图有时也称作“行为图”（behavior map），另外，有时也将场所和建筑元素与人类行为对应，称作“行为场景”（behavior setting）。

如果能够提取空间的存在方式给人类行为带来制约或矛盾，反之，提取空间的存在方式有时会诱发人们的特定行为，从而导出普遍性的法则，应能对空间设计提供参考。

（上野 淳）

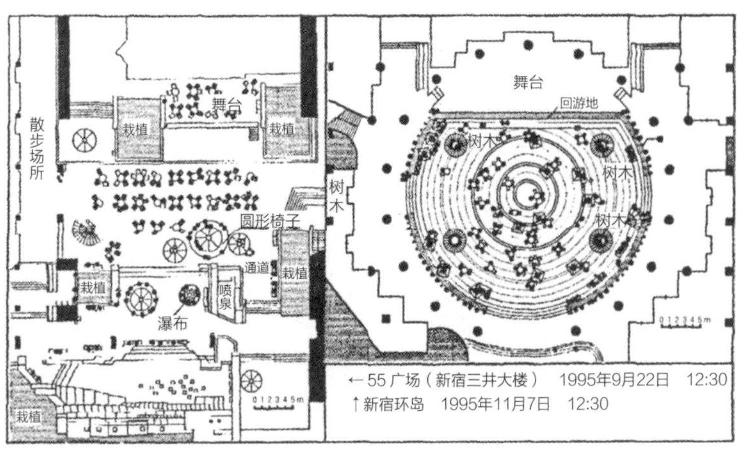


图1 城市开放空间的行为观察调查（行为图的例子）

# 问卷调查

问卷调查是在社会学和心理学等领域广泛使用的方法。用于空间研究领域时，主要以设施使用者为对象，可分为如下两种调查：其一是以掌握使用者的年龄和住所等事实为目的，其二是以了解对设施的评价和期望或想法为目的。即分为询问客观事实的调查和询问被调查对象主观想法的调查。

调查有多种形式，例如可分为答卷形式和询问形式。

答卷形式会事先给提问和回答设定框架。其中，为回答设定选项的方法使统计处理变得可能（其中分为发卷调查、留置调查、邮寄调查等）。

询问形式也称为采访调查，适合于从难以预想的多种调查对象的回答中探求有效见解的情况，显然，这种方法在很大程度上依赖于调查者的技巧和洞察力。

由于在调查规划阶段未进行严密考察，而导致问卷调查本身设计有问题的情况也较多。

例如故意或者不露声色地进行诱导式提问，或提问内容和选项令对方难以理解等。

此外，需要充分研究如何选定调查对象。显然，母群体的性格和属性不同将导致不同的调查结果。

（上野 淳）

台东区老年人福利馆使用实际情况调查

入馆时间：　　离馆时间：

| 年龄 | 岁 | 性别 | 男　　女 |
|---|---|---|---|
| 住所 | 台东区 | 大街　　路　　号 | |
| 勾选今天在馆里所做的事情 | 1. 洗澡　2. 跳舞　3. 交谈　4. 围棋　5. 象棋　6. 学习　7. 咨询　8. 吃饭　9. 康复治疗　10. 开会　11. 阅读（书报杂志）　12. 卡拉 ok　13. 其他 | | |
| 多久来一次本馆？ | 1. 几乎每天　2. 一周内来两三次　3. 一周来一次左右　4. 一个月来两三次　5. 一个月来一次左右　6. 几乎不来 | | |
| 今天是以什么方式来馆的？ | 1. 徒步　2. 自行车　3. 开车　4. 公交　5. 其他（　　） | | |
| 来本馆所需时间？ | 分钟左右 | | |
| 是从多少年前开始来本馆的？ | 从　　年前（　　岁开始） | | |
| 居住形式是？ | 1. 一个人生活　2. 夫妇二人　3. 在孩子家一起生活　4. 其他 | | |
| 参加过学习会吗？ | 1. 参加过　2. 没有 | | |

有无同伴？　1. 有　2. 没有

图1　老年中心使用者的问卷调查表

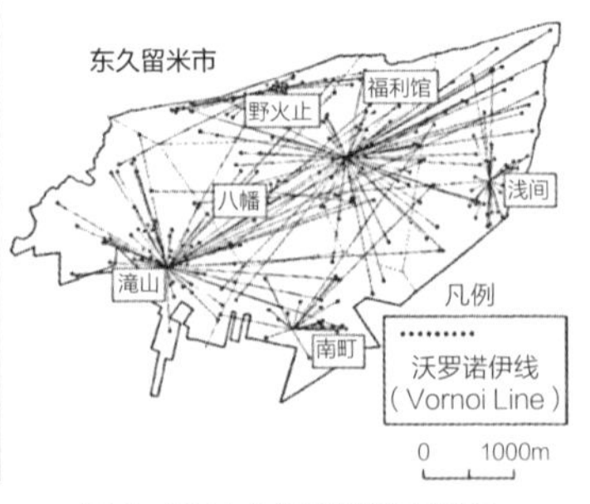


图2　老年中心使用者的地区分布

# 采访调查



interview

采访调查是以面谈形式来进行的问话调查的总称。林奇关于城市印象研究的调查十分著名，被广泛用于对空间的心理性认知和评价、居民参与等设计过程，以居民活动等为对象的研究中。

通常有两种方法，一种是只准备了内容，具体提问方式和选项未定的不定形式的方法（非指示性的面谈调查）；另一种方法是提问与回答的记录方法都被严格规定和统一化（指示性面谈调查）。

在前者的情况下，调查员可就疑问点在当场细问，这要求调查员具备高水平的能力和技术，调查时间也较长。因此，这种方式虽不可收集大量用于统计处理的数据，却可以得到生动的现实情况及预想不到的回答。对于研究者而言，可有效地直接获取研究准备阶段的认知与见解。

后者的方法，由于是采取调查员照读事先备好的问卷，因而能避免调查员面谈技巧等差异，适合投入多名调查员扎实地收集大量数据的情形。其缺点是：调查容易流于形式，不能与调查对象充分交流。因此，时而会遇到拒绝调查或不诚实回答等情况。在实际操作中，会采用结合两者特性的中间性、综合性的调查方法。

（田中一成）

图1
由采访调查而得到的城市印象（洛杉矶）

# 设计调查



design survey

设计调查是指以建筑、村落、城市空间等为对象，测定其物理角度、空间角度的现状形象，将其结果以图、表、照片、文字等形式进行客观记录、分析的调查方法。

在现实中进行的设计调查的方法，根据研究课题和调查者的问题意识而多种多样。很多情况下，或并用历史性的民俗调查，或援用地理学和社会学等的见解来进行解释和分析。作为调查方法，其通用性虽高，但在关于设定研究假说、选定分析轴、保持记述的客观性等方面，如何建立扎实的研究框架是需要面对的问题。

在日本实行设计调查是从20世纪60年代开始，70年代形成热潮达到了高峰，但在80年代锐减，现在只有国外还在使用。从60年代后半叶到70年代，是重新审视近代的时代，也是呼吁城市保护、景观修整意义的时期。

设计调查所起的作用，在对历史性村落或城镇街道的记录、保存规划的贡献之外，还在规划、研究的认知转变中发挥作用。设计调查是在历史性地逐步形成的环境中，获取人与空间的多样关系，并据此有意识地丰富空间构成的原理和元素的配置、形态的细节或素材、质地等设计语言。

（土肥博至）

图1　对历史性城市的调查结果（兵库县篠山市河原町地区，部分）

# 社会测量

sociometry

社会测量是指：以各种社会集团中的人际关系、集团成员间的相互关系作为线索进行调查，并以其结果来明确集体内各构成成员所占的社会位置的理论以及方法。即通常意味着社会化测量（social measurement），可称为是关于人际关系和集团生态的分析及测定的理论。

具体而言，是调查某范围的集团内各构成成员的选择和排斥关系的社会计量测验，将其结果以矩阵来表现，然后分析其集团的心理学构造，即下级集团的构成，下级集团间关系，各成员的位置等。

图1是栗原嘉一郎等人调查研究了联排别墅多户住宅的配置方法和主妇的邻里关系所得出的矩阵的一部分。结果发现：居民主要在自家所住的栋内进行交流；相对栋之间也有交流，宽阔的道路会妨碍交流等。

（土肥博至）

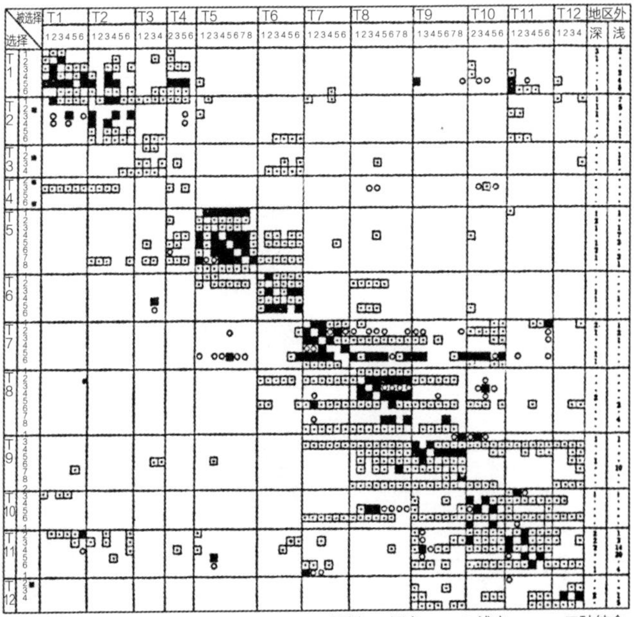

图例 ■深交 ⊡浅交 ○二种结合

图1 心理测验矩阵（长型低层多户住宅的一例）

# SD 法

semantic differential method

SD法，是奥斯古德（C. E. Osgood）于1957年提出的心理测定方法，原本是以语言含义的研究为目的。为了表达某概念（此处泛指评定对象全体）而进行使用语言尺度的心理实验，以所得值作为变量进行因子分析。将被提取的有含义的因子作为含义空间的坐标轴，记述其概念的含义，在得到最小的因子轴数之前是用通常的方法。在空间研究领域，多用于掌握作为调查对象的空间带给人的心理上的影响（氛围）。

实际方法是，收集很多适合描述对象空间的形容词、形容动词，与其反义词做成组合。然后，讨论、采用与研究（调查）目的一致的组合，将其任意排列作为评价尺度，让被实验者评价各对象空间。

为了在此得出心理评价构造，依据上述因子分析进行数学处理。关于被提取因子，奥斯古德认为能提取到第一因子evaluation，第二因子patency，以及第三因子activity（E.P.A）。

图1是在街区空间适用了SD法的例子，图示了对各街区的评价。

像这样求出平均值并图表化的被称为“profile”，能显示对各街区空间的心理上的评价。

（广野胜利）

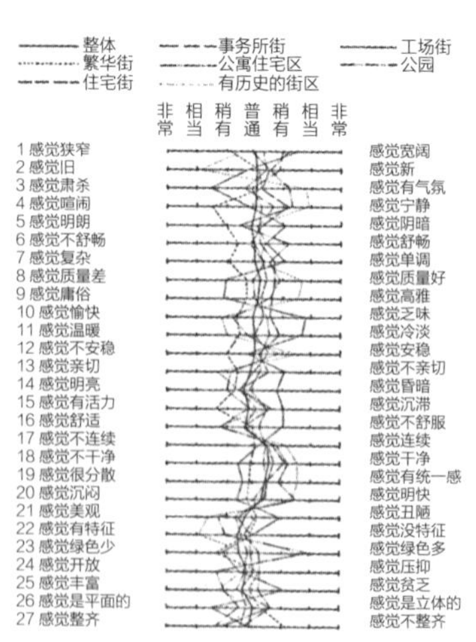

图1　评定尺度的例子（根据对街区空间的研究）

图2　给人以喧闹、不整齐、有活力感觉的繁华街

图3　给人以旧的、有气氛的、宁静感觉的有历史的街区

# 空间认知调查

如果能了解人对区域和建筑空间存在状态的认知结构，就能够获得有关建筑及区域空间构成的见解。

此认知领域与个人的行动领域关系密切，也受到区域和建筑的空间构成存在状态的强烈影响。

探求人的空间认知结构的代表性方法有如下两种：

（1）印象图法

是一种让被实验者自由描绘对象空间地图的方法。铃木成文（1974年）以住宅团地为对象，以儿童和主妇为被实验者尝试了这个方法，将画得很正确的部分作为确定区域，将画得稍有不正确或模糊的部分认定为潜在区域，进行了有关认知领域的分析。

（2）基本元素回想法

例如，给被实验者展示在对象区域空间实际存在的建筑物、道路、长椅、公用电话等空间元素，准备一张地图，让被实验者回答是否识别出了上述空间元素以及对其的评价。此方法容易获得大量数据，使统计处理变得可行。

印象图法能获得不给被实验者施加固定条框的资料，但是难以进行统计处理。另一个弊端是非常依赖做评定的研究者的判断。用基本元素回想法虽能进行数理分析，但需要事先给被实验者一定的条框。

（上野 淳）

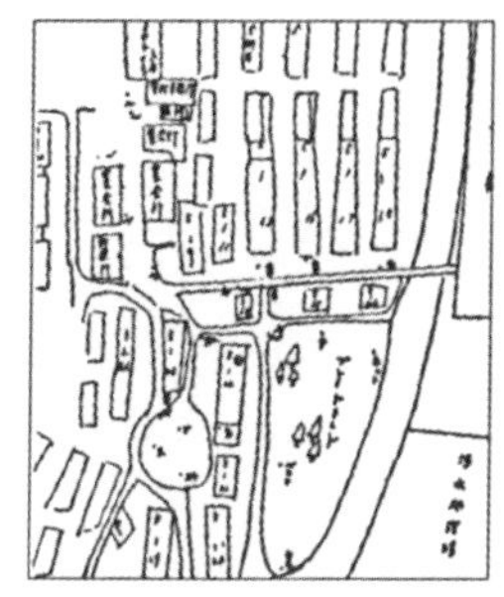

① 印象图法

② 标记图法

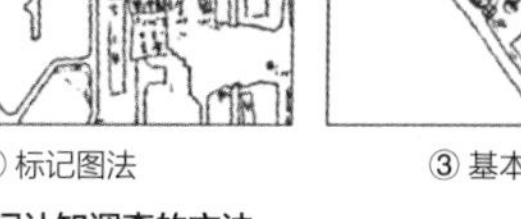

③ 基本元素回想法

**图1　空间认知调查的方法**

# 24 空间感觉测定

声、光等物理能量，通过人的感觉器官被感受，形成“大的声音”“明亮的光”等感觉。此时，在感觉的大小$\phi$和刺激的能量$S$之间形成以下关系：

$\phi = K\log S$（费希纳定律）

$\phi = KS^{a}$（斯蒂文斯定律）（$K$、$S$是系数）

空间的大小，或对建筑空间内人群拥挤程度的感觉等，可以说我们从建筑空间接受着各种各样的感觉。这些被认为是和意识、评价、认知等不同的心理量，有其固有的测定方法。

代表性的测定法有数值评估法（Method of Magnitude Estimation，ME）。此方法是设置某种标准刺激，将此时的感觉设为100时，将感到来自比较对象的刺激大小是标准的10倍的感觉设为1000，将刺激大小是一半的感觉设为50等，是一种能直接用数值回答的方法。

人进入建筑空间时，会产生大空间或小空间的感觉，即对其空间的气积（空气的容积）有所感受。

在大学校园内以大小各异的空间为对象进行的关于空间气积感的实验研究中，上野淳（1993年）将普通教室作为标准刺激，针对从体育馆级别的超大空间到图书馆个人单间级别的小空间，针对大小各异富于变化的比较刺激采用ME法进行了实验。结果表明：实际的气积和ME值（感觉）在两对数上直线回归，遵循了斯蒂文斯定律。

（上野 淳）

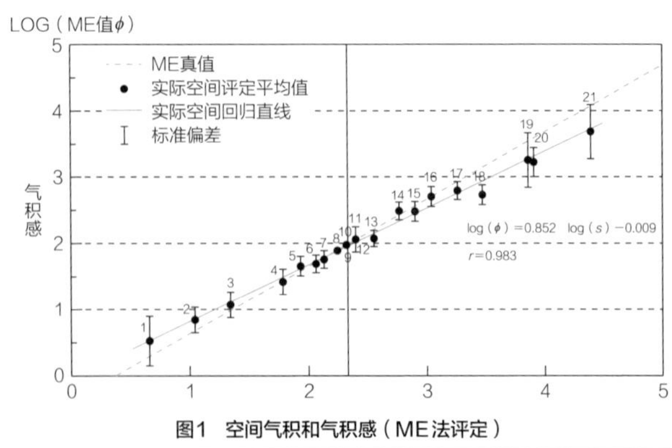


图1 空间气积和气积感（ME法评定）

# 实验室实验

通过对实际空间的调查和观察有时较难精确地导出空间与人类行为（意识、心理）的对应关系。在这种情况下，将目标只集中于作为研究对象的要因，在要因以外可考虑人工制造条件齐备的环境来测量行动、意识、心理。这是实验室实验的目标所在。但应留意以下几点：

（1）实验室空间与实际空间相比，需要检验实验室空间是否具有一定的真实性。

（2）因此，恰当的做法是使之与实际空间中的局部的、抽样式的调查和实验并行。

医院的病房既是护理、治疗的场所，同时也是住院患者的生活场所。在探讨病房适宜空间大小的实验室研究中，上野淳（1990年）将住院患者最合适的床间距选为课题，希望从实验室实验中找到答案。

实验A：在实验病房让护士进行各种护理行为，将其情景用录像机详细跟踪拍摄，进行了划分出必要操作领域的分析；实验B：在模拟病房让模拟患者体验各种各样的床间距，找出最容易得到心理安定感的床间距。从观点不同的两个实验的结果来看，所得出的空间大小几乎一样。

（上野 淳）

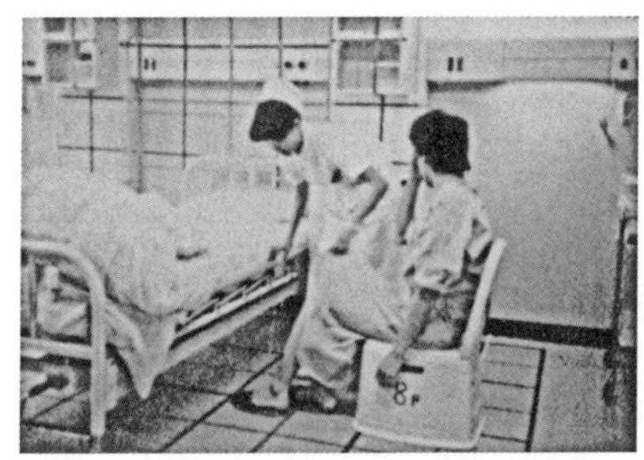

图1　实验A：护理动作模拟

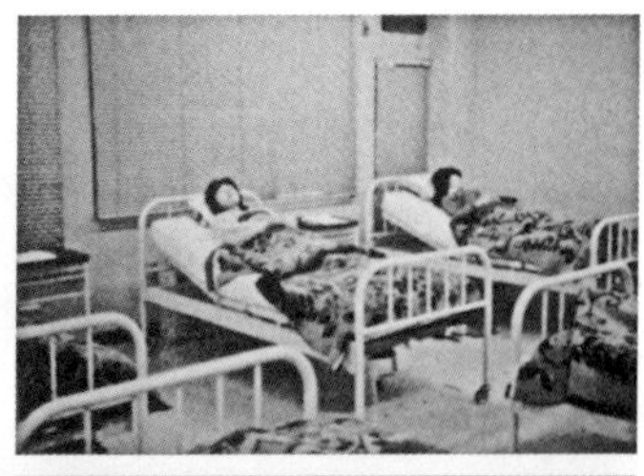

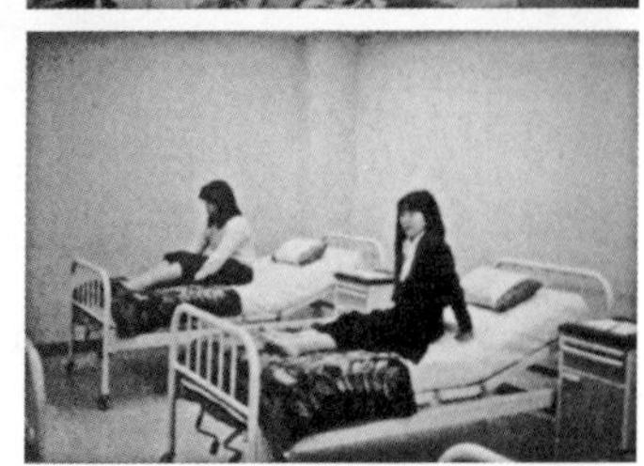

图2　实验B：床间距评定实验①（右上）
图3　实验B：床间距评定实验②（右下）

# 模拟实验

模型实验是包含于实验室实验范畴的方法。在“实验室实验”的词条里解说了建造实物大小的实验空间的情况。研究课题的环境元素若以实物大小操作时常难以把握，既有研究经费问题，也有参与实验人数的问题。

模型实验是通过使用缩小比例建造出精巧的模拟空间，以各种形式操作作为研究课题的环境元素，力图导出环境元素与人们的评价或感觉的对应关系。

由于所建造的空间是三维空间，对被实验者而言，优点是更容易想象实际的空间。正因如此，与使用幻灯片和图片展示二维空间的情况相比，该方法能确保一定的真实性。

但是，需要留意以下几点：

（1）造出精巧的模型空间需要精湛的专业技艺和努力。

（2）由于是按比例尺缩小的空间，需要将由此所得结果与实物大小的空间或实际空间对照，验证是否保持了有效的关系（哪怕只能局部性地验证）。

住宅小区（团地）中楼栋配置的构成，赋予外部空间统一感、一体感、连续感等各种各样的影响。在针对楼栋配置构成的实验研究（松本直司，1979）中，让被实验者用纤维镜来观看制作极为精致的模型模拟空间并进行评价，由此获得楼栋配置对视觉带来的影响。

（上野 淳）

图1　实际空间

图2　模型空间

# 生理测定

physiological measurement

从身体状况来研究来自环境的影响，可使用生理测定。其特征是能实时、定量地测定人的状态。因此被应用于某个环境中人的运动、代谢或压力状态、情绪及有关环境信息认知的测定。在建筑学、城市规划学中主要使用的是生理学的、生化学的测定方法。在生理学测定，包括：心率、血压、呼吸周期，显示皮肤温度分布的温度记录、出汗及瞳孔径等自律神经功能反应，脑波、脑磁图、fMRI等中枢神经功能反应。例如，在自律神经功能反应测定里，在心电图R—R间隔中，测定心电图中最大高峰R波和下一个R波的间隔。在身心紧张或兴奋的状态时，R—R的间隔缩短，间隔的变动也减少。

另外，在测定运动及控制姿势的负荷时，使用肌电图。以下组图显示行走在大粒砂子和小木片等粒状材料覆盖的地板上的肌电图的例子。在难走的地面（大粒砂子和样本1、2）步行时大腿二头肌的肌电位大。

在生化学测定中，通过测定尿液和唾液、血液中的荷尔蒙浓度，来分析压力状态。

由于影响生理学测定结果的主要因素未必仅有一个，所以需要慎重地进行分析和解释。重要的是，在制定实验计划、分析结果时需要注意一天之中的变动及年龄、性别差异，个人差异等各种主要因素带来的影响，需要采用多个指标来进行研究。

（佐野奈绪子）

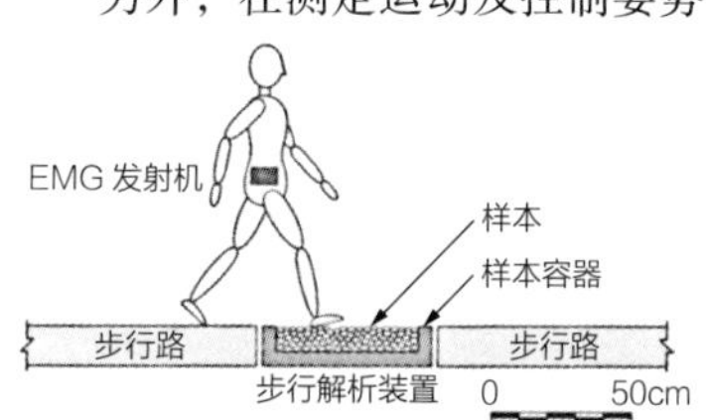


**图1　实验状况的概要**

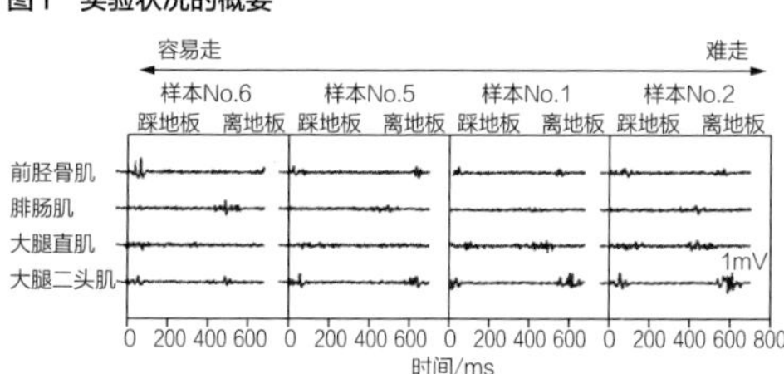


**图3　在不同的地板材料上步行时，从右脚踩地板到离地板时的肌电图的例子**

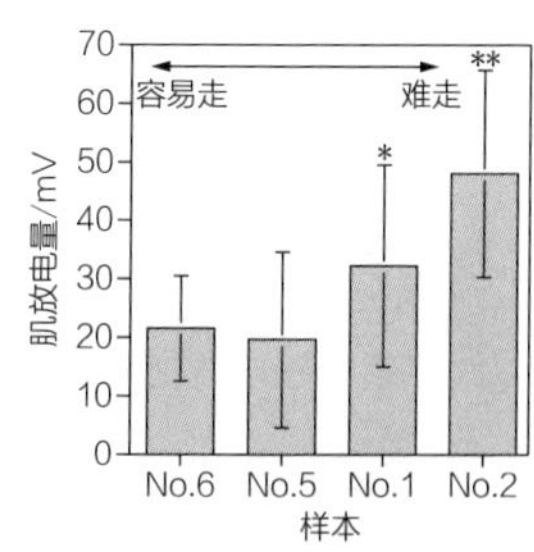


（对样本6**: $p<.01$，*: $p<.05$）

**图2**
**在地板步行时的大腿二头肌的肌放电量**
（地板材料的样本6、5是胶合板和小木片，样本1、2是碎砂石和大粒砂子）

# 脑波解析

EEG (electroencepharograph) analysis

脑反应的主要检测指标有脑波、脑磁场、fMRI、近红外光谱分析等。脑波可以简便地测定，由于不需将被实验者置于噪声和强磁场，在实验室外也可测量，因此被应用于空间认知研究中。测定如下大脑对于环境的信息处理状态，包括：对温度和声音、光环境条件，工作状态和对环境中所发事件的清醒度、注意状态等。

脑波主要用以捕捉伴随大脑新皮质神经活动的电位变动。频率成分由低到高分类为$\delta$、$\theta$、$\alpha$、$\beta$、$\gamma$波。反映睡眠深度和清醒状态，随着清醒状态的下降，可更多出现低频率成分。其中，$\alpha$波是8～13 Hz的周期性电位变动。大脑新皮质的神经活动活跃化时，会出现比$\alpha$波周期高的$\beta$波和$\gamma$波，$\alpha$波消失。清醒度低时，$\alpha$波的出现率会变高。

可从脑波提取对特定信息的信息处理状态。如果以刺激发生时为基点，将其环境下由声、光刺激产生的脑波进行算数平均计算，即得到对于该刺激所产生的电位变动（刺激电位）。其结果反映对刺激的注意和认知的高层次的信息处理活动。

图3是在两种声音出现时，对低频率出现的目标声音按键（新异刺激实验oddball）时的刺激相关电位的例子。在目标声音出现时，能观察到反映对声音初期注意状态的负电位成分（N1）增大。

（佐野奈绪子）

图1　实验场景

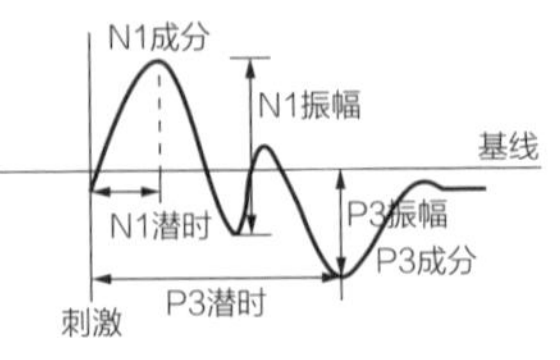


图2　读懂潜时和振幅的方法的例子

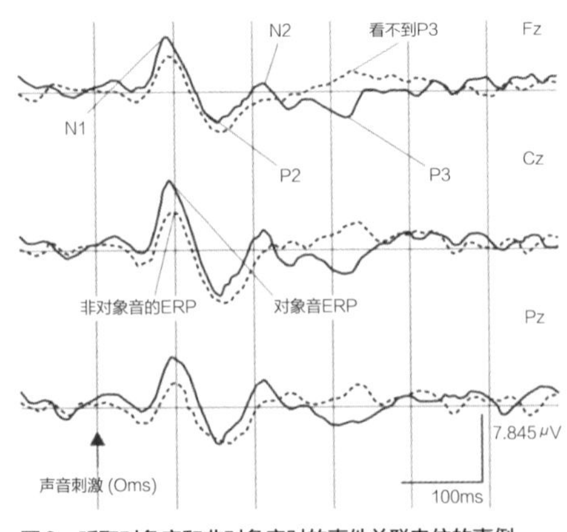


图3　听取对象音和非对象音时的事件关联电位的事例

# 预测推算法

prediction inference

预测是指根据过去、现在（迄今所得的数据）推测将来，因多属概率事件，所以根据计算进行推定时，称之为推算。预测推算法包含的含义广泛，此处就如下两个领域进行概述：

（1）从标本推定母集团

除国势调查外，进行全部数量调查的情形极少，而且多数情况下也难以实施全数调查。通常进行的是从母集团中抽取标本的抽样调查。标本的选择方法虽有多种，但共通的是随机抽样，由此可进行统计性推定。

表示数据分布的值中有代表值。主要的代表值中有（算数）平均值。由标本推算母集团的母体平均值的方法有两种。第一种是区间推定法，给标本平均以某幅度（信赖区间）来推定。第二种是点推定法，针对推定值使用标本平均、标本分散来显示该值为母体平均值的概率。

（2）由时间序列数据预测未来

与时间的流逝同时变化的时间序列数据的活动被称为“波动”，分为以下四点：

① 倾向性波动：长期平滑的波动部分，也称为趋势。

② 季节性波动：以一定周期重复的波动部分，大半以年、月、周为周期。

③ 循环性波动：季节性波动以外的、周期不太明确的、通常比季节性波动周期长的波动部分。

④ 不规则性波动：上述3个波动以外的波动，包含偶发原因引起的波动和目前尚不明确的要因引发的波动等，也称为误差性波动、偶然性波动。

以时间序列数据为对象的分析方法被称为时间序列解析。为了进行预测而说明波动的机制、发现变化的法则这种公式化的方法尚不存在。但是，存在下列多种方法，通常将它们组合起来使用，具体方法有：除去不规则性波动的加权移动平均法，除去季节性波动的平均法，除去循环波动使用自相关系数的相关图方法以及求功率谱法等。只是，时间序列解析的第一步是将数据图表化之后通过观察来进行研讨。这样不仅能得知很多信息，也能防止由于马上进行计算而造成的错误。

（安原治机）

# 统计假设检验

statistical hypothesis testing

提起检验，首先想到的是国家考试等各种检验（考试），国家基于一定的标准来判定合格与否。统计假设检验的基本思路也是同样，制定某种基准（水准）之后进行判定。只是，由于基准值和被判定值都是概率，所以被称为统计假设检验。

在统计假设检验中，要首先建立统计假设，在其假设的基础上计算样本的出现概率，当概率小于事先所定的概率时，即可认为其超过了偶然的范围，因该假设不为真而被舍弃。

然后调查硬币正反面的出现方式有没有“特点”。统计假设认为普通硬币正反面的出现概率为五五开。该假设被称为归无假设。将事先所定的基准值（概率）称为显著性水准。样本的出现概率为显著性水准以下时，由于假设会被舍弃，为真的假设被舍弃的危险性成为显著性水准的概率，被称为危险率。

首先投一次硬币。如果该硬币没有“特点”，出现正和反的概率各为0.5。连续3次出现正面的概率为0.5×0.5×0.5＝0.125。4次为0.0625。如果显著性水准为0.1，即便连续3次出现正面，0.125＞0.1，从事先定下的显著性水准来看，是在偶然范围内，假设不被舍弃，会被判定为普通的硬币。如果连续4次出现正面，由于0.0625＜0.1，因此为普通硬币的假说被舍弃。

统计假设检验的思路和程序大体如上，但根据所处理的数据的分布和尺度水平，检验方法（概率的计算方法）会不同。可分为如下两大类：数据为量性的计量数据，以母集团的正规性为前提的参数检验法；以质的非计量数据为对象的，母集团的分布可为任何的非参数检验法。

关于参数检验法中作为对象的数据（来自母集团的样本）的平均值的分布，样本数变多可被视为正规分布（中心极限定理），因此检验以正规分布为前提进行。但是，要严格检验样本分布是什么型的分布。多数情况下，要计算$\chi^2$（卡方）值来进行。

母集团的分布不明确时，必须采用非参数检验法。非参数检验法中成为对象的数据的尺度在多数情况下是名义尺度、顺序尺度。在名义尺度中，多为采用$\chi^2$值的检验。

（安原治机）

# 交叉列表分析

cross tabulation analysis

交叉列表统计是以分类为对象的统计，所以质的、定性的数据，可基本上按原样计数。将量的、定量的数据进行分组，统计介于各组的上限值与下限值之间的数据。

在交叉统计分析中首先使用的是图表。通过观察图表来研究对应度数的点的数量和置换为面积的点图、面积图等。

交叉统计的计算中应用最多的是$\chi^2$值。用$\chi^2$进行的主要分析方法有两个：

第一是比率（度数分布）之差的检验。检验S组的样本或S个区分与T组的样本或T个区分的度数分布是否有差。

第二是调查两个变量间的关联。原理与比率差的检验相同。只是求关联系数（相当于数量数据的相关系数）之处与前者不同。克莱姆法则（Cramer Rule）相关系数去除了数据的量和组数的影响。

不同职业对建筑物的偏好有什么不同吗？检验这个问题的归无假说是“职种不同对建筑的偏好没有差别”，即各单元的样本度数比是同样的。显著性水准是0.1，自由度4的$\chi^2$值是$\chi^2\cdot 1$（4）＝7.78，比$\chi^2 = 13.41 > \chi^2\cdot 1$（4）显著，可知职种不同建筑偏好有差别。再有，因为克莱姆相关系数为0.034，由此可知职种与对建筑形式的偏好无关。

（安原治机）

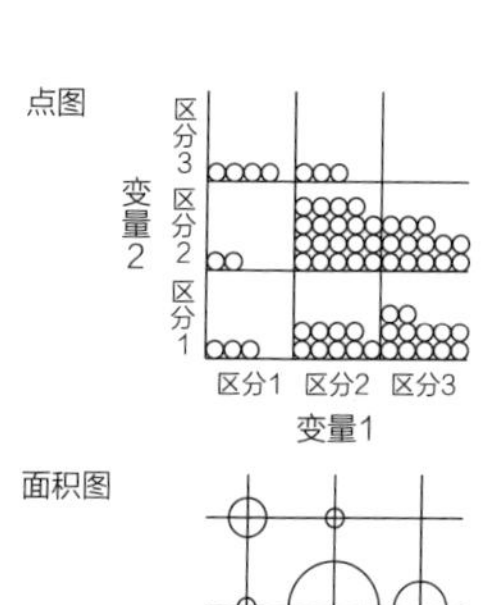


图1 交叉统计图

表1 交叉统计表

| B \ A | $A_1$ | $A_2$ | $A_j$ | $A_t$ | 计 |
|---|---|---|---|---|---|
| $B_1$ | $F_{11}$ | $F_{12}$ | $F_{1j}$ | $F_{1t}$ | $N_{1.}$ |
| $B_2$ | $F_{21}$ | $F_{22}$ | $F_{2j}$ | $F_{2t}$ | $N_{2.}$ |
| $B_i$ | $F_{i1}$ | $F_{i2}$ | $F_{ij}$ | $F_{it}$ | $N_{i.}$ |
| $B_s$ | $F_{s1}$ | $F_{s2}$ | $F_{sj}$ | $F_{st}$ | $N_{s.}$ |
| 计 | $N_{.1}$ | $N_{.2}$ | $N_{.j}$ | $N_{.t}$ | N. |

表2 根据职种不同对建筑形式偏好的不同

| | 白领 | 灰领 | 蓝领 | 计 |
|---|---|---|---|---|
| 日本风格 | 15 | 20 | 35 | 70 |
| 折中 | 10 | 15 | 15 | 40 |
| 西式 | 40 | 25 | 25 | 90 |
| 计 | 65 | 60 | 75 | 260 |

# 多变量解析

multivariate analysis

多变量解析是指：针对多个个体（测定对象、被实验者等），以具有多个变量（测定值、提问项目等）的数据为对象的统计解析。

大量使用多变量解析的领域所共通的特征是：因果关系不明确；作用机制复杂难懂等。

选择多变量解析的分析方法，作为选择的提示，多是看外部基准的有无以及数据的尺度水准。

数据的尺度水准有如下4个：名义尺度、顺序尺度、间隔尺度、比率尺度。通常将名义尺度、顺序尺度的数据分类为质的数据；将间隔尺度、比率尺度的数据分类为量的数据。基于外部基准的有无和变量尺度水准的分析方法的分类如表1所示；按使用目的区分的分类如表2所示。

多变量解析的分析方法，多数是以线性模型为前提，使说明变量 $x_1$、$x_2$、$\cdots x_p$ 的1次结合与目的变量 $Y$ 对应。省略误差成分则公式为：

$$Y = \alpha_1 x_1 + \alpha_2 x_2 + \cdots + \alpha_p x_p$$

公式中的 $\alpha_1$、$\alpha_2$、$\cdots \alpha_p$ 是表示各说明变数 $x_1$、$x_2$、$\cdots x_p$ 带给目的变数 $Y$ 的影响的强度的权重系数。

没有外部基准时，要从变量间的相互关系探求内部构造。由变量 $x_1$、$x_2$、$\cdots x_p$ 的相互关系可设想如下模型：

$$x_j = \alpha_{j1} f_1 + \alpha_{j2} f_2 + \cdots + \alpha_{jr} f_r + \varepsilon_j$$

$(j = 1、2、\cdots p)$

公式中的 $f_1$、$f_2$、$\cdots f_r$ 是被称为公共因子的潜在因子。

（安原治机）

**表1　依据外部基准的有无和尺度水准的多变量解析的分类**

<table>
<tr><th colspan="2"></th><th>外部基准数</th><th>说明变量</th><th>分析方法</th></tr>
<tr><td rowspan="6">有外部基准时</td><td rowspan="3">外部基准为数量</td><td rowspan="2">外部基准变量为一个</td><td>数量</td><td>多元回归分析</td></tr>
<tr><td>数量以外</td><td>数量化一类</td></tr>
<tr><td>变量为多个</td><td>数量</td><td>典型相关分析</td></tr>
<tr><td rowspan="3">外部基准不为数量</td><td>分类为2组</td><td>数量</td><td>判别分析</td></tr>
<tr><td rowspan="2">分类为多组</td><td>数量</td><td>多元判别分析</td></tr>
<tr><td>数量以外</td><td>数量化Ⅱ类</td></tr>
<tr><td rowspan="3">无外部基准时</td><td rowspan="2">变量为数量</td><td colspan="2">间隔·比率尺度</td><td>主成分·因子分析</td></tr>
<tr><td colspan="2">类似度<br>非类似度<br>距离等</td><td>数量化Ⅳ类<br>聚类分析<br>度量MDS</td></tr>
<tr><td>变量不为数量</td><td colspan="3">数量化Ⅲ类<br>潜在构造分析<br>非度量多维测度法</td></tr>
</table>

**表2　按照使用目的区别的多变量解析的分类**

| 目的 | 所使用的多变量解析 |
|---|---|
| 预测公式的发现<br>量的推定 | 多元回归分析、典型相关分析<br>数量化理论Ⅰ类 |
| 分类<br>质的推定 | 判别分析、聚类分析、<br>多元判别分析、数量化Ⅱ类 |
| 多变量的整理·整合<br>数据的缩约<br>变量分类<br>发现代表变量 | 主成分分析、数量化Ⅲ类<br>因子分析、数量化Ⅳ类<br>潜在构造分析<br>度量多维测度法<br>非度量MDS |

# 相关性分析

correlation analysis

相关性是针对两个变数（变量）间的关系，不考虑哪个是原因哪个是结果，而是考虑为对等的相互关系时的概念。这一点与回归不同。但是，此二者在形式上或计算过程上有很多的共通点，也有不少将多元相关分析和多元回归分析视为等同的文献。

将$N$对实数值（观测值、实测值、测定值、计测值等）的组$x_i$、$y_i$（$i$＝1、2…$N$）称为双变量数据。将此数据（$x_i$、$y_i$）在二维平面上标为$N$个点的图称为散布图。

如1个变量特性值之一的分散

$\sigma_x^2 = \sum(X - \overline{X})^2$，

这样，将两个变量的分散称为共分散

$\sigma_{xy} = \sum(X - \overline{X})(Y - \overline{Y})$。

将$X$、$Y$的标准偏差设为$\sigma_x$、$\sigma_y$，则$X$、$Y$的相关系数被定义为

$r_{xy} = \sigma_{xy}/\sigma_x\sigma_y$，

这被称为皮尔森的积矩相关系数。值的范围是$-1 \leqslant r_{xy} \leqslant 1$，绝对值越接近1，$X$和$Y$为直线关系，其相关关系变强；接近0时为没有相关关系的无相关；负符号时称为逆相关。相关系数的绝对值比1小很多，比0大很多时，根据数据，相关系数的置信界限会改变，所以在论述两个变量间的相关关系时，有必要进行显著性的检验。

在相关性分析里，有单相关分析、多元相关（多元回归）分析、主成分分析、典型相关分析（CCA）等。单相关分析是应用上述的双变量间的相关系数分析变量间关联的方法。变量太多，其组合会膨大，必须根据问题的现象和渊博的相关知识及洞察力，选出有用的变量进行分析。

可是，此方法也存在局限性，此时可采用主成分分析法（参照“多变量解析”）。主成分分析法是将相互相关的多变量信息多用于以下目的的手法：将信息的损失最小化以求出相互无相关的、更少的合成值（主成分），据此来缩约数据并整理、整合多变量。与因子分析在外形上虽类似，但在本质上是不同的手法。可是，作为一种方法，可应对因子分析手法之一的主因子法不假设特殊因子的情况（参照“因子分析”）。

其他的相性关分析法是被称作多变量分析的手法，是以3个变量以上的变量间的相关系数所作矩阵的相关行列作为计算的基础。

（安原治机）

# 回归分析

regression analysis

在确定变数（变量）间的因果关系或相互关系的统计（解析）手法中，（多元）回归分析是应用最广的方法。

19世纪末，英国学者调查父母和子女的身高关系时开始使用回归这个词。基本上，高个父母的子女也是高个。但也发现如下倾向：高个父母的子女的平均身高比父母矮；矮个父母的子女身高高于父母，子女的平均身高趋近（回归）全体子女的平均身高。于是，表示父母子女身高关系的直线被称为回归直线。

由父母身高可预测子女的身高是因为：将父母的身高视为主要原因，子女的身高视为结果。这个不言而喻的事实。如此，在回归分析中预测是主要目的之一。只是，原因与结果，即因果关系多为经验，为了客观地解释因果关系，必须使用各种因果推论法。将子女的身高称为目标变量（$Y$），父母身高称为解释变量（$X$）。

在回归分析中，首先将有关$X$和$Y$的分布描绘于图表（散布图），必须根据观察查明$X$和$Y$的关系（是直线关系还是曲线关系等）。由图认定其大概为直线关系时，求近似直线的方程式$\hat{Y}=AX+B$。其中$A$是直线的斜率，$B$是$Y$截距。

解释变量为两个以上时，成为多元回归分析，将解释变量作为$X_1$、$X_2$、$\cdots X_n$多元归式成为

$$Y=A_1X_1+A_2X_2+\cdots+A_nX_n+B$$

实测值$Y$和预测值$Y$的相关系数是多元相关系数，是表示预测的准确度的指标之一。

当解释变量彼此高度相关时，就会出现多元共线性问题，因此，变量选择时必须注意。

（安原治机）

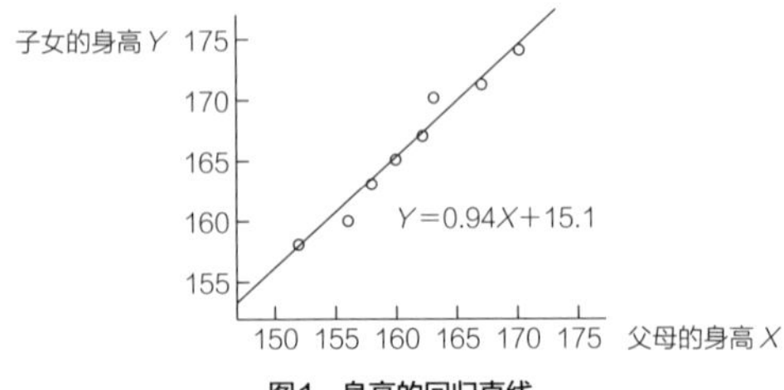


图1　身高的回归直线

# 因子分析

factor analysis

因子分析作为心理学领域用来探求心理潜在因子或潜在能力等的手段，是成熟的统计分析中的多变量分析的一个手法。因此，因子分析中的“因子”充其量只是假设的变量，和手法相类似的主成分分析的“主成分”不同。在主成分分析中，是将数据概括为互不相关的少数综合特征值，与此相对，在因子分析中，是根据分解数据来求公共因子。

因子分析的基本模型是，根据变数（变量）$x_j$的相关关系以

$$x_j = \alpha_{j1} f_1 + \alpha_{j2} f_2 + \alpha_{jm} f_m + d_j u_j$$

（$j=1$、2、$\cdots p$）

的线性组合来表示。再有，将$f_1$、$f_2$、$\cdots f_{im}$称为公共因子得分，$u_j$称为独立（特殊）因子得分，将公共因子得分的权重系数$d_j$称为独立性。因子载荷是决定各变量与各公共因子间关系的系数。另外，关于公共因子间的相关性，假定相互无相关的情况下被称为正交因子，之外的称为斜交因子。

因子分析的求解是由相关矩阵求因子载荷矩阵，有很多方法。其中，正交的主要方法有主因子法、形心法、（直接）最大方差法。

主因子法是，在多变量间的共同变动中，将最接近所有变量的变动（因子载荷的平方和最大）作为因子的方法。

形心法是由瑟斯顿（L. L. Thurston）开创的减少了计算量的主因子法的近似解。但是在计算机普及后，已经很少被使用了。

在主因子法中，将因子载荷的平方和中最大的作为第一因子，之后，将与前面所求的因子正交（无相关）的因子载荷的平方和中最大的作为第二因子来顺次求解因子，所以在各因子中，所有变量的因子载荷平均而言都提高了。于是，提高一部分变量的因子载荷，降低其以外的变量的因子载荷的求解因子的方法称为（直接）最大方差法，将这样的因子结构称为单纯结构。某因子的因子载荷的一部分变量高，其他变量低时，可认为其因子与因子载荷高的一群变量有关联，因子的解释会变得容易。

在求因子的单纯结构的方法中除了上述（直接）最大方差法之外，也有将由主因子法等所求得的因子载荷矩阵旋转求解的方法，被称为最大方差旋转法。

（安原治机）

# 聚类分析

cluster analysis

有一种说法："区分"是通往"理解"的第一步。在空间研究领域也多将分类、类型化等作为目的或方法使用。通过对多样、复杂的对象进行调查、计量、实验、测定等而获得数据，将这些数据中某些类似特征进行归纳，明确对象间的关联性、整体性质等而获得新的见解，很多新见解被应用到以后的方针中，因此上述分析方法被广泛使用。

所谓聚类分析是指，当能定义对象间的类似度或相异程度（非类似度）时，基于其数值采集类似的并分类为几个集合（聚类）的方法。

聚类分析中关于变量的前提条件（变量的正规性、变量间的线性关系）宽松，是应用范围广、便于使用的分析方法。

在聚类分析的过程中，分析者需要决定或必须注意的主要内容包括：相似度・距离（非相似度）的定义、重新计算新构成的聚类间的相似度・距离的方法、聚类数量的决定。

聚类分析中可以使用量的（定量的）数据或质的（定性的）数据中的任何一种。在量的数据中，考虑到数据单位不同或重要度、分散等，或将数据标准化（基准化），将加权欧氏距离、马氏距离、相关系数、因子得分、主成分得分等作为相似度使用。而且，在质性数据中将一致系数、关联系数、各种顺序相关系数等作为相似度使用。

重新计算新构成的聚类间的相似度・距离的方法种类颇多，包括最短距离法、最长距离法和中值法。具体而言，针对新构成的聚类与其他聚类之间的距离，在构成前的各聚类与其他聚类间的距离中，在最短距离法中设为最小距离，在最长距离法中设为最长距离，在中值法中设为中间距离。其他还有形心法、群平均法、离差平方和法等。

由于聚类分析不具有统计模型，所以没有检验聚类数的适当性的方法，根据由分类所得结果的解释来决定聚类数。

聚类分析只要能定义对象间的相似度・距离，就几乎没有其他的制约，是应用范围广泛且便于使用的分析方法。但是，这也是使用聚类分析时的关键。分析结果被准确表达对象间关系的相似度・距离的定义所左右。

（安原治机）

# 数量化理论

quantification theory

数量化理论是日本创立的多变量解析方法，分成Ⅰ类到Ⅳ类。与其类似的方法有法国创立的虚拟变量法等。

所用数据是质性的及定性的数据。在“多变量解析”词条中提到过，数据可分类为质性的及定性的数据和量性的及定量的数据。数量化理论（不包括数量化理论Ⅳ类）是在作为质性数据的名义（分类）尺度（性别、爱好、职业等）和顺序（排序）尺度（好恶程度、满足度、成绩的名次等）中，主要以前者为对象（变量）的分析方法。

在数量化理论中所处理的名义尺度的数据如表1、表2 所示有两种形式。对应定量数据的变量的是项目（要因）栏，在表1中所反映的种类号码是其数值，在表2的分类中反映为“1”。

数量化理论的创立者林知己夫说“通过给质的事物以数量来加以分析，未解的真相就此可解”，这是数量化的目的所在。

数量化理论一般分为有外部基准和无外部基准的情形。

外部基准是指多元回归分析的目的变量，（多元）判别分析的群等。相当于解释变量和独立变量是非数量的多元回归分析的是数量化理论Ⅰ类；相当于（多元）判别分析的是数量化理论Ⅱ类。

在没有外部基准时，针对个体和种类，仅从每个个体与种类间的关系（对种类的反应模式）来求得有内部意义的数值。是根据其数量将个体、种类在空间内概括分类，以探求数据内部构造的方法。数量化理论Ⅲ类其使用目的与以数量数据为对象的主成分分析或因子分析相同，因此被使用。

数量化理论Ⅳ类中所用的数据有距离、相似度、亲近度等，目的也相类似，所以可以将其考虑为是多维尺度法的一种。

（安原治机）

**表1　数量化理论中处理的数据形式（1）**

| 固体＼要因 | 1 | 2 | … | $N$ |
|---|---|---|---|---|
| 1 | 3 | 1 | | 2 |
| 2 | 2 | 1 | | 1 |
| ⋮ | ⋮ | ⋮ | | ⋮ |
| $N$ | 3 | 2 | | 3 |

**表2　数量化理论中处理的数据形式（2）**

| | 要因 1 | | | 要因 2 | | | 要因 3 | | |
|---|---|---|---|---|---|---|---|---|---|
| 固体＼种类 | 1 | 2 | 3 | 1 | 2 | 3 | 1 | 2 | 3 |
| 1 | 0 | 0 | 1 | 1 | 0 | 0 | 0 | 1 | 0 |
| 2 | 0 | 1 | 0 | 1 | 0 | 0 | 1 | 0 | 0 |
| ⋮ | ⋮ | ⋮ | ⋮ | ⋮ | ⋮ | ⋮ | ⋮ | ⋮ | ⋮ |
| $N$ | 0 | 0 | 1 | 0 | 1 | 0 | 0 | 0 | 1 |

# 25 多维尺度法

multidimensional scaling

分类的主要目的之一是了解复杂多样的对象间的关系亦即其构造。

分类有很多方法。以分类为直接目的的聚类分析；数量化理论Ⅲ类、Ⅳ类；将由主成分分析所得的数量、主成分得分分配在欧几里得空间内，通过观察、研究来分类的方法等。此外，还有判别分析、数量化理论Ⅱ类等也可用于分类。

此处论述的多维尺度法也是分类和构造化的方法之一。以下将多维尺度法标记为MDS。

MDS 是通过计量、测定等从分析对象得到许多观测值，根据这些观测值来计算对象间的距离、（非）相似度，以其所得值为基础将对象作为多维欧几里得空间内的点来赋予空间式表现的方法。此时，点之间的距离作为数据与被赋予的对象间的（非）相似度以最匹配的方式进行标绘。

MDS 主要以必须处理复杂、多样数据的心理学领域为主被开发和应用。与其轨迹相似的有因子分析法。两者的共通之处是：对于众多的对象，在比其少的维度空间中标绘对象。

不同之处在于初期使用的基本数据。因子分析是由对象间的相关系数矩阵出发，与此相比，MDS 是由对象间的距离矩阵出发。作为距离最为多用的是（非）相似度，这种求法是适用MDS 的关键点，左右分析结果的好坏。

MDS分为两种：处理量性数据的度量（metric）MDS 和处理质性数据的非度量（non-metric）MDS。另外，也有根据所处理数据的具体不同而将半度量（semi metric）MDS 加入分类里的情况。

MDS 中的数据形态根据分析目的不同而有差异，计算方法也会变化。数据的形态由“维”即被实验者、对象物、刺激等项（相当于数量数据情况下的变量）的数与“相”（即项）的组合数来决定。最为多用的是单相二维数据。二相三维、二相二维数据被用于考虑个体差异的MDS 中。

（安原治机）

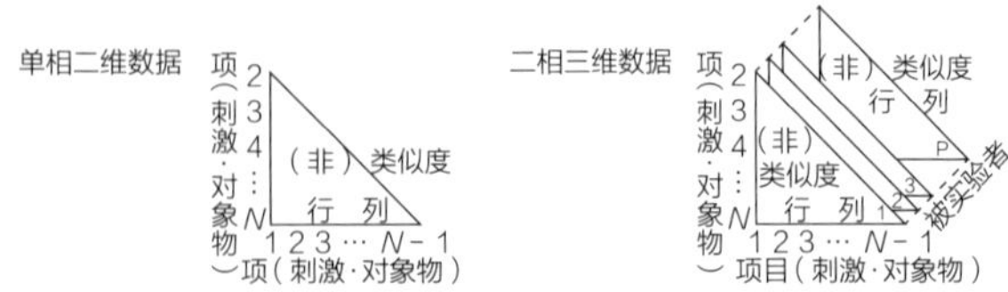


图1 输入数据的形态

# 模型分析

analytic model

世间万象是复杂、多样的，相互关联的有机综合体。为了加深对这些事物、现象的理解，必须进行大量的调查和思考。但是，我们不可能完全把握、说明现象或事物的全部。于是，人们想出能简洁、明快地进行说明的道具，即模型。

赫拉克利特（Heraclitus）认为："万物皆可相互转化"——火变为水、水进入土、土再入水、水归于火，将万物视作由火、水、土三元素构成的动态的模型。

模型有多种多样，各种模型之中也有共通的形式、特征等，将其整理可分类如表1。其中，模型分析中主要使用的是数学（数理）模型。代表性的模型归纳如表2所示。

在模型构成中，为了简洁、明快地说明实际现象和事物，需要提取所关注的特定性质、元素，舍去非关注对象的部分。提取的元素越多，模型就越反映现实，但会变得复杂而缺乏明快性。过多舍去元素，虽简洁、明快，但会成为脱离现实的抽象的模型。这个提取和舍去的平衡是模型构成的关键。

实用的模型，应明快易懂，在很好反映现实的同时，必须具有普遍性和可验证性。

（安原治机）

表1　模型的种类

| 数学（数理）模型　详见表2 | | |
|---|---|---|
| 物理模型 | 模拟实验装置模型 | 风洞实验用模型<br>视觉测定实验用模型 |
| | 类似物模型 | 借由水流的群集模型<br>借由光线的音响模型 |
| 图式模型 | 概念图模型 | 动线图、机能图 |
| | 图表模型 | 设计图、图表 |
| 语言 | 谓语逻辑模型、讨论模型、学说 | |

表2　数学（数理）模型

| | |
|---|---|
| 线性<br>非线性 | 变数间的关系能用一次式表达<br>变数间的关系在一次式以外 |
| 概率的<br>确定的 | 变数包含概率元素的变动<br>变数不包含概率元素的变动 |
| 动的<br>静的 | 变数包含时间元素的变动<br>变数不包含时间元素的变动 |
| 定量的<br>定性的 | 变数对应数值、量的连续量<br>变数对应集合、顺序的离散量 |
| 函数<br>构造 | 以变数间的函数关系为对象的<br>以变数间的构造为对象的 |
| 相关<br>关联 | 变数间的关系根据相关系数定义<br>变数间的关系根据关联系数定义 |

# 拓扑学

topology

拓扑学是几何学的一个领域的称呼，不是以面积或长度等绝对位置或数量，而是根据点、线、面等的连接方法来解释图形，起源于数学家欧拉（Euler）的欧拉图的研究。该词源起于19世纪李斯丁（J. B. Listing）将希腊语的topo（位置）与logy（论）合成而得，日语中也译作位相几何学。

例如，在欧几里得几何学中，由于不同图形的三角形和四角形其各点相互连接同样都呈闭合状，所以被视作同样的图形。另外，在三维空间中对立方体和球体，或咖啡杯和面包圈也不作区别。像这样即使形状变化但仍会记述其一般性质或法则，这种属性被应用在天体力学、生物学、医学等方面。

在空间学领域，拓扑学作为将复杂的现实空间抽象化、主要记述形状和位置的分析方法，迄今已被应用到众多研究中。特别是，由纯粹的几何学含义派生的连接性被广泛应用，初期曾在符号论研究中被作为如下方法使用：亦即将通过符号获取的具有一定意义的空间的相互关系从语法论维度结构性地、图式地进行记述。近年被应用于记述空间的复杂性和网络构造等方面。

再有，在广义解释时，将距离和方向抽象化的铁路车站的票价显示牌等，也是一种拓扑学的图示呈现。

（田中一成）

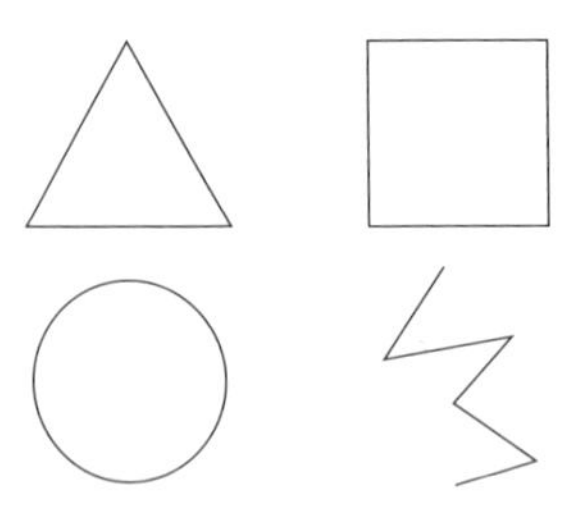

图1
在拓扑学式（二维）思路中，三角形、四角形、圆形都是同样图形，但右下角的开放的线形是与上述三者不同的图形

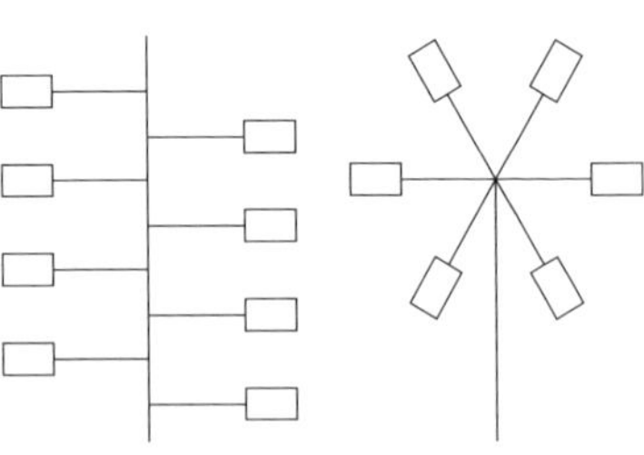

图3
用拓扑学图示空间连接（网络拓扑）

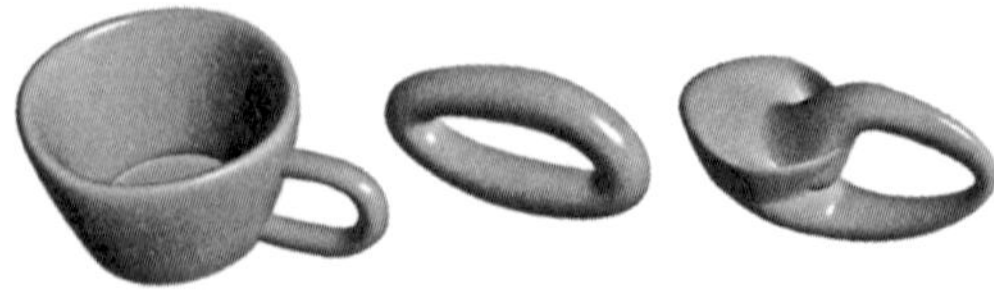

图2
咖啡杯和面包圈为同样形态；左图是咖啡杯和面包圈，以及界于两者中间的形态（三维拓扑）

# 图模型

graphical modeling

图模型是分析研究目标的变量与说明其变量间相互关系的多变量解析方法之一。其特征是：与先假设再解释的其他方法不同，图模型是依靠数据来阐明关系的探索性的方法。因此，变量间有可能出现意料之外关系的可能性。图模型的特征是能够将多个变量间关系的方向和强度视觉性地、定量地加以呈现的模型式的表现方法。

以下，以采用外观的色彩和开口的比例等物理因素来说明商店建筑中“顾客进店难易度”的研究为例，针对图模型进行解说。

图模型大体可分为以下2种：“同层中的项目的关系”“多个层次结构中项目的关系”。通常，用线的粗细表示关系的强度（偏相关系数的绝对值的大小）；用颜色和线种等表示关系的方向（偏相关系数的正负）。据此，可视觉化地理解变量间整体关系的方向及强度。

关于图1所示的同层的关系，只要看各项目线的粗细和线种即可得知。在图2的多个层级中，项目越靠右越是上位概念，由此可知从左边项目推移到右边项目时进行判断的心理结构。

操作目的变量时应该操作哪个解释变量？对此问题，通过图模型可以实现结构性的理解。

（林田和人）

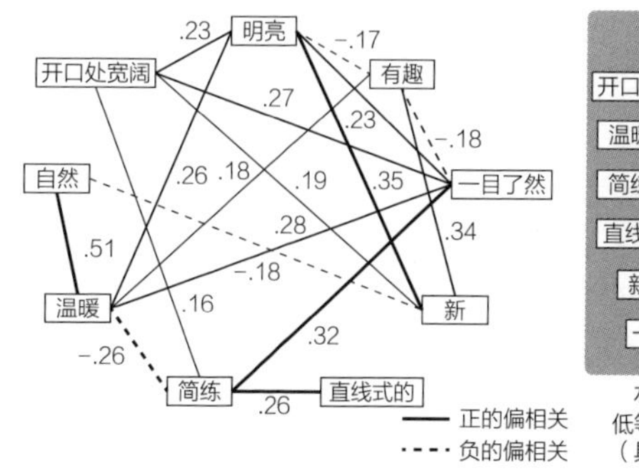

图1　同一层面内的模型

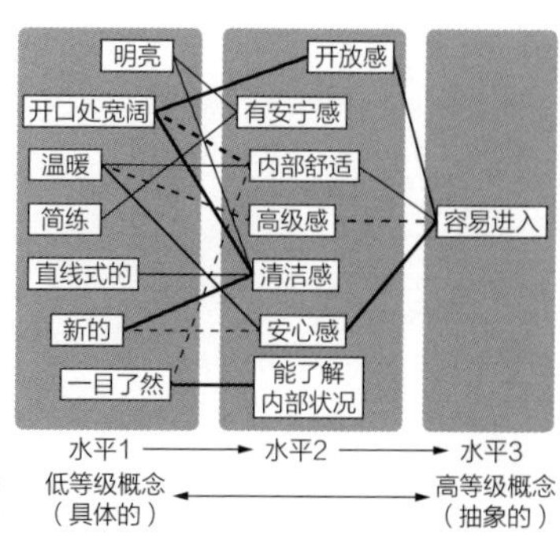

图2　跨多个层次结构的模型

# 协方差结构分析

covariance structure analysis

协方差结构分析是指，假设无法直接观测的潜在变量，将其与观测变量间的因果关系作为结构模型（图1）来组合分析的多变量解析方法的总称。

协方差结构分析作为统计分析理论虽然陈旧，但由于理论的不断完善和Amos等可利用软件的不断开发，成为最近在心理学和社会学等领域急速普及的用于多变量分析的工具。

带有潜在变量的分析模型中有另项的因子分析，但协方差结构分析模型可理解为包含因子分析和多元回归分析（图2）的综合性的分析模型。图3是作为结构模型使用的典型的因果关系模型，是将探索性因子分析的事例以路径图来表现。再有，通常的因子分析模型被称为检验性因子分析模型，可将图3作为修改了的图4来分析。

协方差结构分析的优点是：能将路径这种表示因果的关系做成模型视觉化，再加上，与其他的多变量分析不太适于统计性检验相比，检验模型适合性的检验统计量很充足，能够检验分析结果。

再有，可对多个群体进行分析，以验证模型是否对每个属性（如性别）相同，并验证具有时间背景的因果关系。另一个优势是，可将被每个既往分析方法所固定的因果关系的结构自由进行设定。

（横田隆司）

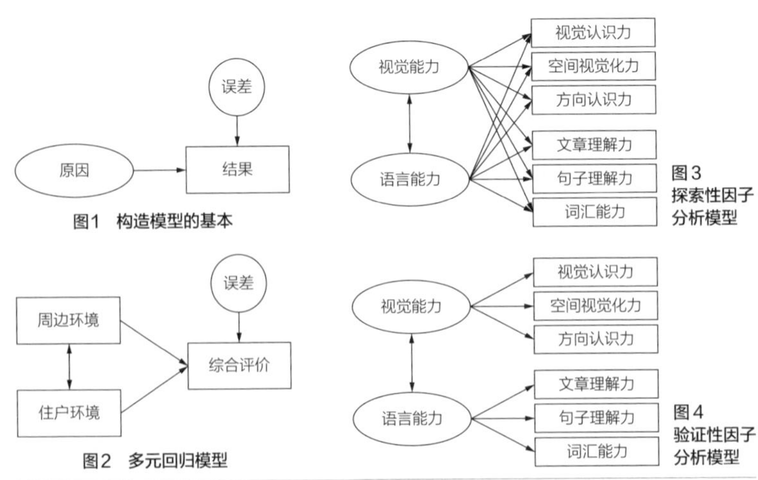


图1　构造模型的基本

图2　多元回归模型

图3 探索性因子分析模型

图4 验证性因子分析模型

# 认知心理学

cognitive psychology

认知心理学是研究人类认知机能体系的心理学的一个领域。认知机能指记忆、学习、解决问题、做出决定等机能，认知心理学的目的是了解这些机能是以怎样的体系进行运作的。

通常认为，认知心理学受到格式塔心理学（Gestalt Psychology）的影响，建立于20世纪50年代之后。20世纪10至50年代，主要在北美占支配地位的行为主义（Behaviorism）和新行为主义（Neo- behaviorism）认为：通过刺激和反应条件所成立的单纯的元素组合能够解释记忆和学习等高级认知过程（S-R联结理论）。

与此相比，认知心理学不是将人类的认知过程分解为元素而是作为整体来把握，将学习和记忆不只视为条件，而是更能动地赋予信息含义及进行取舍选择的过程。另外，人类天生具备认知能力，是根据先验性的、决定好的程式来认知、反映，这种先验论也是认知心理学的特征之一。

认知心理学，是将人类的各种认知过程概括成作为记述、说明的手段来进行信息处理。例如，记忆是作为符号化—存储—检索一系列的信息处理程序被重新建构。信息处理模型不仅能够通过模型化（信息处理）来对各种模糊不清的不可被验证的概念和假说进行严格定义，同时，作为十分有效的工具能够概括地、广泛地记述多种认知机能，对认知心理学的建立起到极大的作用。

认知心理学的研究对象包括：① 解明记忆的构造（理解、记忆语言或文章的语言式信息处理；有关图像信息或空间信息的非语言式信息处理）；② 阐明认知课题的实行即阐明推理或解决问题、做出决定的过程等。

认知科学（cognitive science）是包括认知心理学、神经心理学和人工智能（AI）、语言学等与人类认知机能相关的多学科的综合体系。

（谷村秀彦）

# 环境心理学

environmental psychology

环境心理学是研究环境与在环境中的人类行为之间关系的心理学的一个领域。在实验心理学中，考虑环境（光、声等刺激）始于很久以前，但是环境心理学所说的环境，不单指诱发反应的刺激的总体，更着眼于：作用于环境，然后接受环境反馈这种针对人类—环境体系的认识。环境心理学是在上述认知基础上进行的有关环境的各种心理学研究的总称。

斯陶克（D. Stokols）认为环境心理学的研究对象是人类对环境采取的被动行为：① 人类对环境的认知，例如空间是怎样被认知的；② 对环境的评价，例如自身所处环境的舒适度如何；③ 对环境的能动行为，例如对个人空间的范围和所受侵害的反应等；④ 城市压力分析，例如有关居民对高层住宅及噪声的适应等。

环境心理学成立的背景在于：随着自然环境破坏及高层住宅的涌现，人们对所处环境的关心度的提高；随着生态学的确立，人们认识到对人、环境的整体研究的必要性。因此，作为环境心理学的特征：不从个别原因而是从整体考虑环境问题；不是在诸条件可控的实验室内而是以日常空间作为研究对象。另外，一般认为问题意识强也是环境心理学研究的特点。

环境心理学领域确立的时间是在进入20世纪70年代之后，对此做出贡献的有普罗尚斯基（H. M. Proshansky）等学者的一系列论文集。萨姆（R. Sommer）和坎特（D. Canter）等学者，在建筑或城市规划的问题意识基础上做过许多环境心理学研究。建筑与人类的关系在环境心理学中也是重要主题，因而相关研究涉猎广泛，包括：对高层建筑和地下街的心理适应研究、建筑环境引起的社会行为差异研究、设施使用密度的最合适规模研究、城市景观和城市规划研究、避难行为研究等。

（谷村秀彦）

# 发展心理学

developmental psychology

发展心理学是了解人的成长、变化过程的心理学的一个领域。之前，曾经将青年期作为人生成长的完成点，以幼年期到青年期的发展为中心进行研究。现在，以青年期作为人生顶点来思考的发展观已经过时，代之以终生发展的理念，并得以普及。此外，还有毕生发展心理学（life-span developmental psychology）。

人类的发展阶段（developmental stage）一般按年龄分为：新生儿期（出生～生后4周）、哺乳期（生后12个月）、幼儿期（1～5岁）、儿童期（6～11岁）、青年期（12～25岁）、成人期（25～65岁）、老年期（65岁～）等。

当然，上述区分的定义并不严格，关于年龄段划分方法也存在各种争议。对应各个发展阶段所应获得的心理特质或应学习的课题被称为发展课题（developmental task）。

发展理论中经典且重要的学说包括：皮亚杰的认知发展论、埃里克森（E. H. Erikson）的心理及社会性的发展理论等。皮亚杰将同化与调节这种相辅的机能假设为推进发展的普遍性机能，认为发展是根据以上机能，依次地、阶段性地不断产生出新的均衡状态（感知运动期—前运算期—具体运算期—形式运算期）的过程。对此，埃里克森认为发展是毕生生命周期的发展，并且将弗洛伊德的心理及性发展论中的欲望满足理论扩展到了以人际关系为中心的心理及社会机能方面。

现在的发展心理学，随着对成人期、老年期的发展研究的推进，开始比较重视发展过程中环境及经验的作用。与此同时，只按年龄来划分发展阶段的年龄阶段性发展观正在被重新审视。

（谷村秀彦）

# 生理心理学

physiological psychology



生理心理学是将心理学现象与生理学事实相结合来进行说明的心理学的一个领域。生理心理学这个称呼源于冯特（W. Wundt）的著作名，是研究生理学和心理学交叉领域的学问。日文中也被译为生理学的心理学。精神生理学（phychophysiology）是通过操作行为的现象来记录生理性变量，与此相比，通常认为生理心理学是操作生理变量来记录行为现象，但两者的区别并不明确。

生理心理学的内容包括：① 通过脑波、诱发电位、眼球运动、肌肉活动等的测定及解析来分析睡眠等人（动物）的行为；② 从生理学角度对身心障碍的分析，以及在残疾儿童教育中的生理学见解的应用等。

另外，大脑半球的偏侧性指某机能依赖于大脑半球的或左侧或右侧，对了解知觉、学习、情绪障碍等起很大作用，这也是生理心理学的主题之一。

脑波是生理心理学中代表性的工具，具有以下多方面优点，例如：通过测定脑波能了解如生物节律和意识状态变化或如学习这种心理状态的连续变化；能敏锐地捕捉生物活动应激发生的变化；既具有个体差异性又保持一贯性，可对残疾儿童进行判别和诊断等。当然在脑波及诱发电位等方法之外，随着技术进步，各种新式测量手段会被陆续投入使用。

因此，生理心理学研究的特征是对生理现象的精密测定和以此为基础的实证分析。

（谷村秀彦）

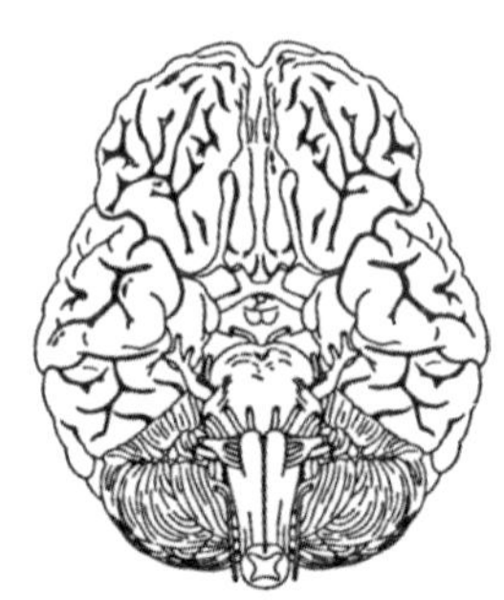

图1　脑的横截面

# 人体工学

ergonomics, human factor engineering

人体工学是为适应人类身体或心理特性而改进器械等的学科。人在劳作时的知觉和动作有其适当的能力范围和极限，可通过提供与其相适应的操作环境来提高操作的效率和舒适性，减少差错。

人体工学是在20世纪初期，根据产业界的需求，以提高生产效率为目的而诞生。主要试图解决，例如：机械操作时怎样才是最简捷最有效的动作，或者如何选拔适应特定工作特点的人群？

但是，随着机械技术的发展，出现了超过人类能力极限的操作环境。因此，不是让人类适应操作和机器，而是要使操作和机器来适应人类的呼声日渐高涨。如今，人与机械的关系不止停留在个体与个体的对应上，更注重于构建一种能够适应自主、能动地进行身体和精神活动的人类本能的人机关系。

人体工学的内容涉及以下诸多方面：① 有关人体尺寸、操作姿势、手脚的动作范围等身体特性及视觉、听觉等感觉特性的研究；② 关于与机器相关的人的疲劳或操作负担的研究；③ 有关综合处理的研究：机械设备的输出—人体感觉的输入—人的信息处理—人的输出—机器的输入等一系列流程的人·机·系统的研究；④ 关于研究人为失误与系统事故间关系、人的可信性与系统安全性的研究，等等。人体工学横跨多个领域，广泛应用于服装、家具、机械、建筑，操作系统乃至整个城市设计范围。

（谷村秀彦）

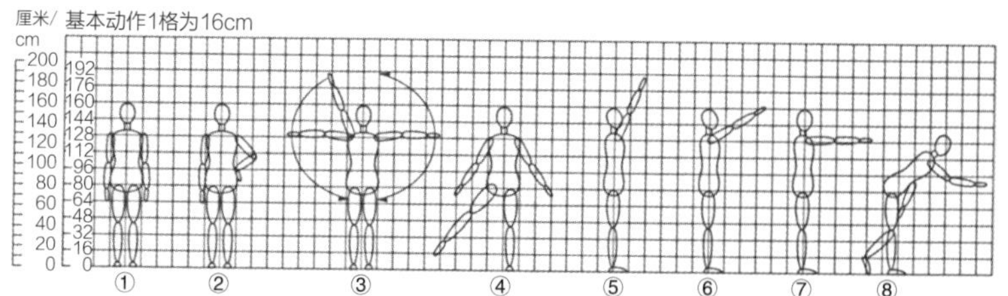


① 直立（前面）/② 将手放在腰间的动作/③ 手由水平上下运动的动作/④ 腿向侧方向上抬起的动作/⑤～⑧ 手由上举的姿势每隔32cm逐步放下的动作

**图1 动作空间**

# 图像学

iconography, iconology

图像学是美术史学的一个领域，是记述、解释图像内容的学科。人所制作的图及其包含的意义合起来称为图像。

标题列出了iconography和iconology两个词，iconography是通过理解作品背后的历史、文化传统来记述图像所意涵的内容的学科，iconology则更进一步，是对形成作品根基的世界观进行理解和解释的学科。因此有时将iconology称为图像解释学来加以区别。

在历史上，文艺复兴时期将有关古代肖像画鉴定的学问称为iconography，之后，成为主要指基督教古代美术的收集、解释的学问。这种传统不仅存在于西欧，日本对于佛教美术从古至今也一直进行着图像的收集和解释。

对现代文化符号论式图像学的建立带来强烈影响的是帕诺夫斯基（Erwin Panovsky）所著的《图像学研究》（1939年）。帕诺夫斯基将图像解释分为以下三个阶段：① 基于日常常识，将对象仅作为形态来认识、记述；② 对在特定历史、文化条件基础上成立的图像的含义，基于由文献资料获得的历史、文化背景知识来分析；③ 根据对图像本质性含义综合的、直观的感受来理解形成作品根基的世界观（“象征性”价值）。

“①”是停留于“手持盆中盛有男性头颅的女性”这种形态式的描述；“②”是根据圣经记载或同时代之前的同种主题的绘画，来分析此绘画的描绘对象。Iconography指的便是此阶段。Iconology相当于“③”，是考虑随历史变化的人类精神的本质性倾向，以此来理解（解释）作家或作品底层的世界观。

图像学的适用范围，不仅限于通常所说的美术作品，也有以建筑或城市为对象的建筑图像学，此时，建筑或城市的形态及其功能、观念的对应成为研究的课题。

（谷村秀彦）

# 认知科学

cognitive science

加德纳（H. Gardner）所著的《认知革命》（1985年）是认知科学的名著，此书的英文名为*The Mind's New Science*，直接阐明了认知科学的研究主题。简单而言，认知科学理论是以信息科学理论和计算机技术的发展为背景，通过理解知觉、思考、意识、感情、记忆、语言、学习等心理现象，力图综合研究人类大脑和心理运行机制的学科。

认知科学的特色是跨学科的研究。加德纳认为其是活跃在哲学、认知心理学、人工智能、语言学、人类学、神经科学等领域的研究的集大成者。认知科学日益受到紧跟潮流并一直立于潮流中心的研究者们的关注，其本身也处于变动之中，涉及的领域广阔，内容繁多。加德纳认为，认知科学被正式承认是在20世纪50年代中叶。但关于其发端，不同的研究领域和研究者持有不同的看法，无明确的定论。

如上所述，认知科学横跨多个学科领域，范围广阔，因此难以把握其整体形象。

为了加深对认知科学的理解，在此概述一下其萌芽期、初期的发展历史。认知科学随其发展而日趋复杂，其早期的发展过程体现出该领域的许多特征。

认知科学的萌芽，始于20世纪30年代的图灵（A.M.Turing）及自动机（automaton theory）理论，后见于20世纪40年代的维纳（N.Wiener）的控制论研究（Cybernetics）及香农（C. Shannon）的信息处理等研究。这些研究对认知科学的方法产生了影响，成为思考方式的基础；亦即，超越各个单独的内容，通过信息从概念的角度理解认知过程。

在20世纪50年代，罗生布拉特（F. Rosenblatt）做了成为神经网络（neuralnetwork）起源的研究，纽厄尔（A. Newell）和西蒙（H. A. Simon）在信息科学领域进行了有关思考的模拟研究，在语言学领域乔姆斯基（N.Chomsky）开拓了生成语法的道路。另外，针对长期支配心理学的行为主义，米勒（G. Miller）等学者开始了有关内在心理过程的研究。

在20世纪60年代，有了对影响神经网络的感知器（perceptron）的研究，米勒等学者提出TOTE组合的概念，明斯基（M. L. Minsky）出版了有关含义信息处理的著作，奎廉（M. Quillian）的语义网络模型等。奈瑟尔写了《认知心理学》（1967年），将信息处理研究扩展到了心理学。

认知科学的研究，现在仍在扩展、进行当中。

（宫本文人）

# 生态学

ecology

生态学是关于生物与环境间关系的科学，由19世纪德国生物学家恩斯特·海克尔（Ernst Haeckel）根据希腊语的oikos（生态）命名成“ecology”。

在了解生物构成时，大体可分为两种方法。一种是分析性地了解个体自体机能和构造；另一种是通过了解生物与生物间的关系，来探索各种生物存在的意义。三岛次郎就此举了个简单例子，“西红柿为什么是红色的”。对此有两种立场的解释，前者认为红色是因为表皮的类胡萝卜素化合物而致，后者认为红色容易被鸟等动物看到，增加了被食用的机会，由此提高了种子被更广泛地散布到远方的可能性。从生物构成看两者都属正确的理解，后者是从与环境的关系角度说明了必须是红色的理由。像这样，在对生物个体的理解过程中，当无法解释其存在于环境中的理由时，转而从生态学角度分析，可加深对生物样态和行为的理解。

生态学包括许多领域：根据自然分类划分的植物生态学和动物生态学，根据生物生息场所划分的森林生态学和海洋生态学，还有根据生物群水平划分的个体生态学、个体群生态学、群生态学。这些多重生态学的基础中都具有以下特点：即使将不同物种的动物放在同样的物理环境里，也是有多少主体数量就有多少不同的环境。人、狗、鸟对环境的认识各不相同。吉布森将书名定为《生态学的视觉论》的理由恰恰在此，定义了生物与环境这个固有组合的示能性（affordance）。另外，生物与环境的关系有作用、反作用和相互作用这三种。外界对生物的影响称为作用，热和光是其代表。反之，生物对外界的影响称为反作用，通常指呼吸产生二氧化碳这种无足挂齿的小事，但是，具备工业力量的人类可具有超越生物活动规模的巨大的反作用力。再有，生物间的关系称为相互作用，可见于雌雄关系和捕食与被捕食的关系、群体内人们相互获取位置的方法以及身体变形等现象中。

生态系统的维持正是基于这些作用、反作用、相互作用的平衡之上。建筑是人类自主地更新环境的行为，可称为最大的反作用，在建造建筑物时，需要对其周边环境有充分的了解。

（那须 圣）

# 符号论

semiotics

索绪尔以“研究社会中符号之生命的科学”这个著名的说法提倡了符号学（Semiology）。与此同时，美国人皮尔士（C. S. Peirce）曾基于符号论（Semiotics）构想符号的一般理论。现今，符号学和符号论都指“有关符号的学问”的同一学问领域。两者的区别仅在于：欧洲倾向于符号学，英语国家倾向于符号论。

符号论包含：从语言符号到身体语言的传达或嗅觉式符号，以及对美学理论、修辞学等含义体系的分析等广大领域。符号论发现，在所有的人类活动里，都存在支配性的潜在法则。所有的文化模式和社会行为都明示或暗示地伴随着交流与传递。

形成这种大量的符号现象的基础，是符号表现和符号内容间可成立的各种各样的关系。可以说符号论的基础即在于此。巴尔特（R. Barthes）发现了符号现象的结构，即符号作为能指和所指的综合体获得新所指作为高价符号系统中的能指，如此层层重叠下去。基于此，使得我们能够对通常难以看见的被隐藏的含义进行分析。

符号功能中美学功能的实现，需要组织性地打破作为关系法则的、被编码化的含义规则。因此，对于美学功能进行符号论式的分析，必须注意到其功能中存在的那种体系性反规则的异端行为。

而且，对于美的信息决不会实现最终解读，因为这种符号内容总是摇摆在被重组成为下一个符号的可能性之中。毋宁说美学功能的符号论的使命，就是为了了解现实、应对现实、改变现实。

空间符号论被要求跟随一系列的潮流，作为技术或工具从明示性出发，最终，作为诗的功能，面对世界展现其意义深邃的个性。

（濑尾文彰）

# 信息论

information theory

认识到信息是与物质、能量共同构成世间万物的三元素，从人类历史来看还是最近的事。

信息与能量同样都不是肉眼可见的，一旦认识到其存在，人类立刻就思考如何对它的量进行测量。

在通信工学领域，对于一条线路能输送多少信息等问题，从实用方面的必要性进行了通信理论的体系化。此理论在行为科学、心理学等主要以人为对象的广阔领域中也得到应用。

被广泛应用的是通信理论的一部分即信息量的定义（信息的计量化）。1948年香农所做的基础体系化的通信理论的信息研究，其特征是：从含义或价值分离的、能客观数量化的量，将信息源作为概率论式模型，定义了平均信息量函数。

香农所定义的信息量为：在事象的集｜$A_1$、$A_2$、$\cdots A_n$｜中，各事象的出现概率为$p_1$、$p_2$、$\cdots p_n$这样的信息源，

$$X=\begin{pmatrix} A_1、A_2、\cdots A_n \\ p_1、p_2、\cdots p_n \end{pmatrix}$$

平均信息量为：

$$H(X)=-\sum_{i=1}^{N} p_1 \log p_1$$

将$H(X)$称为平均信息量。对数的底可为任何数，通常为2，此信息量的单位称为比特（bit：2进制Binary digit的简称）。

出现概率相等的两个事象的平均信息量为$N=2$，$p_1=p_2=0.5$，$H(X)=1\text{bit}$，$p_1\neq p_2$时$H(X)<1$。即平均信息量在各事象出现概率相等时最大值$H(X)_{max}=\log N$。

$H(X)_{max}$随事象数增加而变大。将除去了事象数影响的信息量称为相对信息量（相对平均信息量），用平均信息量$H(X)$和$H(X)_{max}$的比

$$H_r=\frac{H(X)}{H(X)_{max}}$$

来定义，这个补数$R=1-H_r$称为冗余（redundancy），冗余为0时各事象的出现概率相等，其次出现无法预测之事；冗余为1是指其后发生的事100%能预测。除了以上极端的情况之外，通常认为电报的冗余小，小说的冗余大，对此，读一下缺字文就可以理解。缺字的电报难读懂，但小说是可以跳跃式阅读的。

（安原治机）

# 分形几何理论

fractal theory

分形几何理论是根据曼德博(B. Mandelbrot)提议的数学概念碎形(Fractal),来记述存在于自然界的不规则形态的一系列理论。Fractal是曼德博造的词,其源于表示“物品损坏成不规则碎片的状态”的拉丁语形容词Fractus。

曼德博的问题意识源于:存在于自然界的云、山、海岸线、树木等在欧几里得几何学中只能作为没有形状的事物被置之不理。他通过定义分形这个概念,成功地记述了这种不规则碎片形状。例如,里亚斯型海岸,即便扩大其中的一部分也仍然不会失去里亚斯型海岸特有的形状,同样,不规则碎片式图形的特点也是:扩大其部分时能得到与其整体形状一样的图形,被称为自相似,分形可定义为具有自相似性的图形的集合。

下图是作为分形的例子,所示的是称为柯赫曲线的有名的图形。从此图一端截取1/3的部分观察,其与将整体缩小为1/3的图形相一致;即便从一端取出1/9部分,也是同样的结果。这种关系被称为自相似性。

为了对自相似性定量而定义了分形维度,其是以相似性为基础的测度,与位相(方位)维度(通常意义上的维度)不同,其特征是取其整数值。实际上,分形维度中有各种各样的测定方法(豪斯多夫维度及容量维度等),在此不涉及其严格的定义。

此理论可应用于计算机生成地形和树形、记述复杂现象等领域。

(谷村秀彦)

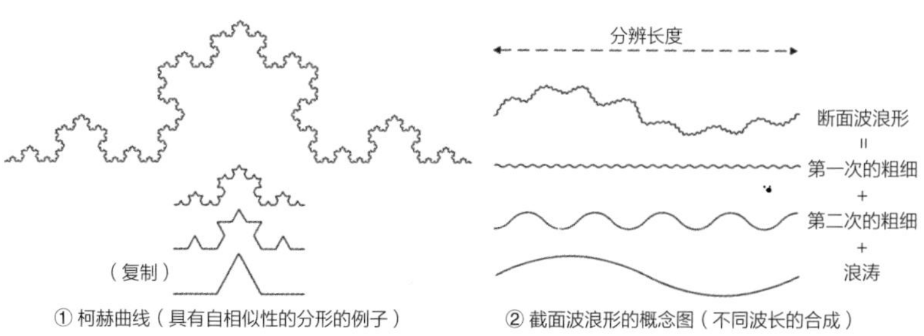


① 柯赫曲线(具有自相似性的分形的例子)

② 截面波浪形的概念图(不同波长的合成)

**图1 材料表面的截面波浪形和分形**

# 模糊理论

fuzzy theory

模糊理论是以1965年扎德（L. A. Zadeh）发表的论文为起点发展而来，是以模糊为中心概念的集合论及其应用体系。

模糊理论所关注的“模糊”，如同“美丽的人”那样，起因于人的主观性的、不能严格计量的状态，与概率论中所说的“不确定律”有本质的不同。

模糊集合（fuzzy sets）根据将各个元素属于集合的程度作为0~1间的实数给予的隶属函数（membership function）来被定义。作为对于通常的（非模糊）集合的二值逻辑的自然扩张，对模糊集合适用模糊逻辑。即命题的真理值不是0或1的两个值，取0到1之间的值时，也能定义AND、OR、NOT等计算，结合法则和分配法则等诸法则几乎都成立。

在20世纪70年代后半叶，有研究提议作为隶属函数值，不使用从0到1间的实数，而是如同使用模糊集合自身那样的模糊集合。这称为类型2模糊集合（对此，将原有的称为类型1模糊集合）。处理类型2模糊集合的逻辑还被称为模糊逻辑，但应注意与对应类型1模糊集合的模糊逻辑明显不同。

模糊理论应用于模式认识、控制理论、聚类等多方面，对于在以往技术中没有获得高性价比答案的很多问题——例如文字识别问题等是一个有效的方法。

（谷村秀彦）

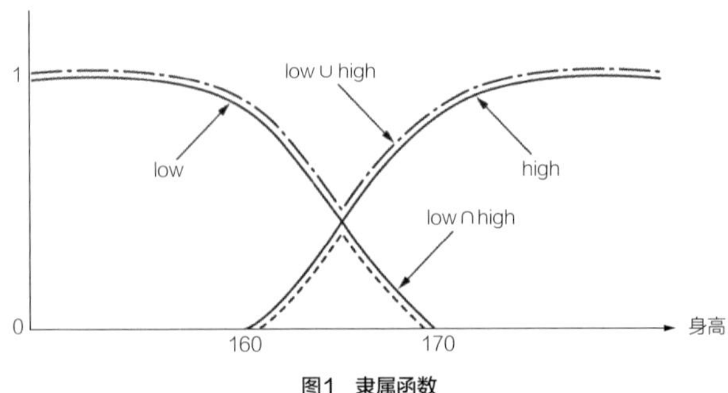


图1　隶属函数

# 软计算

soft computing

软计算是指通过模糊（容许模糊）、神经网络（模拟脑结构的处理程序）、遗传处理程序（模拟基因的动态的处理程序）等手法解决问题的总称，是为了解决以往方法所不能解决的问题而登场，主要在结构领域取得了成效，在规划求最优解等方面也取得了成果。

在此，以采用最优解探索和基因处理程序（GA）的系统为例，进行说明。

在以往的最优配置方法中，由于随着构成元素数和条件的增加，计算量会变得庞大，所以在现实规划中难以得到应用。但是，在本系统当中，可通过使用GA有效地求出设计者所期望的能反映人群流动的建筑平面。

GA的特征在于，不是从数学角度保证必须达到最优值，而是在于徐徐接近最优值。而且，实际处理程序是：模拟基因的动态，计算评价值、自然淘汰、均匀交叉以及突然变异，反复进行上述步骤直至所设定的代际数为结束状态。

具体的系统流程是，首先，使用者输入初期平面和所期待的评价值。其次，从初期平面推算所派生的许多平面的评价值，与所期待的评价值相比较来引导自然淘汰。对通过自然淘汰所剩下的平面施予均匀交叉，继而引导突然变异，来进行防止陷入局部最优解的操作。将此顺序重复数代，就能比以往方法更有效率地求出最优平面。

（林田和人）

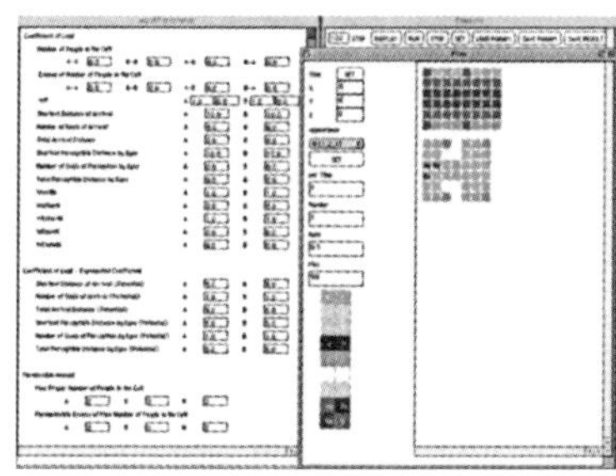

图1　使用了GA的计划（方案）制作系统

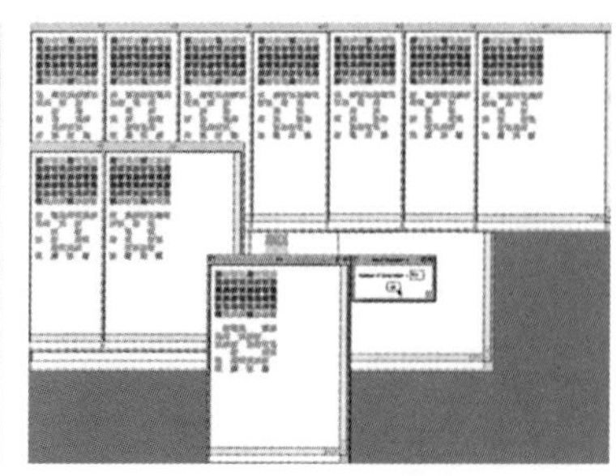

图2　最优计划的制作

# 参考文献

## 1. 知覚

藤永保・梅本堯夫・大山正編『新版心理学事典』平凡社，1981
外林大作・辻正三・島津一夫・能見義博『誠信心理学辞典』誠信書房，1982
東洋・大山正・詫摩武俊・藤永保編『有斐閣ブックス 心理用語の基礎知識』有斐閣，1978
乾敏郎編『認知心理学 1 知覚と運動』東京大学出版会，1995
金子隆芳・台利夫・穐山貞登編著『多項目心理学辞典』教育出版，1991
U.ナイサー，別冊サイエンス「特集・視覚の心理学，イメージの世界―ものを見るしくみ」日本経済新聞社，1975
大山正・今井省吾・和気典二編『新編 感覚・知覚心理学ハンドブック』誠信書房，1994
樋口忠彦『景観の構造』技報堂出版，1975
W.H.イッテルソン，H.M.プロシャンスキー他，望月衛・宇津木保訳『環境心理の基礎』彰国社，1977
空間認知の発達研究会編『空間に生きる―空間認知の発達的研究』北大路書房，1995
P.ギヨーム，八木冕訳『P.ギヨームのゲシタルト心理学』岩波書店，1952
外林大作・辻正三・島津一夫・能見義博『誠信心理学辞典』誠信書房，1982
高橋研究室編『かたちのデータファイル―デザインにおける発想の道具箱』彰国社，1983
W.メッツガー，盛永四郎訳『視覚の法則』岩波書店，1968
K.リンチ，丹下健三・富田玲子訳『都市のイメージ』岩波書店，1968
U.ナイサー，古崎敬・村瀬旻訳『認知の構図―人間は現実をどのようにとらえるか』サイエンス社，1978
芦原義信『外部空間の構成』彰国社，1962
芦原義信『外部空間の設計』彰国社，1975
芦原義信『街並みの美学』岩波書店，1979
芦原義信『続･街並みの美学』岩波書店，1983
W.ミッチェル，長倉威彦訳『建築の形態言語』鹿島出版会，1991
菊竹清訓『建築のこころ』井上書院，1973
工藤国雄『講座―ルイス・カーン』明現社，1981
前田忠直『ルイス・カーン研究』鹿島出版会，1994
数理科学「特集・実験計画」ダイヤモンド社，1973・11
H.M.プロシャンスキー・W.H.イッテルソン・L.G.リブリン，望月衛・宇津木保訳『環境心理学2　基本的心理過程と環境』誠信書房，1976
黒田正巳『空間を描く遠近法』彰国社，1992
J.ギブソン『生態学的視覚論』サイエンス社，1985

## 2. 感覚

R.ソマー，穐山貞登訳『人間の空間―デザインの行動的研究』鹿島出版会，1972
中島義明・大野隆造編『人間行動学講座3　すまう―住行動の心理学』朝倉書店，1996
E.T.ホール，日高敏隆・佐藤信行訳『かくれた次元』みすず書房，1970
戸沼幸市『人間尺度論』彰国社，1978
J.Panero・M.Zelnic，清家清とデザインシステム訳『インテリアスペース―人体計測によるアプローチ』オーム社，1984
岡田光正・高橋鷹志『新建築学大系13　建築規模論』彰国社，1988
芦原義信『外部空間の設計』彰国社，1975
C.ジッテ，大石敏雄訳『広場の造形』鹿島出版会，1983
彰国社編『外部空間のディテール1―計画手法を探る』彰国社，1976
岡田光正・吉田勝行・柏原士郎・辻正矩『建築と都市の人間工学―空間と行動のしくみ』鹿島出版会，1977
大野隆造・茶谷正洋「テクスチャーの視覚に関する研究（その13・素材感の構造）」日本建

築学会大会学術講演梗概集，1977
穐山貞登『質感の行動科学』彰国社，1988
谷崎潤一郎『陰翳礼讃』中央公論社，1975
赤祖父哲二編『英語イメージ辞典』三省堂，1986
I. Altman：The Environment and Social Behavior，Brooks／Cole，1975
高橋鷹志・長澤泰・西出和彦『シリーズ<人間と建築>1 環境と空間』朝倉書店，1997
日本建築学会編『人間環境学』朝倉書店，1998
空間認知の発達研究会編『空間に生きる―空間認知の発達的研究』北大路書房，1995
大野隆造・串山典子・添田昌志「上下方向の移動を伴う経路探索に関する研究」日本建築学会計画系論文報告集 No.516，1999
竹内謙彰「方向感覚と方位評定，人格特性及び知的能力との関連」教育心理学研究，40，47-53
Sholl, M. J.：The relation between sense of orientation and mental geographic updating, Intelligence，12，1988
栗本慎一郎『光の都市 闇の都市』青土社，1982
福井通『ポスト・モダンの都市空間』日本建築事務所出版部，1989
W.シヴェルブシュ，小川さくえ訳『闇をひらく光』法政大学出版局，1988
高階秀爾編『日本の美学26 光・影と闇へのドラマ』ぺりかん社，1997
Florence Nightingale，小玉香津子・尾田葉子訳『看護覚え書き』日本看護協会出版会，2004
キャロル・ヴァノリア，石田章一監訳『呼吸する環境』人間と歴史社，1999
横湯園子『教育臨床心理学―愛・いやし・人権そして恢復』東京大学出版会，2002
フランシス L.K.シュー，作田啓一・浜口恵俊訳『比較文明社会論 クラン・カスト・クラブ・家元』培風館，1963
ジョン・F・ロス，佐光紀子訳『リスクセンス―身の回りの危険にどう対処するか―』集英社，2001
五十嵐太郎『過防備都市』中央公論新社，2004
斎藤貴男『安心のファシズム―支配されたがる人びと』岩波書店，2004
エドワード・J・ブレークリー，メーリー・ゲイル・スナイダー，竹井隆人訳『ゲーテッド・コミュニティ―米国の要塞都市―』集文社，2004

## 3. 意识

アンリ・エー，大橋博司『意識』みすず書房，1969
メルロ・ポンティ，竹内芳郎・小木貞孝訳『知覚の現象学 I』みすず書房，1967
C.S.パース，上山春平・山下正男訳『論文集』中央公論新社，1980
S.K.ランガー，矢野等訳『シンボルの哲学』岩波書店，1960
C.W.モリス『記号と言語と行動』三省堂，1946
C.G.ユング，林道義訳『元型論』紀伊國屋書店，1982
G. ベイトソン，佐伯泰樹・佐藤良明・高橋和久訳『精神の生態学』思索社，1986

## 4. 印象·记忆

K.ボールディング，大川信明訳『ザ・イメージ』誠信書房，1962
K.リンチ，丹下健三・富田玲子訳『都市のイメージ』岩波書店，1968
A.Rapoport：COMPLEXITY AND THE AMBIGUITY IN ENVIRONMENTAL DESIGN, AIP JOURNAL，1967・7
藤永保・梅本堯夫・大山正編『新版心理学事典』平凡社，1981
D.カンター，宮田紀元・内田茂訳『場所の心理学』彰国社，1982
上田篤『空間の演出力』筑摩書房，1985
鈴木信弘・志水英樹・山口満・杉本正美「アプローチ空間における歩行体験に関する研究」日本建築学会計画系論文報告集 No.486，1996
志水英樹『街のイメージ構造』技報堂出版，1979

## 5. 空间的语义

船越徹・積田洋「街路空間における空間意識の分析（心理量分析）―街路空間の研究（そ

の1）」日本建築学会計画系論文報告集 No.327，1983
船越徹・積田洋「街路空間における空間構成要素の分析（物理量分析）—街路空間の研究（その2）」日本建築学会計画系論文報告集 No.364，1986
船越徹・積田洋「街路空間における空間意識と空間構成要素との相関関係の分析（相関分析）—街路空間の研究（その3）」日本建築学会計画系論文報告集 No.378，1987
日本建築学会編『建築・都市計画のための調査・分析方法』井上書院，1987
志水英樹『街のイメージ構造』技報堂出版，1979
船越徹・積田洋・恒松良純「街並みにおける「ゆらぎ」の物理量分析—街路空間の「ゆらぎ」の研究（その1）」日本建築学会計画系論文報告集 No. 542，2001
船越徹・積田洋・高橋大輔「パズルマップ法による病院の内部空間の分析—新しい認知マップ実験法の開発とその適用」日本建築学会計画系論文報告集 No. 503，1998
C.N.シュルツ，加藤邦男訳『実存・空間・建築』鹿島出版会，1973
K.リンチ，丹下健三・富田玲子訳『都市のイメージ』岩波書店，1968
J.V.ユクスキュル，日高敏隆・野田保之訳『生物から見た世界』思索社，1980
E.T.ホール，日高敏隆・佐藤信行訳『かくれた次元』みすず書房，1971
多木浩二『生きられた家』田畑書店，1976
M.ヤンマー，高橋毅・大槻義彦訳『空間の概念』講談社，1980
O.F.ボルノウ，大塚恵一・池川健司・中村浩平訳『人間と空間』せりか書房，1978
中埜肇『空間と人間』中央公論社，1989
清水達雄『空間と時間』彰国社，1975
I.ヒンクフス，村上陽一郎・熊倉功二訳『時間と空間の哲学』紀伊國屋書店，1979

## 6. 空间认知・评价

U.ナイサー，古崎敬・村瀬旻訳『認知の構図—人間は現実をどのようにとらえるか』サイエンス社，1978
空間認知の発達研究会編『空間に生きる—空間認知の発達的研究』北大路書房，1995
J.ラング，高橋鷹志監訳，今井ゆりか訳『建築理論の創造—環境デザインにおける行動科学の役割』鹿島出版会，1992
小林秀樹『集住のなわばり学』彰国社，1992
藤永保・梅本勇夫・大山正編『新版心理学事典』平凡社，1981
日本建築学会編『建築・都市計画のための空間学』井上書院，1990
P.シール：People, paths and purposes：notation for a participatory envirotecture, University of Washington Press, 1997
日本建築学会編『人間環境学 よりよい環境デザインへ』朝倉書店，1998
槇究・乾正雄・中村芳樹「街路景観評価の個人差について」日本建築学会計画系論文集 No.483, 1996
O.F.ボルノウ，大塚恵一・池川健司・中村浩平訳『人間と空間』せりか書房，1978
井上充夫『建築美論のあゆみ』鹿島出版会，1991
Wolfgang F.E.Preiser，Harvey Z.Rabinowitz，Edward T.White：Post Occupancy Evaluation, Van Nostrand Reinhold Campany Inc.，1988
細井昭男・小松尚・加藤彰一・谷口元・柳澤忠「大学オープンスペースについてのPOE—POE法による物的環境の有効性の検証に関する考察（その1）」日本建築学会大会学術講演梗概集（E-1 建築計画），1993
小松尚・鈴木賢一・加藤彰一・谷口元・柳澤忠「予測的改善後評価を導入したPOEと物的環境の認識に関する研究」日本建築学会計画系論文集 No.469，1995

## 7. 空间行为

乾正雄・長田泰公・渡辺仁史・穐山貞登『新建築学大系11　環境心理』彰国社，1982
日本建築学会編『建築・都市計画のための調査・分析方法』井上書院，1987
長山泰久・矢守一彦編『応用心理学講座6　空間移動の心理学』福村出版，1992
K.リンチ，丹下健三・富田玲子訳『都市のイメージ』岩波書店，1968
舟橋國男「WAYFUINDINGを中心とする建築・都市空間の環境行動論的研究」大阪大学学

位論文，1990
日本建築学会編『建築・都市計画のためのモデル分析の手法』井上書院，1992
高柳英明・佐野友紀・渡辺仁史「群集交差流動における歩行領域確保に関する研究—歩行領域モデルを用いた解析」日本建築学会計画計論文集 No.549，2001
佐野友紀・高柳英明・渡辺仁史「空間—時間系モデルを用いた歩行者空間の混雑評価」日本建築学会計画計論文集 No.555，2002
中祐一郎「鉄道駅における旅客の交錯流動に関する研究」鉄道技術研究報告　No.1079，1978
John.J.Fruin，長島正充役『歩行者の空間』鹿島出版会, 1974
岡田光正他『空間デザインの原点』鹿島出版会, 1993
日本建築学会編『人間環境学』朝倉書店，1998
清水忠男『行動・文化とデザイン』鹿島出版会，1991
林田和人・高瀬大樹・木瀬貴晶・渡辺俊・渡辺仁史「「国際花と緑の博覧会」における観客行動に関する研究（その1)—観客回遊パターンについて—」日本建築学会大会学術講演梗概集E-1分冊，1991
林田和人・山口有次・佐野友紀・中村良三・渡辺仁史「回遊空間における最短経路歩行について」日本建築学会大会学術講演梗概集E-1分冊，1997
仲山和利・仙田満・矢田努「回遊式庭園の利用と空間に関する研究」日本建築学会大会学術講演梗概集F-1分冊，1998
徐華・松下聡・西出和彦「経路選択の要因の分析　回遊空間における経路選択並びに空間認知に関するシミュレーション実験的研究（その１）」日本建築学会計画系論文集 No.534，2000
室崎益輝『建築防災・安全』 鹿島出版会, 1993
海老原学他「オブジェクト指向に基づく避難・介助行動シミュレーションモデル」日本建築学会計画計論文集 No.467, 1995
ナイジェル・ギルバート，クラウス・G.トロイチュ，井庭崇・高部陽平・岩村拓哉訳『社会シミュレーションの技法』日本評論社，2003
高橋鷹志・長澤泰・西出和彦『環境と空間』朝倉書店，1997
荒井良雄・岡本耕平・神谷浩夫・川口太郎『都市の空間と時間—生活活動の時間地理学—』古今書院，1996
財団法人交通エコロジー・モビリティ財団編「アメニティターミナルにおける旅客案内サインの研究—平成9年度報告書 資料集」1997
田中直人・岩田三千子『サイン環境のユニバーサルデザイン』学芸出版社，1999
佐々木正人『アフォーダンス—新しい認知の理論』岩波書店，1994
J.ラング，高橋鷹志監訳，今井ゆりか訳『建築理論の創造—環境デザインにおける行動科学の役割』鹿島出版会，1992
Bell, P.A.et al: Environment Psychology Third Edition, Harcourt Brace Jovanovich College Publishers, 1990
R.G.バーカー・P.V.ガンプ，安藤延男監訳『大きな学校，小さな学校　学校規模の生態学的心理学』新曜社，1982

## 8. 空间的单位・维・比率

岡田光正他『現代建築学 建築計画１』鹿島出版会，1987
岡田光正『建築人間工学 空間デザインの原点』理工学社，1993
日本建築学会編『第2版 コンパクト建築設計資料集成』丸善，1994
大山正・今井省吾・和気典二編『新編感覚・知覚心理学ハンドブック』誠信書房，1994
Leonardo Benevolo，武藤章訳『近代建築の歴史・下』鹿島出版会，1979

## 9. 空间记述与表现

日本建築学会編『建築・都市計画のためのモデル分析の手法』井上書院，1992
廣瀬通孝『バーチャル・リアリティ』産業図書，1993
廣瀬通孝『バーチャル・リアリティ応用戦略』オーム社，1992

舘日章，廣瀬通孝『バーチャル・テック・ラボ』工業調査会，1992
ロラン・バルト，蓮實重彦・杉本紀子訳『映像の修辞学』朝日出版社，1980
建築雑誌「特集・映画と建築」日本建築学会，1995・1
日本建築学会偏『建築・都市計画のための空間計画学』井上書院，2002
渡辺仁史編著『エスキスシリーズ〈05〉建築デザインのためのデジタル・エスキスCD-ROMによる各種手法の演習』彰国社，2000
C.アレグザンダー，平田翰那訳『パタン・ランゲージ』鹿島出版会，1984
日本建築学会編『設計方法Ⅳ 設計方法論』彰国社，1981
長山泰久・矢守一彦編『応用心理学講座6　空間移動の心理学』福村出版，1992
渡辺定夫・曽根幸一・岩崎駿介・若林時郎・北原理雄『新建築学大系17　都市設計』彰国社，1983
都市デザイン研究体『日本の都市空間』彰国社，1968
建築文化「特集・街路〈ストリート・セミオロジー〉」彰国社，1975・2
日本建築学会編『空間体験—世界の建築・都市デザイン』井上書院，2000
日本コンピュータ・グラフィックス協会編『コンピュータ・マッピング入門』日本経済新聞社，1988
黒田正巳『空間を描く遠近法』彰国社，1992
近江栄・小野襄・佐藤平・野村歓・広瀬力・若色峰郎『建築図学概論』彰国社，1979
W.ミッチェル，長倉威彦訳『建築の形態言語』鹿島出版会，1991
日本建築学会編『計画・設計のための建築情報用語事典』鹿島出版会，2003
K.リンチ，丹下健三・富田玲子訳『都市のイメージ』岩波書店，1968
P.シール，船津孝行訳編『『環境心理学6　環境研究の方法』誠信書房，1975
トレバー・バウンフォード『デジタル・ダイアグラム』グラフィック社，2001
William Lidwell・Kritina Holden・Jill Butler『Design Rule Index—デザイン，新・100の法則』BNN，2004

## 10. 空间图式

I.カント，篠田英雄訳『純粋理性批判』岩波書店，1962
C.N.シュルツ，加藤邦男訳『実存・空間・建築』鹿島出版会，1973
R.M.ダウンズ，D.ステア共編，吉武泰水監訳『環境の空間的イメージ—イメージマップと空間認識—』鹿島出版会，1976
フランシス・D.K.チン，太田邦夫他訳『インテリアの空間と要素をデザインする』彰国社，1994
フランシス・D.K.チン，太田邦夫訳『建築のかたちと空間をデザインする』彰国社，1987
K.リンチ，丹下健三・富田玲子訳『都市のイメージ』岩波書店，1968
C.アレグザンダー，稲葉武司訳『形の合成に関するノート』鹿島出版会，1978
C.アレグザンダー，押野見邦英訳「都市はツリーではない」『別冊國文学　知の最前線・テクストとしての都市』學燈社，1974
U.ナイサー，古先敬・村瀬旻訳『認知の構図—人間は現実をどのようにとらえるか』サイエンス社，1978
石毛直道編『環境と文化—人類学的考察』「北ハルマヘラにおける環境観」日本放送出版協会，1978

## 11. 空间要素

K.リンチ，丹下健三・富田玲子訳『都市のイメージ』岩波書店，1968
C.N.シュルツ，加藤邦男訳『実存・空間・建築』鹿島出版会，1973
志水英樹・福井通『新・建築外部空間』市ヶ谷出版社，2001
O.F.ボルノウ，大塚恵一・池川健司・中村浩平訳『人間と空間』せりか書房，1978
E.レルフ，高野岳彦・阿部隆・石山美也子訳『場所の現象学』筑摩書房，1991
前川道郎編『建築的場所論の研究』中央公論美術出版社，1998
中村雄二郎『場所—トポス』弘文堂，1991
上田閑照『場所—二重世界内存在』弘文堂，1992

D.カンター，宮田紀元・内田茂訳『場所の心理学』彰国社，1982
山口昌男『文化と両義性』岩波書店，1975
H.ゼードルマイヤー，石川公一・阿部公正訳『中心の喪失』美術出版社，1973
大江健三郎・中村雄二郎・山口昌男編『叢書文化の現在4　中心と周縁』岩波書店，1981
森川洋『中心地論（I）』大明堂，1980
保坂陽一郎『境界のかたち』講談社，1984
大江健三郎・中村雄二郎・山口昌男編，原広司著『叢書文化の現在8　交換と媒介—境界論』，岩波書店，1981
網野善彦『無縁・公界・楽—日本中世の自由と平和』平凡社，1978
G.ジンメル，酒田健一訳『ジンメル著作集12　橋と扉』白水社，1976
B.ルドルスキー，平良敬一・岡野一宇訳『人間のための街路』鹿島出版会，1973
竹山実『街路の意味』鹿島出版会，1977
樋口忠彦『景観の構造』技報堂出版，1975
福井通『ポスト・モダンの都市空間』日本建築事務所出版部，1989
G.カレン，北原理雄訳『都市の景観』鹿島出版会，1981
デザイン委員会＋イギリス都市計画協会共編，中津原努・桜井悦子共訳『新しい街路デザイン』鹿島出版会，1980
鈴木昌道『ランドスケープデザイン〈風土・建築・造園〉の構成原理』彰国社，1982
アーバンデザイン研究体『アーバンデザイン 軌跡と実践手法』彰国社，1985
都市デザイン研究会『都市デザイン—理論と方法』学芸出版社，1981
E.N.ベイコン，渡辺定夫訳『都市のデザイン』鹿島出版会，1968
ジェフリ＆スーザン・ジェリコー，山田学訳『図説景観の世界』彰国社，1980
槇文彦他『見え隠れする都市』鹿島出版会，1980
明治大学神代研究室編『SD別冊NO.7　日本のコミュニティ』鹿島出版会，1975
角南明他編『日本遺産No29　紀伊山地の霊場と参詣道』朝日新聞社，2003
都市デザイン研究体『日本の都市空間』彰国社，1968
S.K.ランガー，矢野等訳『シンボルの哲学』岩波書店，1960

## 12. 空间表现手法

日本建築学会編『建築・都市計画のための調査・分析方法』井上書院，1987
日本建築学会編『建築・都市計画のための空間学』井上書院，1990
都市デザイン研究体『日本の都市空間』彰国社，1968
都市デザイン研究体『現代の都市デザイン』彰国社，1969
R.ヴェンチューリ，伊藤公文訳『建築の多様性と対立性』鹿島出版会，1982
建築文化「連続経験に基づく環境デザイン」彰国社，1963・12
武者利光『ゆらぎの発想』日本放送出版協会，1994
二川幸夫『フランク・ロイド・ライト全集 第7巻』エーディーエー・エディタトーキョー，1986
芦原義信『隠れた秩序』中央公論社，1986
船越徹・積田洋「街路空間における空間意識の分析（心理量分析）—街路空間の研究（その1）」日本建築学会計画系論文報告集 No.327，1983
積田洋「都市的オープンスペースの空間意識と物理的構成との相関に関する研究」日本建築学会計画系論文報告集 No.451，1993
船越徹・積田洋・清水美佐子「参道空間の分節と空間構成要素の分析（分節点分析，物理量分析）—参道空間の研究（その1）」日本建築学会計画系論文報告集 No.384，1988
船越徹・積田洋・中山博・井上知也「街路景観の「ゆらぎ」の研究（その1，その2）」日本建築学会大会学術講演梗概集E-1，1996
船越徹・積田洋「識別法によるファサードの特性に関する研究—ファサードの研究（その1）」日本建築学会計画系論文報告集 No.479，1996
奥俊信「都市スカイラインの視覚形態的な複雑さについて」日本建築学会計画系論文報告集 No.412，1990
亀井栄治・月尾嘉男「スカイラインのゆらぎとその快適感に関する研究」日本建築学会計画系論文報告集 No.432，1992

K.リンチ，東大大谷研究室訳『時間の中の都市』鹿島出版会，1974
高橋研究室編『かたちのデータファイル—デザインにおける発想の道具箱』彰国社，1983
高藤晴俊『日光東照宮の謎』講談社，1996
日本建築学会編『空間演出—世界の建築・都市デザイン』井上書院，2000
日本建築学会編『空間要素—世界の建築・都市デザイン』井上書院，2003
M.ハイデガー，松尾啓吉訳『存在と時間 上下・巻』勁草書房，1960-66
E.フッサール，立松弘孝訳『内的時間意識の現象学』みすず書房，1967
大森荘蔵『時間と自我』青土社，1992
小林亨『移ろいの風景論』鹿島出版会，1993
武者利光『ゆらぎの世界』講談社，1980
武者利光『ゆらぎの発想』日本放送出版協会，1994
恒松良純・船越徹・積田洋「街並みの「ゆらぎ」の物理量分析—街路景観の「ゆらぎ」に関する研究（その1）」日本建築学会計画系論文報告集 No.542，2001
船越徹・積田洋・恒松良純・井上知也「心理量の［形態］・［素材］の分析—街路景観の「ゆらぎ」の研究（その5・6）」日本建築学会大会学術講演梗概集E-1，1998
石井幹子『環境照明のデザイン』鹿島出版会，1984
建設省都市局都市計画課監修『都市の景観を考える』大成出版社，1988
建設省都市局都市計画課監修『都市の夜間景観の演出—光とかげのハーモニー』大成出版社，1990
建設省都市局都市計画課監修『都市の景観を考える』大成出版社，1988
照明学会編『景観照明の手引き』コロナ社，1995
G.レイコフ・M.ジョンソン，渡辺昇一・楠瀬淳三・下谷和幸訳『レトリックと人生』大修館書店，1992
佐藤信夫『レトリック感覚』講談社，1992

## 13. 内部空间

北浦かほる『インテリアの発想』彰国社，1991
北浦かほる・加藤力編『インテリアデザイン教科書』彰国社，1993
岡田光正『空間デザインの原点』理工学社，1993
大河直躬『住まいの人類学』平凡社，1986
小原二郎編『インテリアデザイン1，2』鹿島出版会，1985
小原二郎・加藤力・安藤正雄編『インテリアの計画と設計』彰国社，1986
白木小三郎『住まいの歴史』創元社，1978
稲葉和也・中山繁信『建築の絵本 日本人のすまい』彰国社，1983
北浦かほる『台所空間学事典—女性たちが手にしてきた台所とそのゆくえ—』彰国社，2002
山下和正『近代日本の都市型住宅の変遷』都市住宅研究所，1984
日本家政学会編『住まいのデザインと管理』朝倉書店，1990
伊藤ていじ『民家に学ぶ』文化出版局，1982
石毛直道『住居空間の人類学』鹿島出版会，1975
ロジャー・M.タウンズ他，吉武泰水監訳『環境の空間的イメージ』鹿島出版会，1976
R.ソマー，穐山貞登訳『人間の空間—デザインの行動的空間』鹿島出版会，1972
D.カンター，乾正雄訳『環境心理とは何か』彰国社，1972
平井聖『日本住宅の歴史』日本放送出版協会，1974
浜口ミホ『日本住宅の封建性』相模書房，1949
太田博太郎『図説日本住宅史 新版』彰国社，1971
長谷川尭『建築有情』中央公論社，1982
前久夫『住まいの歴史読本』東京美術，1982
小林盛太『建築デザインの原点』彰国社，1972
北浦かほる『世界の子ども部屋—子どもの自立と空間の役割』井上書院，2004
平井聖『図説日本住宅の歴史』学芸出版社，1980
岡田光正・高橋鷹志編著『新建築学大系13　建築規模論』彰国社，1988

入澤達吉『日本人の坐り方に就いて』克誠堂書店，1922
H.ヘルツベルハー，森島清太訳『都市と建築のパブリックスペース―ヘルツベルハーの建築講義録』鹿島出版会，1995

## 14. 外部空间

芦原義信『外部空間の設計』彰国社，1975
彰国社編『外部空間のディテール1―計画手法を探る』彰国社，1976
彰国社編『外部空間のディテール2―素材をデザインする』彰国社，1975
志水英樹・福井通他『建築計画・設計シリーズ35　建築外部空間』市ヶ谷出版社，1988
カミッロ・ジッテ，大石敏雄訳『広場の造形』鹿島出版会，1983
ポール・ズッカー，大石敏雄監修・加藤晃規・三浦金作訳『都市と広場―アゴラからヴィレッジ・グリーンまで』鹿島出版会，1975
鳴海邦碩・田端修・榊原和彦編『都市デザインの手法』学芸出版社，1990
三浦金作『広場の空間構成―イタリアと日本の比較を通して』鹿島出版会，1993
C.ボーマイア，北原理雄訳『街のデザイン』鹿島出版会，1993
デザイン委員会＋イギリス都市計画協会，中津原努・桜井悦子訳『新しい街路のデザイン』鹿島出版会，1980
西沢健『ストリート・ファニチュア』鹿島出版会，1983
P.S.プシュカレフ・J.M.ジュパン，月尾嘉男訳『歩行者のための都市空間』鹿島出版会，1977
林屋辰三郎・林屋晴三・中村昌生『日本の美術15　茶の美術』平凡社，1965
材野博司『都市の街割―シークエンスの日本』鹿島出版会，1989
都市デザイン研究会『都市デザイン―理論と方法』学芸出版社，1981
加藤晃『都市計画概論』共立出版，1994
日笠端『都市計画』共立出版，1977
小林秀彌『大学のキャンパス計画』彰国社，1978
季刊ジャパン・ランドスケープ「キャンパスの景」No.24，1992
日本建築学会建築計画委員会空間・研究小委員会編「1993年度 日本建築学会大会研究協議会資料キャンパス外部空間」
山形政明『ヴォーリズの建築』創元社，1989
日本建築学会編『人間環境学 よりよい環境デザインへ』朝倉書店，1998
船越徹・積田洋・清水美佐子「参道空間の分節と空間構成要素の分析（分節点分析・物理量分析）―参道空間の研究（その1）」日本建築学会計画系論文集 No.384，1988
鈴木信宏『水空間の演出』鹿島出版会，1981
D.ベーミングハウス，鈴木信宏訳『水のデザイン』鹿島出版会，1983
日本建築学会編『雨の建築学』北斗出版，2000
鈴木信宏，都市住宅「シアトルの浮家」鹿島出版会，1985・8
渡辺豊博，造景No.11「素敵な水辺づくりからまちづくり人づくりへ」建築資料研究社，1997・10
山田学・川瀬光・梶秀樹・星野芳久『現代都市計画事典』彰国社，1992
樋口明彦＋川からのまちづくり研究会『川づくりをまちづくりに』学芸出版社，2003
C.W.ムーア・W.J.ミッチェル・W.ターンブル・Jr.，有岡孝訳『庭園の詩学』鹿島出版会，1995
西沢文隆『コートハウス論』相模書房，1974
態野稔『ポケットパーク―手法とデザイン』都市文化社，1991
プロセスアーキテクチュア「ポケットパーク」No.78，1988・7
マーカス・フランシス編，湯川利和・湯川聰子訳『人間のための屋外環境デザイン』鹿島出版会，1990
岡崎文彬『ヨーロッパの造園』鹿島出版会，1969
田中正大『日本の庭園』鹿島出版会，1967
A.S.ジェイムズ・O.ランカスター，横山正訳『庭のたのしみ：西洋の庭園二千年』鹿島出版会，1984

## 15. 中间区域

H.ヘルツベルハー，森島清太訳『都市と建築のパブリックスペース―ヘルツベルハーの建築講義録』鹿島出版会，1995
J.ゲール，北原理雄訳『屋外空間の生活とデザイン』鹿島出版会，1990
W.H.ホワイト，柿本照夫訳『都市という劇場―アメリカン・シティ・ライフの再発見』日本経済新聞社，1995
鳴海邦碩『都市の自由空間』中央公論社，1982
井上充夫『日本建築の空間』鹿島出版会，1969
網野善彦『無縁・公界・楽―日本中世の自由と平和』平凡社，1978
高橋康夫・吉田伸之・宮本雅明・伊藤毅編『図集 日本都市史』東京大学出版会，1993
材野博司『かいわい―日本の都心空間』鹿島出版会，1978
伊藤ていじ『日本デザイン論』鹿島出版会，1988
萩野紀一郎，角倉 剛『建築巡礼33　アメリカのアトリウム 内なる都市空間』丸善，1994
鈴木恂『建築巡礼2　光の街路 都市の遊歩空間』丸善，1992
北原啓司「都市空間としてのアトリウムの可能性」第29回日本都市計画学会学術研究論文集，1994
J.ジェイコブス，黒川紀章訳『アメリカ大都市の生と死』鹿島出版会，1977
アリソン&ピーター・スミッソン，大江新訳『スミッソンの都市論』彰国社，1979
井上充夫『日本建築の空間』鹿島出版会，1969
大谷幸夫『空地の思想』北斗出版，1979
K.リンチ，北原理雄訳『知覚環境の計画』鹿島出版会，1979
W.N.セイモアJr.，小沢明訳『スモール・アーバン・スペース 州都市のヴェストポケット』彰国社，1973
陣内秀信『東京の空間人類学』筑摩書房，1985
B.ルドフスキー，平良敬一・岡野一宇訳『人間のための街路』鹿島出版会，1973
B.ルドフスキー，渡辺武信訳『建築家なしの建築』鹿島出版会，1984
C.アレグザンダー他，平田翰那訳『パタン・ランゲージ』鹿島出版会，1984
ヴィジュアル版建築入門編集委員会編『ヴィジュアル版建築入門5 建築の言語』彰国社，2002
ル・コルビュジエ，吉阪隆正訳『建築をめざして』鹿島出版会，1967
チャールズ・ジェンクス，佐々木宏訳『ル・コルビュジエ』鹿島出版会，1978
平井聖『日本住宅の歴史』日本放送出版協会，1974年
中川武『日本の家 空間・記憶・言葉』TOTO出版，2002年

## 16. 地缘空间

山本正三他編著『日本の農村空間』古今書院，1987
原広司『空間―機能から様相へ』岩波書店，1987
矢嶋仁吉『集落調査法』古今書院，1981
都市デザイン研究体『日本の都市空間』彰国社，1968
槇文彦他『SD選書 見え隠れする都市』鹿島出版会，1980
渡邊欣雄『風水思想と東アジア』人文書院，1990
清家清『家相の科学』光文社，1969年
日本建築学会編『現代家相学 住まいの知識と暮らしの知恵』彰国社，1986年
C.N.シュルツ，加藤邦男・田崎裕生共訳『ゲニウス・ロキ 建築の現象学をめざして』住まいの図書館出版局，1994
J.B.ガルニエ，阿部和俊訳『地理学における地域と空間』地人書房，1978
日本地誌研究所『地理学辞典 改訂版』二宮書店，1989
浮田典良他『ジオ・パル21 地理学便利帖』海青社，2001
都丸十九一『地名研究入門』三一書房，1995
日本建築学会編『雨の建築学』北斗出版，2000
鈴木信宏，都市住宅「シアトルの浮家」鹿島出版会，1985・8
渡辺豊博，造景No.11「素敵な水辺づくりからまちづくり人づくりへ」建築資料研究社，1997・10

山田学・川瀬光・梶秀樹・星野芳久『現代都市計画事典』彰国社，1992
樋口明彦＋川からのまちづくり研究会『川づくりをまちづくりに』学芸出版社，2003
小松義夫『地球生活記』福音館，1999
大河直躬編『歴史的遺産の保存・活用とまちづくり』学芸出版社，1997

## 17. 风景・景观

志賀重昂『日本風景論』岩波書店，1894
上原敬二『日本風景美論』大日本出版，1943
小林享『移ろいの風景論』鹿島出版会，1993
F.ギバード：Town Design，The Architectural Press，1959
G.カレン：Town Scape，The Architectural Press，1961
芦原義信『外部空間の構成』彰国社，1962
樋口忠彦『景観の構造』技報堂出版，1975
Ian L.McHarg：Design with Nature，The Natural History Press，1969
A.ベルク『日本の風景・西欧の景観』講談社，1990
SD別冊27「パブリック・アートの現在形」鹿島出版会，1995
木村光宏・北川フラム『ファーレ立川アートプロジェクト』現代企画社，1995
C.W.ムーア・W.J.ミッチェル・W.ターンブル・ジュニア，有岡孝訳『庭園の詩学』鹿島出版会，1995
宮城俊作『ランドスケープデザインの視座』学芸出版社，2001
吉村弘『都市の音』春秋社，1990
ロラン・バルト，沢崎浩平訳『第三の意味』みすず書房，1984
マリー・シェーファー，鳥越けい子・田中直子訳『世界の調律』平凡社，1986

## 18. 文化与空间

S.ギーディオン，太田實訳『空間時間建築』丸善，1969
G.バシュラール，岩村行雄訳『空間の詩学』思潮社，1969
芦原義信『隠れた秩序』中央公論新社，1986
メルロ・ポンティ，竹内芳郎・小木貞孝訳『知覚の現象学』みすず書房，1967
エルヴィン・パノフスキー，木田元訳『象徴形式としての遠近法』哲学書房，1993
O.F.ボルノウ，大塚恵一・池川健司・中村浩平訳『人間と空間』せりか書房，1978
若山滋『「家」と「やど」—建築からの文化論』朝日新聞社，1995
高木清江・瀬尾文彰・松本直司「環境の文化特性に関する考察—環境の＜詩性＞に関する研究（その1）」日本建築学会計画系論文報告集 No.502，1997
高木清江・瀬尾文彰・松本直司「＜詩性＞の研究方法に関する考察—環境の＜詩性＞に関する研究（その2）」日本建築学会計画系論文報告集 No.518，1999
高木清江・松本直司・瀬尾文彰「詩的イメージ構造の特性—環境の＜詩性＞に関する研究（その3）」日本建築学会計画系論文報告集 No.537，2000
高木清江・松本直司・瀬尾文彰「詩的形式に関する研究—環境の＜詩性＞に関する研究（その4）」日本建築学会計画系論文報告集，Mo.567，2003
瀬尾文彰『詩としての建築』現代企画室，1986
瀬尾文彰・坊垣和明「快適性の構造に関する基礎的研究」日本建築学会計画系論文報告集 No.475，1995

## 19. 非日常的空间

岡崎頼子『地域における劇場づくり—演劇空間における社会的背景』筑波大学卒業論文，1993
白川宣力・石川敏男『劇場—建築・文化史』早稲田大学出版部，1986
渡辺守章『劇場の思考』岩波書店，1984
薗田稔『祭りの現象学』弘文堂，1990
藤波隆之『伝統芸能の周辺』未来社，1982
伊藤真市『生活文化と環境形成に関する一考察—山形県黒川地域・黒川能をケーススタディとして』筑波大学芸術学研究科修士論文，1988

渡辺国茂『黒川能狂言百番』小学館，2000
桜井昭男『黒川能と興行』同成社，2003
J.ゲール，北原理雄訳『SDライブラリー2　屋外空間の生活とデザイン』鹿島出版会，1990
加藤秀俊『都市と娯楽』鹿島出版会，1969
一番ヶ瀬康子・薗田碩哉・牧野暢男『余暇生活論』有斐閣，1994
瀬沼克彰『現代余暇論の構築』学文社，2002
NHK放送文化研究所編『日本人の生活時間・1995—NHK国民生活時間調査—』日本放送出版協会，1996
H.ヘルツベルハー，森島清太訳『都市と建築のパブリックスペース—ヘルツベルハーの建築講義録』鹿島出版会，1995
佐藤次高・岸本美緒編『地域の世界史 市場の地域史』山川出版社，1999
J.バーズレイ，三谷徹訳『アース・ワークの地平 環境芸術から都市空間まで』鹿島出版会，1993
神原正明『快読・現代の美術 絵画から都市へ』勁草書房，2002
カトリーヌ・グルー，藤原えりみ訳『都市空間の芸術—パブリックアートの現在』鹿島出版会，1997

## 20. 社区

日笠端『市町村の都市計画1　コミュニティの空間計画』共立出版，1997
渋谷昌三『なわばりの深層心理』創拓社，1983
小林秀樹『集住のなわばり学』彰国社，1992
松原治郎『コミュニティの社会学』東京大学出版会，1978
鈴木成文『建築計画学5　住区』丸善，1974
奥田道大『都市コミュニティの理論』東京大学出版会，1983
矢嶋仁吉『集落調査法』古今書院，1981
小谷部育子編『コレクティブハウジングで暮らそう—成熟社会のライフスタイルと住まいの選択—』丸善，2004

## 21. 城镇建设

鈴木信宏，都市住宅「シアトルの浮家」鹿島出版会，1985・8
渡辺豊博，造景No.11「素敵な水辺づくりからまちづくり人づくりへ」建築資料研究社，1997・10
山田学・川瀬光・梶秀樹・星野芳久『現代都市計画事典』彰国社，1992
大河直躬編『歴史的遺産の保存・活用とまちづくり』学芸出版社，1997
樋口明彦+川からのまちづくり研究会『川づくりをまちづくりに』学芸出版社，2003
中野民夫『ワークショップ—新しい学びと創造の場—』岩波書店，2001
ヘンリー・サノフ，小野啓子訳『まちづくりゲーム 環境デザイン・ワークショップ』晶文社，1993
世田谷まりづくりセンター『参加のデザイン道具箱 PART2』，1996

## 22. 通用设计

花村春樹訳・著『「ノーマリゼーションの父」N.E.バンク—ミケルセン［増補改訂版］』ミネルヴァ書房，2002
B.ニィリエ，河東田博・橋本由紀子・杉田穏子・和泉とみ代訳編『ノーマライゼーションの原理［新訂版］—普遍化と社会変革を求めて—』現代書館，2004
野村武夫『ノーマライゼーションが生まれた国・デンマーク』ミネルヴァ書房，2004
日本建築学会編『ハンディキャップ者配慮の設計手引き』彰国社，1981
日本建築学会編『ハンディキャップ者配慮の設計資料 ひと・機器・設備』彰国社，1987
The Americans with Disabilities Acts Accessibility Guidelines for Buildings and Facilities. Appendix at the Department of Justice
Universal Design Creative Solutions for ADA. Compliance，1994
吉田あこ『建築設計と高齢者・身障者』学芸出版社，1992
Selwyn Goldsmith：Design for the Disabled the New Paradigm，Royall institute of

British Architects London, 1997
健康環境システム研究会『全訂 高齢者・身障者を考えた建築のディテール』理工図書，1998
吉田あこ他「盲導犬配慮のまちと共生の住まい計画」人間—生活環境系学会論文集，2001
吉田あこ他「ディズニーリゾートの安全・安心の検証」人間—生活環境系学会論文集，2002
日本建築学会編『高齢者のための建築環境』彰国社，1994
日本住宅設備システム協会編『ケア住宅作戦』東京書籍，2000
吉田あこ他「音楽堂の磁気ループ席計画」人間—生活環境系学会論文集，2001
国土交通省都市・地域整備局『高齢社会における公共空間の色彩計画調査報告書』，2003
吉田あこ・吉田マイ「加齢黄変化視界での公共の色彩計画」日本建築学会大会学術講演梗概集，2004
日本建築学会編『新訂 デザインガイド 衛生器具設備とレイアウト』彰国社，1992
国際標準化機構ISO／IEC『ガイド50 子供の安全と製品規準』，1999
製品安全協会『子供用製品の安全性に関する調査研究報告書』，2000
吉田あこ他「住宅の騒音環境と乳幼児難聴の可能性」人間—生活環境系学会論文集，2000
吉田あこ『住まいと住生活の未来』住宅協会，2001

## 23. 环境共生

環境共生住宅推進協議会『環境共生住宅A-Z(改訂版)』ビオシティ，1999
建築思潮研究所編『環境共生建築—多用な省エネ・環境技術の応用』建築資料研究社，2004
上嶋英機編『海と陸との環境共生学—海陸一体都市をめざして』大阪大学出版会，2004
鈴木信宏『水空間の演出』鹿島出版会，1981
D.ベーミングハウス，鈴木信宏訳『水のデザイン』鹿島出版会，1983
日本建築学会編『雨の建築学』北斗出版，2000
鈴木信宏，都市住宅「シアトルの浮家」鹿島出版会，1985・8
渡辺豊博，造景No.11「素敵な水辺づくりからまちづくり人づくりへ」建築資料研究社，1997・10
山田学・川瀬光・梶秀樹・星野芳久『現代都市計画事典』彰国社，1992
樋口明彦＋川からのまちづくり研究会『川づくりをまちづくりに』学芸出版社，2003
小松義夫『地球生活記』福音館，1999
島津康男『市民からの環境アセスメント—参加と実践のみち』日本放送出版協会，1997
原科幸彦編著『環境アセスメント（改訂版）』放送大学教育振興会，2000
環境アセスメント研究会編『環境アセスメント基本用語事典』オーム社，2000
E.H.ズービー，浅井正昭監訳『環境評価』西村書店，2002
中西準子・益永茂樹・松田裕之『演習 環境リスクを計算する』岩波書店，2003
環境省総合環境政策局環境計画課編『環境白書 平成16年版』ぎょうせい，2004

## 24. 调查方法

日本建築学会編『建築・都市計画のための調査・分析方法』井上書院，1987
日本建築学会編『建築・都市計画のための空間学』井上書院，1990
日本建築学会編『建築・都市計画のためのモデル分析の手法』井上書院，1992
建築計画教科書研究会編『建築計画教科書』彰国社，1989
原広司・鈴木成文・服部岑生・太田利彦・守屋秀夫『新建築学大系23　建築計画』彰国社，1989
鈴木成文・守屋秀夫・太田利彦編『建築計画』実教出版，1975
K.リンチ，丹下健三・富田玲子訳『都市のイメージ』岩波書店，1968
安田三郎・原純輔『社会調査ハンドブック』有斐閣，1982
岩下豊彦『SD法によるイメージの測定』川島書店，1983
芝祐順『因子分析法』東京大学出版会，1979
船越徹・積田洋「街路空間における空間意識の分析（心理量分析）—街路空間の研究（その1)」日本建築学会計画系論文報告集 No.327，1983
日本自律神経学会編『自律神経機能検査 第1版』文光堂，1992
宮田洋監修，藤澤清・柿木昇治・山崎勝男編『新生理心理学第1巻　生理心理学の基礎』北大路書房，1998

## 25. 分析方法

日本建築学会編『建築・都市計画のための調査・分析方法』井上書院，1987
日本建築学会編『建築・都市計画のための空間学』井上書院，1990
日本建築学会編『建築・都市計画のためのモデル分析の手法』井上書院，1992
日本数学会編『数学辞典』岩波書店，1985
応用統計ハンドブック編集委員会編『応用統計ハンドブック』養賢堂，1978
林知巳夫編，柳井晴夫・高根芳雄『現代人の統計2・多変量解析法』朝倉書店，1977
田中豊・脇本和昌『多変量統計解析法』現代数学社，1988
池田央『行動科学の方法』東京大学出版会，1980
E.L.レーマン，鍋谷清治他訳『ノンパラメトリックス』森北出版，1978
C.N.シュルツ，加藤邦男訳『実存・空間・建築』鹿島出版会，1973
小島定吉『トポロジー入門』共立出版，1998
小島定吉『トポロジー：柔らかい幾何学 増補改訂版』日本評論社，2003
河田敬義，大口邦雄『位相幾何学 復刊』朝倉書店，2004
小坂麻有「商店建築ファサードにおける入りやすさから見た人間の評価構造に関する研究」早稲田大学卒業論文，2004年度
小島隆矢・若林直子・平手小太郎「グラフィカルモデリングによる評価の階層性の検討—環境心理評価構造における統計的因果分析（その１）」日本建築学会計画系論文集 NO. 535，2000
小島隆矢『Excelで学ぶ共分散構造分析とグラフィカルモデリング』オーム社，2003
日本品質管理学会テクノメトリックス研究会『グラフィカルモデリングの実際』日科技連出版社，1999
宮川雅巳『グラフィカルモデリング（統計ライブラリー）』朝倉書店，1997
豊田秀樹『共分散構造分析［入門編］』朝倉書店，1998
豊田秀樹『共分散構造分析［疑問編］』朝倉書店，2003
山本嘉一郎・小野寺孝義編『Amosによる共分散構造分析と解析事例 第2版』ナカニシヤ出版，2002
狩野裕・三浦麻子『グラフィカル多変量解析 増補版』現代数学社，2002

## 26. 相关领域

森敏昭・井上毅・松井孝雄『グラフィック認知心理学』サイエンス社，1995
U.ナイサー，大羽蓁訳『認知心理学』誠信書房，1981
波多野誼余夫・大津由紀雄・高野陽太郎・乾敏郎・市川伸一編『認知心理学1～5』東京大学出版会 1995－96
望月衛・大山正編『環境心理学』朝倉書店，1979
H.M.プロシャンスキー・W.H.イッテルソン・L.G.リブリン，穐山貞登訳『環境心理学（全6巻）』誠信書房，1974－76
W.H.イッテルソン・H.M.プロシャンスキー他，望月衛・宇津木保訳『環境心理の応用』彰国社，1977
R.ソマー，穐山貞登訳『人間の空間—デザインの行動的研究』鹿島出版会，1972
D.カンター，宮田紀元，内田茂訳『場所の心理学』彰国社，1982
高橋恵子・波多野誼余夫『生涯発達の心理学』岩波書店，1990
平山諭・鈴木隆男編『発達心理学の基礎Ⅰ，Ⅱ，Ⅲ』ミネルヴァ書房，1993
東洋・繁多進・田島信元編『発達心理学ハンドブック』福村出版，1992
東洋・柏木恵子・高橋恵子『生涯発達心理学』新曜社，1993
R.M.リーバート他『発達心理学（上・下）』新曜社，1978
R.L.アイザクソン他，平井久・山崎勝男・山中祥男・小嶋祥三訳『生理心理学入門』誠信書房，1973
宮田洋他『生理心理学』朝倉書店，1985
ベンワー・マンデルブロ，広中平祐監訳『フラクタル幾何学』日経サイエンス社，1985
高安秀樹『フラクタル』朝倉書店，1986
山口昌哉・畑政義・木上淳『フラクタルの数理』岩波書店，1993

ザデー，菅野道夫・向殿政男訳『ザデー・ファジィ理論』日刊工業新聞社，1992
水本雅晴『ファジィ理論とその応用』サイエンス社，1988
A.カウフマン・M.グプタ，田中英夫監訳『ファジィ数理と応用』オーム社，1992
A.カウフマン・M.グプタ，田中英夫監訳『ファジィ数学モデル』オーム社，1992
中島信之・田英二・石井博昭『ファジィ理論入門』裳華房，1994
林喜男他編『人間工学改訂版』日本規格協会，1987
大島正光他編『人間工学』朝倉書店，1989
岡田光正・吉田勝行・柏原士郎・辻正矩『建築と都市の人間工学―空間と行動のしくみ』鹿島出版会，1977
宇野英隆『住まいの人間工学』鹿島出版会，1978
日本建築学会編『建築人間工学の限界と方向性を探る』丸善，1993
W.ミッチェル『イコノロジー―イメージ・テクスト・イデオロギー』勁草書房，1992
エルヴィン・パノフスキー，浅野徹・阿天坊耀訳『イコノロジー研究―ルネサンス美術における人文主義の諸テーマ』美術出版社，1987
エルヴィン・パノフスキー『アルブレヒト・デューラー―生涯と芸術』日貿出版社，1984
エルヴィン・パノフスキー，前川道郎訳『ゴジック建築とスコラ学』平凡社，1987
H.ガードナー『認知革命』産業図書，1985
N.スティリングス『認知科学通論』新曜社，1987
安西祐一郎他編，日本認知科学学会協力『認知科学ハンドブック』共立出版，1992
安西裕一郎他『認知科学の基礎』岩波書店，1995
三島次郎『トマトはなぜ赤い』東洋館出版社，1992
E.T.ホール，日高敏隆・佐藤信行共訳『かくれた次元』みすず書房，1970
J.J.ギブソン，古崎敬・古崎愛子・辻敬一郎・村瀬旻共訳『生態学的視覚論』サイエンス社，1985
後藤武・佐々木正人・深澤直人『デザインの生態学　新しいデザインの教科書』東京書籍，2004
ピエール・ギロー，佐藤信夫訳『記号論』白水社，1972
丸山圭三郎『ソシュールの思想』岩波書店，1981
林田和人・小作怜・橘木卓・曹波・木村謙・渡辺仁史「遺伝的アルゴリズムを用いた人間行動に基づく建築平面最適化システム」日本建築学会大会学術講演梗概集A-2，1999
青木義次・村岡直人「遺伝的アルゴリズムを用いた地域施設配置手法」日本建築学会計画系論文集 No.484，1996
大崎純「マルコフ連鎖モデルと遺伝的アルゴリズムによる施設配置最適化」日本建築学会計画系論文集 No.510，1998
位寄和久・両角光男「ファジィ解析を用いた都市内空地の心理評価構造分析:都市内空地の魅力度評価に関する研究」日本建築学会計画系論文集 No.467，1995
瀧澤重志・河村廣・谷明勲「遺伝的アルゴリズムを用いた都市の土地利用パターンの形成」日本建築学会計画系論文集 No.495，1997

# 引用文献


## 1. 知觉

[ 可视性 ]

3頁・図-3　別冊サイエンス「特集 視覚の心理学，イメージの世界」日本経済新聞社，1975，115頁，図（歩く人間の軌跡）

[ 视野 ]

4頁・図-1　大山正・今井省吾・和気典二編『新編 感覚･知覚心理学ハンドブック』誠信書房，1994，924頁，図18･5･1

4頁・図-2　同上，926頁，図18･5･3

4頁・図-3　同上，931頁，図18･6･1

[ 可视 / 不可视 ]

5頁・図-1　磯田節子・両角光男・位寄和久「ランドマークの可視・不可視領域に着目した大規模建築物の影響評価モデルの検討—景観形成計画のためのシステム解析手法に関する研究」日本建築学会計画系論文集 No.456，1994・2，165頁，図5

5頁・図-2　樋口忠彦『景観の構造』技報堂出版，1975，36頁，図-9，図-10

5頁・図-3　Benedikt，M.L：Totake hold of space，isovists and isovist fields, Environment and Planning B, 1979，volume6, 47-65

[ 视错觉 ]

6頁・図-1　W.H.イッテルソン，H.M.プロシャンスキー他，望月衛・宇津木保訳『環境心理の基礎』彰国社，1977，202頁，図5.2

[ 距离知觉 ]

7頁・図-1　別冊サイエンス「特集・視覚の心理学，イメージの世界」日本経済新聞社，1975，39頁

7頁・図-2　D.カンター，宮田紀元・内田茂訳『場所の心理学』彰国社，1982，136頁，図5.2

[ 纵深知觉 ]

8頁・図-1　別冊サイエンス「特集・視覚の心理学，イメージの世界」日本経済新聞社，1975，43頁（中段の図）

8頁・図-2　J.J.Gibson：The Senses Considered as Perceptual Systems，1966，P.207，Fig.10.10

[ 完形 ]

9頁・図-1　高橋研究室編『かたちのデータファイル—デザインにおける発想の道具箱』彰国社，1983，31頁，図 7

[ 图形—背景 ]

10頁・図-1　芦原義信『街並みの美学』岩波書店，1979，158頁，図38

[ 形式 ]

13頁・図-1　菊竹清訓『建築のこころ』井上書院，1973，61頁

[ 移动 ]

16頁・図-2　大野隆造・宇田川あづさ・添田昌志「移動に伴う遮蔽縁からの情景の現れ方が視覚的注意の誘導および景観評価に与える影響」日本建築学会計画系論文集 No.556，197-203，2002・6

## 2. 感觉

[*D*/*H*]

20頁・図-1　高橋研究室編『かたちのデータファイル—デザインにおける発想の道具箱』彰国社，1983，51頁，図1

[ 人文尺度 ]

25頁・図-1　建築計画教科書研究会編『建築計画教科書』彰国社，1989，69頁，図23

[ 私人领域 ]

26頁・図-1　日本建築学会編『コンパクト建築設計資料集成 住居』丸善，1991，135頁，図（実験により求めたパーソナルスペース）
［密度 / 拥挤］
27頁・図-1　日本建築学会編『建築設計資料集成3』丸善，1980，57頁，図2
［安全感］
30頁・図-1　エドワード・J・ブレークリー，メーリー・ゲイル・スナイダー，竹井隆人訳『ゲーテッド・コミュニティ―米国の要塞都市―』集文社，2004，121頁，写真（都市型砦：カリフォルニア州ロサンゼルスのホイットレー・ハイツ）

## 4. 印象・记忆

［印象］
36頁・図-1　D.カンター，宮田紀元・内田茂訳『場所の心理学』彰国社，1982年，30頁，図1.2
36頁・図-2　同上，30頁，図1.3
［可印象性］
37頁・図-1　K.リンチ，丹下健三・富田玲子訳『都市のイメージ』岩波書店，1968，22頁，図3
［记忆］
41頁・図-1　藤永保・梅本堯夫・大山正編『新版心理学事典』平凡社，1981，139頁，図3
［场所性］
42頁・図-1　D.カンター，宮田紀元・内田茂訳『場所の心理学』彰国社，1982年，251頁，図8.1
［学习］
43頁・図-1　D.カンター，宮田紀元・内田茂訳『場所の心理学』彰国社，1982年，116～117頁，図（b），（d）

## 5. 空间的语义

［实存空间］
48頁・図-1　ダグラス・フレイザー，渡辺洋子訳『THE CITIES＝New illustrated series 未開社会の集落』井上書院，1984，76頁，図52

## 6. 空间认知・评价

［认知领域］
51頁・図-1　根來宏典他「環境認知による沿岸漁村地域における複合圏域の形成プロセス―地域住民における環境認知にもとづく計画圏域の設定（その1）」日本建築学会計画系論文集 No.573，2003・11，65頁，図-2（一部）
51頁・表-1　森敏昭他『グラフィック 認知心理学』サイエンス社，1995，119頁，表5.1
［认知距离］
52頁・図-1　谷口汎邦・松本直司・池田徹「既成市街地における住民の住居周辺環境イメージに関する研究（その１）」日本建築学会大会学術講演梗概集，1977・10，862頁，図-4
52頁・図-2　加藤信子・松本直司・西村匡達「居住地周辺地区における心象風景に関する研究―認知空間及び物理的距離との関係―」日本建築学会大会学術講演梗概集（関東）1993・9，522頁，図4
52頁・図-3　松本直司・建部謙治・花井雅充「生活空間における想起距離及びその方向性―子どもの心象風景に関する研究（その2）」日本建築学会計画系論文報告集，No.575，2004・1，71頁，図5
［认知形式］
53頁・図-1　日本建築学会編『建築・都市計画のための空間学』井上書院，1990，139頁，図-5
53頁・図-2　同上，139頁，図-6
［选好态度］
54頁・図-1　日本建築学会編『人間―環境系のデザイン』彰国社，1997，107頁，図1

54頁・表-1　同上，124頁，表1

［空间鉴别］

56頁・図-1　日本建築学会編『建築・都市計画のための空間計画学』井上書院，2002，45頁，図-19

［空间评价］

57頁・図-1　Preiser，W.F.E.，Rabinowitz，Z.and White，E.T.，Post-Occupancy Evaluation，1988，P.3

［评价机制］

58頁・図-1　槙究『実践女子学園学術・教育研究叢書8　環境心理学　環境デザインへのパースペクティブ』実践女子学園，2004，90頁

［POE］

59頁・図-1　Wolfgang F.E.Preiser，Harvey Z.Rabinowitz，Edward T.White：Post Occupancy Evaluation，Van Nostrand Reinhold Campany Inc.，1988

## 7．空间行为

［轨迹・行动路线］

60頁・図-1　日本建築学会編『建築・都市計画のための調査・分析方法』井上書院，1987，34頁，図-4

［路途探索］

61頁・図-1　「都市の楽しみ―イタリア丘の町」プロセスアーキテクチュア　No.67，1986・5，151頁（右上図）

［行人流］

62頁・図-2　日本建築学会編『建築設計資料集成　人間』丸善，2003，128頁，図4

［滞留行为］

63頁・図-2　日本建築学会編『建築設計資料集成　人間』丸善，2003，123頁，図10

［避难行为］

65頁・図-1　日本建築学会編『建築設計資料集成　人間』丸善，2003，142頁，図1

65頁・表-1　同上，140頁，図6

［行为模拟］

66頁・図-2　日本建築学会編『建築設計資料集成　人間』丸善，2003，130頁，図6

［标识设计］

68頁・図-1　交通エコロジー・モビリティ財団編「アメニティターミナルにおける旅客案内サインの研究―平成9年度報告書 資料集」1997，日本財団図書館（http://nippon.zaidan.info/seikabutsu/1997/01064/contents/032.html）

## 8．空间的单位・维・比率

［尺度］

72頁・図-1　坂根厳夫『遊びの博物誌』朝日新聞社，1977，228～229頁，図①～図③

［模数］

73頁・図-1　森田慶一訳『ウィトルーウィウス建築書』東海大学出版会，1979，87頁，第7図／81頁，第5図

73頁・図-2　日本建築学会編『第2版 コンパクト建築設計資料集成』丸善，1994，38頁，③

［单位空间］

74頁・図-1　日本建築学会編『第2版 コンパクト建築設計資料集成』丸善，1994，39頁，図1

［比例］

75頁・図-1　日本建築学会編『建築設計資料集成 1』丸善，1960，14頁，④

75頁・図-2　同上，14頁，⑤

［韦伯・费希纳定律］

76頁・図-2　大山正・今井省吾・和気典二編『新編 感覚·知覚心理学ハンドブック』誠信書房，1994，1251頁，図7·1·2

## 9. 空间记述与表现

[ 模拟实验 ]

78頁・図-1 日本建築学会編『建築・都市計画のための空間計画学』井上書院，2002，96頁，図-1

[ 形态・语法 ]

83頁・図-1 青木義次・大佛俊泰「スキーマグラマーによる空間分析の方法論と都市プランへの応用—建築空間分析のためのスキーマグラマーに関する研究（その1）」日本建築学会計画系論文報告集 No.446，1993，100頁，図-1

83頁・図-2 同上，100頁，図-2

[ 模式语言 ]

84頁・図-1(左) 出原栄一・吉田武夫・渥美浩章『図の体系—図的思考とその表現』日科技連出版，1986，36頁，図1.148

[ 空间谱 / 记号法 ]

85頁・図-2「ローレンス・ハルプリン」プロセスアーキテクチュア No.4 1978・2，58頁，図-1

[ 地图 ]

87頁・図-1 マイケル・サウスワース＋スーザン・サウスワース，牧野融訳『地図 視点とデザイン』築地書館，1983，25頁，図2.8

[ 地理信息系统（GIS）]

88頁・図-1 渡辺仁史編著『エスキスシリーズ〈05〉建築デザインのデジタル・エスキス—CD-ROMによる各種手法の演習』彰国社，2000，62頁，図

[ 空间构成要素 ]

89頁・図-1 H.M.プロシャンスキー，W.H.イッテルソン，L.G.リブリン，船津孝行訳編『環境心理学6 環境研究の方法』誠信書房，1975，24頁，図2-4

## 10. 空间图式

[ 空间类型 ]

93頁・図-1 Francis D.K.Ching：Architecture，Form・Space & Order，Van Nostrand Reinhold，1979，P.64

93頁・図-2 同上，P.73

[ 结构 ]

94頁・図-1 Francis D.K.Ching：Architecture，Form・Space & Order，Van Nostrand Reinhold，1979，P.333

[ 半格 ]

96頁・図-1 C. アレグザンダー，押野見邦英訳「都市はツリーではない」『別冊國文学知の最前線・テクストとしての都市』學燈社，1974，29頁

[ 定位・方位 ]

97頁・図-1 石毛直道編『環境と文化—人類学的考察』日本放送出版協会，1978，211頁，図4

## 11. 空间要素

[ 空间要素 ]

98頁・図-1 ダグラス・フレイザー，渡辺洋子訳，『THE CITIES＝New illustrated series 未開社会の集落』井上書院，1984，95頁，図76

98頁・図-2 ジュウリオ・C・アルガン，堀池秀人監修，中村研一共訳『THE CITIES＝New illustrated series ルネサンス都市』井上書院，1983，81頁，図80

[ 场所 ]

99頁・図-1 ポール・ランプル，北原理雄訳『THE CITIES＝New illustrated series 古代オリエント都市』井上書院，1983，105頁，図144

[ 中心・外围 ]

100頁・図-1 ハワード・サールマン，福川裕一訳『THE CITIES＝New illustrated series 中世都市』井上書院，1983，51頁，図26

100頁・図-2　ダグラス・フレイザー，渡辺洋子訳『THE CITIES＝New illustrated series 未開社会の集落』井上書院，1984，77頁，図53

## 12. 空间表现手法

[ **焦点和轴线** ]

108頁・図-1　積田洋・伊藤奈津子他「建築とランドスケープの軸性の研究（その1）」日本建築学会大会学術講演梗概集，2003，969頁，図-1

108頁・図-2　Franqiis Mitterrand：Paris 1979-1989，RIZZOLI，1987，P.17

[ **分节** ]

109頁・図-2　船越徹・積田洋・清水美佐子「参道空間の分節と空間構成要素の分析（分節点分析，物理量分析）―参道空間の研究（その1）」日本建築学会計画系論文報告集 No.384，1988，59頁，図-14

[ **场景** ]

110頁・図-1　Jacques Guiton：Le Corbusier，CEP Editions（Edition du Moniteur），1982，P.48，Fig.36～41

[ **时序场景** ]

111頁・図-1　船越徹・矢島雲居他「参道空間の研究（その5）」日本建築学会大会学術講演梗概集，1981，838頁，図-5，6

[ **连续性** ]

112頁・表-1　船越徹・積田洋他「街路空間の研究（その3）」日本建築学会大会学術講演梗概集，1977，579頁，図-2

[ **波动** ]

116頁・図-1　恒松良純・船越徹・積田洋「街並みの「ゆらぎ」の物理量分析―街路景観の「ゆらぎ」に関する研究（その1）」日本建築学会計画系論文報告集 No.542，2001，140頁，図4

116頁・図-2　船越徹・積田洋・恒松良純・井上知也「心理量の［形態］・［素材］の分析―街路景観の「ゆらぎ」の研究（その5・6）」日本建築学会大会学術講演梗概集E-1，1998，923頁，図1(b)

[ **夜景** ]

118頁・図-1 建設省都市局都市計画課監修『都市の夜間景観の演出―光とかげのハーモニー』大成出版社，1990，22頁，図

## 13. 内部空间

[ **公共空间** ]

121頁・図-1 『日経アーキテクチャー』日経BP社，2004・3・8，17頁，写真（左下）

121頁・図-2　同上，18頁，断面図（1/2,000）

[ **泥地空间** ]

125頁・図-1　石原憲治『日本農民建築 第4巻』南洋堂書店，1972，121頁，圖版第33

125頁・図-2　石原憲治『日本農民建築 第7巻』南洋堂書店，1972，117頁，圖版第27

125頁・図-3　石原憲治『日本農民建築 第3巻』南洋堂書店，1972，131頁，圖版第40

125頁・図-4　石原憲治『日本農民建築 第4巻』南洋堂書店，1972，153頁，圖版第49

[ **凹室空间** ]

126頁・図-2　Fiona Davidson and Shelly Grimwood：Charles Rennie Machintosh，Pitkin Unichrome Ltd.，1988

[ **日式空间** ]

129頁・図-1(上) 太田博太郎『図説日本住宅史 新訂』彰国社，1971，31頁，写真（園城寺光浄院客殿，右上）

129頁・図-1(下) 同上，31頁，図（光浄院客殿平面図）

129頁・図-3　平井聖『図説日本住宅の歴史』学芸出版社，1980，49頁，図（中世の対面形式・近世の対面形式）

## 16. 地缘空间

[ 村落空间 ]

156頁・図-1 日本建築学会編『図説 集落—その空間と計画』都市文化社，1989，92頁・図

[ 传统空间 ]

157頁・図-1 小野寺淳「屋敷回り空間の見え方に関する研究」博士論文，2002，29頁，図

[ 场所之神 ]

160頁・図-1（上）熱田区制五十周年記念誌編集部会編『名古屋市熱田区誌』熱田区制五十周年記念事業実行委員会，1987，大日本五道中図屏風（財団法人三井文庫所蔵）

160頁・図-1（下）『ニューエスト 愛知県都市地図』昭文社，1995，49頁（一部）

[ 地理学的空间 ]

161頁・図-1 歳森敦「距離と密度を媒介とした地域施設の分布と利用に関する計量的分析」博士論文，2002，113頁，図

161頁・図-2 浮田典良他『ジオ・パル21 地理学便利帖』海青社，2001，169頁，図9-1-1

[ 地名 ]

162頁・図-1 寺門征男「農村集落の空間の整序性に関する計画的研究」博士論文，1991，197頁，図

162頁・図-2 齋木崇人「農村集落の地形的立地条件と空間構成に関する研究」博士論文，1986，15頁，図

## 17. 风景・景观

[ 风景论 ]

165頁・図-1（右）永田生慈『浮世絵八華 8 広重』平凡社，1984

[ 心像风景 ]

166頁・図-1 西村匡達・松本直司・寺西敦敏「都市の心象風景の形成・想起要因に関する研究」1992年度 第27回日本都市計画学会学術研究論文集，721頁，図-1

166頁・図-2 犬飼佳明・松本直司「心象風景の方向性とその現実の空間形態」1995年度第30回日本都市計画学会学術研究論文集，205頁，図-1

[ 原风景 ]

167頁・図-1 澤田幸枝，土肥博至「心象風景が景観の評価構造に及ぼす影響」都市計画論文集 No.30，1995・12，212頁，図1

[ 景观论 ]

168頁・図-1 篠原修『新体系土木工学 59 土木景観計画』技報堂出版，1982，28頁，図-2.9

[ 景观评价 ]

170頁・図-1 水戸市『水戸市都市景観基本計画』1991，26頁

## 18. 文化与空间

[ 空间的多义性 ]

177頁・図-1 エッシャー・ホームページより（http//www2.inforyoma.or.jp/~zzz/pages/escher/lithograph01/ascending-and-descending.html）

## 20. 社区

[ 生活领域 ]

191頁・図-1 尾立弘史「農村地域における発生行為量に関する研究」博士論文，1996，75頁，図

191頁・図-2 伊藤庸一「伝統的農村集落における社会集団とその居住空間共有性に関する研究」博士論文，1991，629頁，図

## 23. 环境共生

[ 环境评估 ]

206頁・表-1 原科幸彦『環境アセスメント 改訂版（放送大学教材）』放送大学教育振興会，2000，131頁，表7-3

［可持续］

207頁・図-1　東京新聞（朝刊），2004年11月6日付より

207頁・図-2　環境省総合環境政策局環境計画課編『環境白書 平成16年版』ぎょうせい，2004，72頁，図2-1-18

## 24. 调查方法

［采访调查］

211頁・図-1　K.リンチ，丹下健三・富田玲子訳『都市のイメージ』岩波書店，1968，192頁，図43

［设计调查］

212頁・図-1　宮脇檀・法政大学宮脇ゼミナール『日本の伝統的都市空間 デザイン・サーベイの記録 図面篇』中央公論美術出版，2003，62頁，図

［社会测量］

213頁・図-1　吉武泰水編『建築計画学5　集合住宅 住区』丸善，1974，93頁，図6-11

［空间认知调查］

215頁・図-1　日本建築学会編『建築・都市計画のための空間学』井上書院，1990，119頁，図-1

［模拟实验］

218頁・図-1　日本建築学会編『建築・都市計画のための空間学』井上書院，1990，111頁，写真-2(a)

218頁・図-2　同上，111頁，写真-2(b)

［生理测定］

219頁・図-1　小野英哲・安田稔・高橋宏樹・横山裕「ルーズサーフェイスが歩行者に与える心理・生理的効果に関する考察—使用者からみたルーズサーフェイスの性能評価方法に関する研究（その3）」日本建築学会構造系論文集 No.547，2001，40頁，図-4

219頁・図-2　同上，41頁，図8

219頁・図-3　同上，41頁，図6

［脑波解析］

220頁・図-1　謝明・佐野奈緒子・秋田剛・平手小太郎「中心視光源の輝度レベルが覚醒状態・注意・作業遂行に与える影響に関する研究」日本建築学会環境系論文集 No.581，2004，88頁，写真1

220頁・図-2　同上，88頁，図5

220頁・図-3　同上，88頁，図6

## 26. 相关领域

［人体工学］

239頁・図-1 日本建築学会編『建築設計資料集成1』丸善，1960，34頁，図

［分形几何理论］

245頁・図-1 ベンワー・マンデルブロ，広中平祐監訳『フラクタル幾何学』日経サイエンス社，1985，44頁，図44

［模糊理论］

246頁・図-1 水本雅晴「Fuzzy集合と様相性」『別冊数理科学 ファジィ理論への道』サイエンス社，1988・10，77頁，図1（Thorndyke，P.W.，& Hayes-Roth.B.：Differences in spatial knowledge acquired from maps and navigation，Cognitive Psychology，1982，14，560-589）